城市工业用地更新与工业遗产保护

刘伯英 冯钟平 著

中国建筑工业出版社

图书在版编目（CIP）数据

城市工业用地更新与工业遗产保护/刘伯英，冯钟平著．—北京：中国建筑工业出版社，2009
ISBN 978-7-112-11098-8

Ⅰ．城…　Ⅱ．①刘…②冯…　Ⅲ．①城市—工业用地—城市规划—研究②工业建筑—文化遗产—文物保护—研究　Ⅳ．TU984.13　TU27

中国版本图书馆CIP数据核字（2009）第112348号

责任编辑：费海玲
责任设计：郑秋菊
责任校对：张　虹　王雪竹

城市工业用地更新与工业遗产保护
刘伯英　冯钟平　著
*
中国建筑工业出版社出版、发行（北京西郊百万庄）
各地新华书店、建筑书店经销
北京嘉泰利德公司制版
北京建筑工业印刷厂印刷
*
开本：787×960毫米　1/16　印张：21 3/4　字数：415千字
2009年10月第一版　2009年10月第一次印刷
定价：**59.00**元
ISBN 978-7-112-11098-8
(18344)

目 录

上篇 工业用地更新

下篇 工业遗产保护

引 言

问题的提出

20 世纪是城市发展历史上最为动荡的时期，先是经历了两次世界大战的洗礼、战后的重建；后又遭受能源短缺、交通拥堵、环境污染等一系列社会问题的困扰。第二次世界大战后，欧美国家城市经历了大规模建设和高速发展的黄金时期。20 世纪 70 年代开始，受全球化的影响，世界经济格局发生了巨大变化，经济结构重组，传统制造业衰退，城市发展面临着巨大的挑战。城市化进程的不断加快使城市规模不断扩大，从中心集聚向逆中心化（Decentralization）和郊区化（Suburbanization）方向发展，大量工业用地和工业建筑被闲置，环境恶化、经济衰退、失业贫困等社会问题接踵而至。

在中国，1949 年以后城市建设经历了变消费城市为生产城市的转变，经历了大跃进、三线建设、“文化大革命”、改革开放和经济高速发展的时代变迁。当时的中国处在工业高速发展时期，受经济全球化的影响，正在成为全球的制造业基地。产业在高速发展进程中，同时受到来自西方发达国家高科技信息化与来自新兴工业化国家低成本劳动密集型工业化的双重压力，以及高速发展的城市化与城市郊区化的双重影响，工业发展和城市发展的关系越来越受到关注。

在城市不断扩张、城市结构发生巨大改变的同时，从 20 世纪 80 年代中期开始的城市产业结构调整，导致城市的功能布局发生了根本性的改变。一些区域中心城市，经济中心的职能不断得到强化；而一些原来的重工业城市，尤其是资源型城市，由于体制、产业类型、自然资源的枯竭等原因，经历了由兴盛到衰败的过程，面临着复兴的挑战。如何解决这些城市面临的问题、实现新的发展，成为当今中国城市发展的重要课题。

中国的城市工业用地有着自身的发展规律，根据工业规模、性质及其他因素，在城市发展过程中分布在不同的区域。一些规模较小的企业位于城市中心，与居住相混合；规模较大的企业通常位于城市边缘。城市规划根据现代城市规划功能分区理论，在城市建设用地上划分出了相对独立的工业区。伴随着城市的发展和城市的不断扩大，原来位于城市边缘的工业区，逐渐被城市包围，变成了城市的中心地区（如北京和成都的东郊工业区）。城市中心区工业企业对环境的污染逐渐显现，矛盾越来越尖锐。工业用地在交通、环境、基础设施、生活配套等方面对城市的影响越来越显著，随着城市建设水平的不断提高，城市工业用地更新势在必行。各城市纷纷开展了城市中心区工业企业的搬迁工作。

中国城市传统工业企业多是按照计划经济体制下企业办社会的模式进行建设的，形成了中国特有的相对封闭的大院文化。企业大院的各自为政，造成城市在一定区域范围内公共服务设施不配套、规模和档次低下、重复建设严重、使用效率不高等问题；工业用地内的工业企业消耗大量的煤、水、电、气等能源，给城市市政设施造成严重的负担；大多数工业企业属于传统工业类型，生产的同时产生大量的废水、废气、粉尘，造成了极大的环境污染；封闭管理的大院造成城市道路路网密度严重不足、交通堵塞；企业办社会的模式同样给企业造成了很大的社会包袱，社会劳动分工不清，导致企业运营成本大大增加。随着时代的进步，这些企业产品、设备、工艺逐渐过时，企业体制越来越不适应市场的要求，经营不景气，亏损严重，甚至濒临倒闭。企业职工濒临下岗，生活得不到保障，造成社会分化。下岗职工社会保障不健全，城市贫困人口逐年增加，甚至影响社会安定。鉴于这些工业企业的处境和现状，寻求新机制、实现新发展成为企业发展的目标，城市中心区工业企业的搬迁为企业发展提供了良好的契机。

与欧美国家不同的是：我国城市正处于高速发展时期，城市中心区产业的退化并没有引起土地的闲置，相反为城市建设提供了大量建设用地。城市建设要解决不断膨胀的人口的居住问题，需要大量的城市建设用地；城市要改变形象，提高品位和建设水平，需要加强公共设施建设、道路建设、绿化建设，也需要大量的城市建设用地。另一方面，城市总体规划对城市规模和用地规模进行控制，城市建设用地非常紧张。城市建设用地的获得一般通过新征土地的方式，而新征土地往往位于城市的边缘或新城地区，交通不方便、服务配套设施不足。因此土地的集约利用，成为目前中国城市工业用地更新的主要特征。

在城市工业用地更新进程中，我国采取的是“推倒重来”的方式,大量有价值的工业资源被拆除,造成城市发展的历史出现“缺失”,几代产业职工的记忆和情感被“抹杀”，城市经济和城市建设的辉煌被“拆毁”……这与德国、英国、法国等西方国家珍视“工业遗产”的做法大相径庭。近年来，在北京、上海等城市，工业遗产保护和工业资源的再利用逐渐被有识之士所重视，并出现自下而上的实施案例，这说明工业遗产无论对城市发展还是对个人情感都具有十分重要的价值和意义。

发展的现状

我国城市工业用地的更新根据城市性质的不同，可分为三类。

1. 北京、上海、天津、广州等以建设现代国际化大都市为目标的特大型城市。以这些大城市为中心的经济圈和城市群（长三角、珠三角、环渤海）正在形成，产业调整方向在考虑城市自身发展的基础上，以带动更大的区域经济发展为目标。这些城市产业结构逐步优化，城市蔓延扩张，居住、工业郊区化趋势明显，城市中心区逐渐商务化和商业化，城市结构正在发生剧烈的重构。这些城市的工业企业搬迁从20世纪80年代中期开始，一些企业已经完成了搬迁，城市工业进一步分化、重组和升级，高科技产业、创意产业迅猛发展，城市中心区进入后工业时代。城市工业用地的更新步入深化阶段，城市建设成果已经初步显现。

2. 沈阳、南京、武汉、杭州、济南、重庆、成都、西安等区域性中心城市（或省会城市）。在进一步强化城市产业发展的同时，借鉴北京、上海等特大城市的经验，逐步向综合化、规模化、多功能方向转化，城市结构与城市产业结构正在发展中调整，为今后产业发展和城市建设创造条件。这些城市的重点是要形成城市产业特色、城市新区的建设特色，提升城市竞争力和活力。这些城市的工业企业搬迁从20世纪90年代中期开始，城市工业用地的更新正处于高潮时期。

3. 大庆、鸡西、伊春、盘锦、阜新、铜陵、个旧等经济结构单一、自然资源日渐枯竭的资源型城市。由于种种原因，这些城市经济发展落后，生态惨遭破坏，环境污染严重。资源型城市对自然资源具有很强的依赖性，这类城市要实现可持续发展，必须依靠经济结构转型，实现城市更新与复兴。扶持新兴产业， 推进产业结构调整，因地制宜实现产业结构多样化，生态环境的改善与修复以及城市文化品质的提升，是这类城市可持续发展的目标。

近年来，以英国为首的欧洲国家、美国、日本、韩国、新加坡，以及我国的香港地区大力发展创意产业。上海、深圳、北京等城市以实现城市产业转型为目标，产业结构向都市型工业、文化产业、创意产业方向发展，这些新兴产业在城市经济成分中所占比重越来越大；丰富了城市的产业内容，促进了城市经济的高速增长。同时创意产业依附的工业建筑也得到了保护，成为城市文化的重要组成部分。这些做法为城市工业用地更新提供了有益的借鉴。

研究的意义

城市工业用地更新是城市更新的重要组成部分。从20世纪80年代中期开始，北京、上海等大城市实施城市中心区工业企业搬迁。在解决城市环境污染的同时，解决产业结构调整、产业升级问题，为城市建设提供大量建设用地，实现土地的集约利用。这种方式逐渐推广到其他省会城市和工业城市，正在形成大规模进行的城市更新运动。在这一过程中，大量的工业建筑被拆除，生产厂区被夷为平地，城市工业发展曾经的历史辉煌没有留下丝毫痕迹；在没有对先前生产造成的污染进行任何处理的情况下，就开始了大量住宅、商业的开发建设，这是否会造成不良后果，暂时还不能下定论。大规模建设对城市结构、肌理、形态产生了巨大影响，城市面貌正发生着巨大变化。产业结构调整造成大量职工下岗、转岗，产生了许多社会问题，如社会分层、分化、贫困等问题。

因此，借鉴国外城市更新、城市再开发、棕地治理和城市复兴理论和实践，在中国城市工业用地更新过程中，兼顾城市建设、生态修复、产业更新、文化更新和社会更新，实现城市复兴，对中国城市全面发展具有重要意义。

国外城市工业用地更新从20世纪70年代开始，相关研究、政策制定、实施组织和方法机制已经相当完备，城市更新从注重城市旧居住区更新发展到注重城市工业用地更新，以及整体的城市复兴；城市更新的策略从具体的“战术”层面发展到“战略”层面。与国外的相关研究相比，我国城市中心区工业企业搬迁从20世纪80年代开始，经历了相当长的历史过程，但尚未上升到城市更新的高度，相关研究还局限在工业建筑的再利用和后现代工业景观等表象层面上，还只是城市工业用地更新的局部和片断，缺乏整体性和关联性；对于城市复兴的研究则更加侧重于理论体系本身以及城市整体，与城市工业用地的联系不够密切。城市工业用地更新的实践在中国正如火如荼地进行着，在缺乏科学、体系化研究的情况下，对这项工作的认识和实践缺乏一定高度，受政策和市场的影响较大。城市工业用地更新还没有上升到国家、区域、城市的复兴战略层面，存在着目标不够明确、体系不够健全、规划不够科学等诸多问题；在实践过程中非常容易走弯路，降低效率，甚至影响城市综合发展和城市综合竞争力目标的实现。

本书以城市复兴理论为研究框架，采用全面综合的方法，对城市工业用地更新的理论与实践进行系统研究。力图以融会的视角，建立城市工业用地更新的战略体系和实施机制，使中国城市工业用地更新向科学的方向发展。

工业遗产保护与工业用地更新紧密相连，在工业用地更新的开始阶段，大量工业资源被拆除，工业用地更新采取的是“推倒重来”的方式。20世纪80年代，工业遗产受到国际的广泛关注，登上了联合国世界文化遗产保护的名录。在我国，工业遗产保护刚刚开始，研究还不够充分和深入，对工业遗产的关注和认识还不够广泛，特别需要对工业遗产有深入和全面研究的成果，对工业遗产保护有一个借鉴和指导作用，至少让社会能够了解工业遗产是什么，国外是如何保护工业遗产的，他们的实践到了一个什么水平等等，可以起到一定的教育作用，领导和公众对工业遗产的关注和认识。

上篇　工业用地更新

第 1 章　城市工业用地的内涵

1.1　工业的内涵

1.1.1　产业

20 世纪 20 年代，产业结构理论出现，产业分类法在国际上通用，它把整个国民经济结构划分为三大产业：农林牧渔业为第一产业；第二产业是对第一产业和本产业提供的产品（原料）进行加工的部门，包括采矿业，制造业，电力、燃气及水的生产和供应业，建筑业；我国第三产业包括流通和服务两大部门，具体分为四个层次：一是流通部门：交通运输业、邮电通讯业、商业饮食业、物资供销和仓储业；二是为生产和生活服务的部门：金融业、保险业、地质普查业、房地产管理业、公用事业、居民服务业、旅游业、信息咨询服务业和各类技术服务业；三是为提高科学文化水平和居民素质服务的部门：教育、文化、广播、电视、科学研究、卫生、体育和社会福利事业；四是国家机关、政党机关、社会团体、警察、军队等，但在国内不计入第三产业产值和国民生产总值。由此可见，这种第三产业基本是一种服务性产业。

“产业”概念属于微观经济的细胞与宏观经济单位之间的一个“集合概念”，它是具有某种同一属性的，国民经济的各种生产企业或组织的集合，又是国民经济以某一标准划分的部分的总和。本书中城市工业用地内的产业泛指以工业为主的第二产业，以及第三产业中的储运、国防军事设施当中的工业部分（详见本章工业用地的类型）。

1.1.2　工业发展

工业革命在 18 世纪 60 年代始于英国，首先从纺织业开始，80 年代蒸汽机的发明，在化学、采掘、冶金、机械制造等部门的广泛应用，使经济得到进一步的发展。继英国之后，19 世纪，法、德、美等国也相继完成工业革命。大工业的建立为资本主义制度的建立奠定了物质技术基础。工业革命促进了资本主义生产力的迅速发展，提高了生产社会化的程度。工业革命之后，以英国为首的老牌资本主义国家的工业发展经历了工业化初期、中期和后期的发展过程；20世纪五六十年代，传统工业开始衰退，产业结构出现转型，城市进入后工业时代。

城市传统工业主要有原料指向型、市场指向型、动力指向型、劳动力指向型和技术指向型五种类型，城市工业用地的选址考虑因素包括：土地、市场、原料、劳动力、交通运输和能源条件等。以原料为指向的工业往往先建工业后建城市，如中国的大庆、本溪、鞍山、攀枝花等；其他类型的工业均依附于城市，利用城市提供的市政、交通、劳动力和市场条件，在城市规划区内相对独立、与居住分隔的区域形成工业用地。当工业用地在城市外围连接成片时，就形成了城市工业带。工业是区域或城市经济发展的重要组成部分，当工业在一个城市国民经济中所占比重达到一定规模时，工业城市应运而生；资源型城市是以开发自然资源（如石油、木材、矿山等）为主的工业城市的特殊形态。当城市工业带或工业城市集聚，达到一定的密度和规模，并与城市带的形成和发展互相推动时，就会形成区域性的产业集聚，即工业聚集区、工业走廊或工业带。

我国大多数城市正在努力向现代工业化迈进，正处于工业社会的中后期，而发达国家大城市已经开始步入后工业社会。美国哈佛大学教授丹尼尔·贝尔（Daniel Bell）系统地论述了后工业社会[①]，指出："1945年到1950年是后工业社会象征性的'出生年代'。"其主要标志是："1945年原子弹的诞生使物质转变为爆炸能，使世界突出地意识到了科学的威力。1946年，第一台数字电子计算机电子数字积分计算机在马里兰州阿伯丁的政府试验基地完成，很快又出现了高速电子数字积分计算机和琼尼阿克开放系统，10年之内又出现了一万多种计算机系统。在发明史上从来没有一项新的发现像计算机这样迅速地被掌握，并且推广到这么多的应用领域。如果说原子弹证明了纯物理学的威力，那么，计算机和控制论的结合则开辟了通向一种新的'社会物理学'的道路——通过控制论和信息传递理论构成技术，建立一个决策和选择的整体。"贝尔还指出，"后工业

---

① ［美］丹尼尔·贝尔．后工业社会的来临：对社会预测的一项探索．北京：商务印书馆，1984

社会的概念是一个广泛的概括"，它具有以下特征：

- 经济方面：从产品经济转变为服务性经济；
- 职业分布：专业与技术人员处于主导地位；
- 中轴原理：理论知识处于中心地位，它是社会革新与制定决策的源泉；
- 未来方向：控制技术发展，对技术进行鉴定；
- 制定决策：创造新的智能技术。

贝尔认为，在后工业社会里，理论知识的积累与传播已成为革新和变革的直接力量。从工业社会走向后工业社会，工业正在发生质的飞跃，导致产业结构发生改变，用地布局、建筑类型和劳动力知识结构的变化，这正是城市工业用地更新的根本原因。

1.2　工业用地区位的概念

1.2.1　零星的城市工业用地（City Industrial Site）

工业生产企业的厂址范围包括生产区、仓储区（包括原料堆放、产品堆放）、交通运输区、动力区、生活区等。由于多种原因许多工业企业没有形成集聚，或集聚格局被打破，形成城市中独立的工业用地。用地规模小到几百平方米，大到几十公顷。

1.2.2　集中的城市工业用地或工业区（City Industrial District）

现代工业生产及其地域组织形式要求工业企业成组布局，依托城市，在一定地域上较紧凑地分布。以一个或若干个较大型的工业企业为骨干，组成企业群，彼此协作、配套生产，形成集中的工业区。城市工业用地可以充分利用基础设施，加强彼此之间信息交流和协作，降低运输费用、能源消耗和成本等，最终扩大总体生产能力，提高利润，获得规模效益。工业是现代城市的重要组成要素，功能分区和合理布局是城市规划的一项基本内容。城市工业用地和工业区的生产性质往往体现城市经济的某种特征，形成专业性工业区和综合性工业区；前者如中国郑州的纺织工业区、兰州的石油化学工业区、哈尔滨的动力机械工业区等，后者由具有多种专业生产性质的工业企业或组团综合而成。城市工业用地或工业区规模取决于企业群的生产结构、城市自身规模和合理居住距离要求。用地规模从几十公顷到几十平方公里。

工业用地是城市经济的载体，对城市建设和发展有重要的影响。经济全球化背景下的经济结构调整和布局变化，使城市工业用地成为问题和矛盾最为集中的区域。因此，西方工业发达国家都把大城市工业用地的更新作为经济发展和城市建设的重点。对我国东北老工业基地来说，迫切需要改造的城市工业用地有：沈阳的铁西工业区、鞍山的铁西工业区、本溪的本钢工业区、抚顺的望花工业区、大连的甘井子工业区、长春的铁北工业区、吉林市的龙潭化工区、哈尔滨的动力区、齐齐哈尔的富拉尔基工业区等。这些老工业区小则几平方公里，大则几十平方公里。工作和居住在其中的人口，从几万人至几十万人不等。改革开放前它们都是中国工业化的样板，时至今日都有不同程度的衰败，许多企业破产倒闭或即将关闭，成了城市可持续发展的"问题地区"[①]。

1.2.3 工业园区（Industrial Park）

工业园区是在一定区域内，根据政府自身经济发展的内在要求，通过行政手段划出一块用地，聚集各种生产要素，在一定空间范围内进行科学整合，提高工业化的集约强度，突出产业特色，优化功能布局，使之成为适应市场竞争和产业升级的现代化产业分工协作生产区。包括国家级、省级、市级、区级等等。按性质的不同，工业园区可以分为高新技术开发区、经济技术开发区、特色工业园区、技术示范区、工业园、科学园、技术城等。工业园区与开发区从定义上有所区别，以工业为主的开发区可以认为就是工业园区，但开发区还包括保税区、旅游度假区、边贸区等等，这些都不属于工业园区。目前中国的大部分开发区都以工业为主，包括工业区的内涵。

1.2.4 工业支撑的卫星城和新城（Satellite City and Newcity）

工业用地、工业区和工业园区都不具备城市的功能，需要依附城市。随着城市规模的不断扩大，"摊大饼"式的发展模式产生

---

① 张平宇．城市再生：我国新型城市化的理论与实践问题．北京：城市规划，2004.4：27

了很多问题。工业与居住距离越来越远，给城市交通带来很大压力。因此，在远离城市的建成区或工业区，建设以工业为经济支撑的卫星城和新城，不但可以减轻中心城的功能压力，接纳中心城迁出的企业和人口，还可以吸纳周边的劳动力，加快城市化进程。卫星城和新城在城镇或在工业区的基础上扩大规模，增加城市功能，形成相对独立的小型城市。在北京、上海都市圈的发展中，主要通过“卫星城”和“新城”的扩散，使得中心城与其他中心城相连接，若即若离地散布在一个大范围的区域，从而形成多中心的城市群。

1957年，北京市就提出了发展卫星城的思路。在当年制定的《北京市城市建设总体规划初步方案（草案）》中提出，城市总体布局采取“子母城”的形式，在发展市区的同时，规划了昌平、顺义、门头沟、通州等40多个卫星镇。1958年，北京市将城市布局的原则修改为“分散集团式”。1982年，《北京城市总体规划》提出重点建设燕化、通州、黄村、昌平4个卫星城，并于1984年出台了《北京市加快卫星城建设的几项暂行规定》。1993年，经国务院批复的《北京城市总体规划（1991—2010）》中，明确了建设14个卫星城的格局。由于北京的卫星城过多且分散，没有相应的产业支撑，许多功能依附于市区，卫星城的建设并没有起到应有的作用①。卫星城吸引的主要是远郊区的人，其次是外地人口、近郊区人口，最后才是城市中心区人口，卫星城或新城实际上起到吸纳城市中心区人口的作用很小，更多的是起到了扩大城市规模的作用。

总结卫星城建设经验，克服卫星城建设城市功能过多依附中心城区的缺点，卫星城逐渐向新城方向转化。上海城市总体规划（1999—2020）和北京城市总体规划（2004—2020）均提出中心城——新城的城市布局，强调产业对新城的支撑，增加了新城功能的独立性。

1.2.5　工业城市（Industrial City）

工业城市随着城市工业化发展而产生，工业职能占据城市职能主导。以工厂为中心的各种设施在城市土地利用中占主要部分，大多分布于交通枢纽和各类资源的中心地，以及消费市场所在的大城市附近。工业城市按就业结构进行划分，日本政府1957年曾规定工业从

---

① 中国首都发展报告．北京：社会文献出版社，2005

业人口占从业总人口30%以上即为工业城市。工业城市从区位上可分为临海工业城市和内陆工业城市等；从产业上可以分为机械工业城市和纺织工业城市等；从职能结合上可分为单一性的工业城市和综合型的工业城市（即各种工业职能都很发达的综合型工业城市）。

1.2.6　资源型城市（Resource City）

资源型城市是指依托资源开发兴建、发展起来，或者在其发展过程中由于资源开发促使其再度繁荣的城市。资源型城市依赖于某种天赋的自然资源，以输出能源和原材料为特征；重要功能是向社会提供矿产品及其初加工品等资源型产品[①]；主导 产业是围绕资源开发而建立的采掘业和初级加工业[②]。单一产业性资源型城市（一般指有40%以上的劳动力以直接或间接方式从事同种资源或产品开发、生产和经营活动的城市）分为两种基本类型：一是资源型城市，如大庆（石油）、大同（煤炭）、铜陵（铜矿）；二是产品型城市，如十堰（汽车）、攀枝花（钢铁）、仪征（化纤）等[③]。

长期以来以生产为中心的资源型城市发展模式难以适应以市场为中心的经营环境，单纯依赖本地自然资源以及外来资本的做法可能造成脆弱的区域经济。资源型城市发展中出现的“三危现象”（经济危困、资源危机、环境危机）更应引起高度重视。全国现有资源型城市118个（重点扶持的60个），在东北三省，就有33个；资源型城市占东北三省总人口的35%，土地面积的34%，国民生产总值的35%。而在东北的这些资源型城市中，有三分之一面临资源枯竭，三分之一进入资源萎缩期。

1.2.7　工业聚集区（Industrial Cluster）

工业化（Industrialization）实现了人与物的专业化，产业聚集（Cluster）是企业按行业或相关产业在一定地域空间，借助各式各样的环节（如以城市之间方便快捷的交通为纽带，呈线状展开的一种

---

① 张秀生，陈先勇．论中国资源型城市产业发展的现状、困境与对策．湖北：经济评论，2001.6：96~99

② 张米尔，武春友．资源型城市产业转型障碍与对策研究．经济理论与经济管理，2001.2：35~38

③ 王元．重视单一性城市的可持续发展．人民日报2000年1月11日第9版

产业发展空间布局模式），产生集聚的现象，表现为工业企业相互之间高度的分工与合作，和地理空间上成群地存在[①]。产业聚集表现为城市工业走廊、城市工业带、工业圈等。包括以交通纽带联结起来的带状工业城市群和以大都市为中心的都市工业圈。

二次世界大战后，美国经济地理发生了明显的改变。1950年代，美国北部传统工业城市和地区产业衰退，物质环境和社会环境急剧恶化。美国的传统工业集中在五大湖区，通常称作“雪带”（Snow Belt）。在这些传统工业衰退的同时，加利福尼亚、佛罗里达、得克萨斯和波士顿等地区和城市的经济高速发展，这些地方的产业以高科技为特征，经济发展与军工产业密切相关，与冷战国际大环境下美国五角大楼订单合同的大量增加相联系，被称为“军火带”（Gun Belt）[②]。之后，随着国际形势的改变，这些区域转向高科技电子和软件的研发生产，被称为“阳光带”（Sun Belt）。从Snow Belt到Gun Belt再到Sun Belt，这是一个戏剧性的转变，这种变化说明了传统产业的衰落，新兴产业特别是信息产业的崛起。随着中国产业的迅猛发展和新兴产业的发展，相继出现了长三角经济带、珠三角经济带、环渤海经济圈，广东东莞台资企业的集聚地，顺德家电工业的集聚地，深圳高新技术产业的集聚地等。

1.3 工业用地的类型[③]

1.3.1 按照城市规划用地划分

根据《城市用地分类与规划建设用地标准》（GBJ137-90）城市用地分类和代号，工业用地包括工业用地（M）、仓储用地（W）、交通用地（T）、市政公用设施用地（U）和其他用地。

1. 工业用地：

工矿企业的生产车间、库房及其附属设施等用地。包括专用的铁路、码头和道路等用地。不包括露天矿用地，该用地归入水域和

---

① 仇保兴．新兴工业化、城镇化企业集群．南京：现代城市研究，2004.1：17

② Ann Markusen, Peter Hall, Scott Campbell and Sabina Deitrick. The Rise of the Gunbelt: The Military Remapping of Industrial America. Oxford university press, Jul. 1991

③中国城市规划设计研究院，建设部规划司主编，同济大学建筑城规学院．城市规划资料集．北京：中国建筑工业出版社，2005.1：133-135

其他用地。

M1：一类工业用地，对居住和公共设施等环境基本无干扰和污染的工业用地，如电子工业、缝纫工业、工业品制造工业等用地。

M2：二类工业用地，对居住和公共设施等环境有一定干扰和污染的工业用地，如食品工业、医药制造工业、纺织工业等用地。

M3：三类工业用地，对居住和公共设施等环境有严重干扰和污染的工业用地，如采掘工业、冶金工业、大中型机械制造工业、化学工业、造纸工业、制革工业、建材工业等用地。

2. 仓储用地：

仓储企业的库房、堆场和包装加工车间及其附属设施等用地。

W1：普通仓储用地，以库房建筑为主，储存一般货物的普通仓库用地。

W2：危险品仓库用地，存放易燃易爆和剧毒危险品的专用仓库用地。

W3：堆场用地，露天堆放货物为主的仓库用地。

3. 交通用地：

铁路、公路、管道运输、港口和机场等城市对外交通运输及其附属设施等用地。

T1：铁路用地，铁路站场和线路等用地。

T3：管道运输用地，运输煤炭、石油和天然气等地面管道运输用地。

T4：港口用地，海港（$T4_1$）和河港（$T4_2$）的陆地部分，包括码头作业区、辅助生产区和客运站等用地。

T5：机场用地，民用及军民合用的机场用地，包括飞行区、航站区等用地，不包括净空控制范围用地。

4. 市政公用设施用地：

U1：供水、供电、供燃气和供热等设施用地，包括：独立地段的水厂及其附属的构筑物用地，包括泵房和调压站等用地；变电站所、高压塔基等用地。不包括电厂用地，该用地应归入工业用地（M）；储气站、调压站、罐装站和地面输气管廊等用地，不包括煤气厂用地，该用地应归入工业用地（M）；大型锅炉房、调压、调温站和地面输热管廊等用地。

U4：环境卫生设施用地，包括：雨水、污水泵站、排渍站、处理厂、地面专用排水管廊等用地，不包括排水河渠用地，该用地应归入水域和其他用地（E）；粪便、垃圾的收集、转运、堆放、处理等设施用地。

5. 其他用地：

D1：军事用地中的试验场、军用机场、港口、码头、军用洞库、仓库等用地。不包括军事用地中的指挥机关、营区、训练场、军用通讯、侦察、导航、观测台等用地，以及家属生活区用地。

E8：露天矿用地，包括各种矿藏的露天开采用地。

1.3.2　按照国民经济行业门类划分

按照中国《国民经济行业分类》（GB/T4754–2002），本书涉及产业的门类如下（表1.1）：

国民经济行业分类　　表1.1

三次产业分类	《国民经济行业分类》（GB/T 4754–2002）类别、名称及代码		
类　别	门类	大类	类别、名称
第二产业	B		采矿业
		06	煤炭开采和洗选业
		07	石油和天然气开采业
		08	黑色金属矿采选业
		09	有色金属矿采选业
		10	非金属矿采选业
		11	其他采矿业
	C		制造业
		13	农副食品加工业
		14	食品制造业
		15	饮料制造业
		16	烟草制品业
		17	纺织业
		18	纺织服装、鞋、帽制造业
		19	皮革、毛皮、羽毛（绒）及其制品业
		20	木材加工及木、竹、藤、棕、草制品业

续表

三次产业分类	《国民经济行业分类》（GB/T 4754-2002）类别、名称及代码		
类 别	门类	大类	类别、名称
		21	家具制造业
		22	造纸及纸制品业
		23	印刷业和记录媒介的复制
		24	文教体育用品制造业
		25	石油加工、炼焦及核燃料加工业
		26	化学原料及化学制品制造业
		27	医药制造业
		28	化学纤维制造业
		29	橡胶制品业
		30	塑料制品业
		31	非金属矿物制品业
		32	黑色金属冶炼及压延加工业
		33	有色金属冶炼及压延加工业
		34	金属制品业
		35	通用设备制造业
		36	专用设备制造业
		37	交通运输设备制造业
		39	电气机械及器材制造业
		40	通信设备、计算机及其他电子设备制造业
		41	仪器仪表及文化、办公用机械制造业
		42	工艺品及其他制造业
		43	废弃资源和废旧材料回收加工业
	D		电力、燃气及水的生产和供应业
		44	电力、热力的生产和供应业
		45	燃气生产和供应业
		46	水的生产和供应业
第三产业	F		交通运输、仓储和邮政业
		51	铁路运输业
		52	道路运输业
		53	城市公共交通业
		54	水上运输业
		55	航空运输业

续表

三次产业分类	《国民经济行业分类》(GB/T 4754-2002)类别、名称及代码		
类　别	门类	大类	类别、名称
		56	管道运输业
		57	装卸搬运和其他运输服务业
		58	仓储业
		59	邮政业
	N		水利、环境和公共设施管理业
		78	水利管理业
		79	环境管理业
		80	公共设施管理业

资料来源：根据《国民经济行业分类》(GB/T4754-2002)整理
注：这个分类法也被用于国民经济统计分类。

1.4　工业用地的标准(表1.2)

规划人均单项建设用地指标与规划建设用地结构

《城市用地分类与规划建设用地标准》(GBJ137-90)　表1.2

类别名称	用地指标(平方米/人)	占建设用地比例(%)
居住用地	18.0~28.0	20~32
工业用地	10.0~25.0	15~25
道路广场用地	7.0~15.0	8~15
绿地	≥ 7.0	8~15

资料来源：中国城市规划设计研究院，建设部规划司主编，同济大学建筑城规学院．城市规划资料集．北京：中国建筑工业出版社，2005.1：133

大城市的规划人均工业用地指标、工业用地占建设用地的比例宜采用下限；设有大中型工业项目的中小工矿城市，规划人均工业用地指标可适当提高，但不宜大于30平方米/人；工业用地占建设用地比例不宜大于30%。

工业用地与仓储用地之和，1998年北京22.32%，上海28.54%，成都26.13%，接近或超过用地标准的上限。资源型城市四川省攀枝花市工业用地规模1995年为1714.54公顷，占全市总用地 4371.74 公顷的 39.22%。2010 年工业用地规划为 1757.74 公顷，占城市总用地 5706.58 公顷的 30.80%，更是严重超标。随着社会的进步和人们认知能力的提高，技术水平及生产工艺为实现清洁生产、循环利用提供了条件。同时合理安排城市工业布局，调整城市工业结构，实现城市工业用地的可持续发展对我国城市建设将起到重要作用。

1.5 工业建筑的类型

中国工业建筑发展经历了新中国成立之初的学苏时期、“文革”动乱时期、改革开放时期三个重要阶段。工业建筑中推广标准化、定型化，自行设计出大跨度钢筋混凝土屋架、鱼腹式吊车梁、下沉式天窗、大型预制墙板、构件自防水屋面板等新型体系①，取得了工业建筑设计的许多成就。

工业建筑发展史上，还经历过大搞群众运动、追求速度、追求新奇、不顾质量、不顾国情的时期，“四不用”（不用砖、不用水泥、不用钢筋、不用木材）楼房称为“先进技术”，竹筋混凝土也曾被当作先进技术在某些农村公社建房中使用……在三线建设中提出“山、散、洞”（靠山、隐蔽分散、进洞），“先生产，后生活”，提倡“低标准、干打垒”②，贯穿中国现代建筑发展史的许多重要事件都在工业建筑中有所体现。在可能条件下保留一些代表性建筑，反映中国现代建筑发展史的重要内容，是十分必要的。

1.5.1 单层厂房

适应性强，适于工艺过程为水平布置，使用重型设备的高大厂房和连续生产的多跨大面积厂房，用于机械厂、冶金厂、纺织厂、印染厂等。如兰翔机械加工车间，漳州港机厂，采用标准结构单元，预制装配混凝土柱、轻型钢屋架、装配墙板。结构形式包括（图 1.1、图 1.2）：

---

① 费麟 . 中国工业建筑面临新世纪挑战 . 武汉：新建筑，2004.3：6

② 费麟 . 中国工业建筑面临新世纪挑战 . 武汉：新建筑，2004.3：7

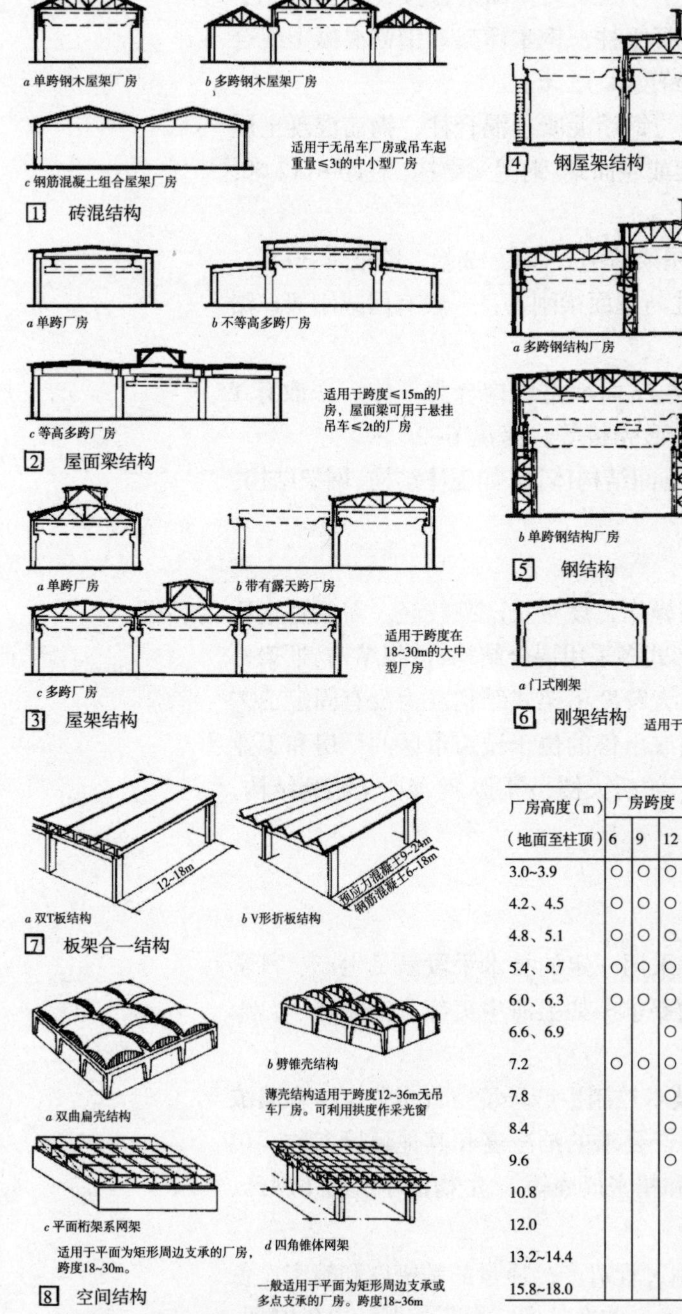

图 1.1　单层厂房各种结构形式

资料来源：建筑设计资料集 5（第二版）. 北京：中国建筑工业出版社，1994

厂房高度（m）（地面至柱顶）	厂房跨度（m）6	9	12	18	24	30	36	起重运输设备（t）
3.0~3.9	○	○	○					无起重设备或有悬挂起重设备
4.2、4.5	○	○	○					其起重量在 5 t 以下的厂房
4.8、5.1	○	○	○	○	○			
5.4、5.7	○	○	○					
6.0、6.3	○	○	○	○	○	○		
6.6、6.9			○					
7.2	○	○	○	○	○	○	○	
7.8			○	○	○			
8.4			○	○	○	○	○	5、8、10、12、50
9.6			○	○	○	○	○	5、8、10、12、50、16、20
10.8				○	○	○	○	5、8、10、12、50、16、20、32
12.0				○	○	○	○	8、10、12、50、16、20、32、50
13.2~14.4					○	○	○	8、10、12、50、16、20、32、50
15.8~18.0						○	○	20、32、50

图 1.2　单层厂房轮廓尺寸

资料来源：建筑设计资料集 5（第二版）. 北京：中国建筑工业出版社，1994

1. 排架结构厂房：承重柱与屋架或屋面梁铰接连接。包括：

• 砖混结构：砖或钢筋混凝土柱，钢木屋架、钢筋混凝土组合屋架或屋面梁。柱距 4~6 米，跨度≤ 15 米；

• 钢筋混凝土柱厂房：钢与钢筋混凝土混合柱，钢筋混凝土屋架或屋面梁、预应力混凝土屋架或屋面梁、钢屋架结构。柱距 6~12 米，跨度 12~30 米；

• 钢结构厂房：钢柱、钢屋架结构。柱距 12 米，跨度≥ 30 米。

2. 刚架结构厂房：承重柱与屋面梁刚接，一般有门式刚架、锯齿形刚架。

3. 板架合一结构：屋面与屋面承重结构合为一体，一般有 T 板、单 T 版、V 形折板、马鞍形壳板等，跨度 6~24 米。

4. 空间结构：屋面体系为空间结构体系，如壳体结构、网架结构。

1.5.2 多层厂房

生产工艺要求在不同层高操作，设备及产品较轻，需要垂直运输，运输量不大的厂房。结构形式多采用混合结构、框架结构、框架—剪力墙结构、无梁楼盖结构、大跨度桁架式结构。为没有固定工艺要求的通用性厂房，用于出租或出售的位于城市市区的厂房和工业园区的标准厂房。如上海丝织厂织机大楼，采用大跨混凝土桁架结构，设备管线铺设在结构空间内。

1.5.3 洁净与精密厂房

在多层厂房基础上，通过采用一定的技术手段满足生产、科学试验及计算机房等其他用房的要求。如上海中美施贵宝制药厂，天津摩托罗拉中国总部。

1. 洁净厂房：采用洁净技术控制生产环境空气中含尘、含菌浓度、温度、湿度与压力达到生产要求的洁净度和其他环境参数。包括工业洁净厂房（电子、宇航和精密仪表等）、生物洁净厂房（制药、食品、日化等）。

2. 精密厂房：制造和研制过程对产品质量的精密度和精密设备的加工条件要求，采用空调技术、洁净技术、微震控制、电磁屏蔽、放射防护等技术措施，满足生产需要。

名称		示意图	建筑结构	优点	缺点	适用条件
单层仓库	无起重机	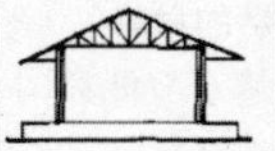	砖木结构； 钢筋混凝土结构； 钢木混合结构	结构简单、建造容易造价低、作业方便	占地多 库房体积利用差 库容量小	存放一般中小价物品和单元化货物
	有起重机	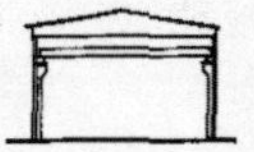	钢筋混凝土结构 钢结构	结构简单 装卸作业机械化 提高装卸效率 减轻劳动强度 作业方便	占地多 库房利用不高 造价较无起重机高	室内存放的大长件、笨重货物和装箱件；大中小型仓库均可采用
多层仓库	带站台	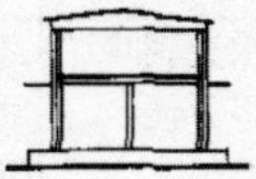	一般都是钢筋混凝土结构	节约用地 库容量大 可防干燥	作业次数增多 需加垂直运输设备 结构较复杂 投资比单层仓库高	楼层适用存放单位面积荷重不超过$2t/m^2$的一般货物。大、中型仓库和受场地限制时可采用
	有起重机	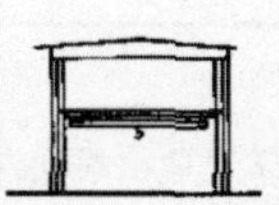	钢筋混凝土结构	同上 大件可用起重机作业	同上 跨距要求加大增加楼层梁的高度	需要吊车装卸大件时采用
	带站台和地下室			同上 地下室阴凉	同上 地下室防潮通风 造价比以上形式均高	只有保管物料要求地下室存放时和场地受限制时采用
露天仓库	门式起重机露天库		门式、半门式	结构简单 建造易扩大方便 门架宽吊装面大	铁路不能横向引入 结构笨重运行速度受到限制	适用存放不怕日晒雨淋的长大件、笨重货物、设备、集装箱及散装原材料。大中型露天库
	桥式起重机露天库	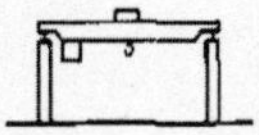	钢筋混凝土立柱 铺砌地面	铁路可纵向引入 运行速度较快 结构简单	比门式起重机露天库建造复杂	
	露天堆场		高出四周地面并铺有地坪的场地	场地布置可因地制宜	面积利用系数低	
棚库		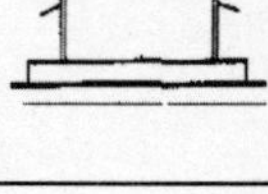	有顶、四周无墙的敞开建筑 砖木结构和钢砖结构	结构简单 造价低 通风好	占地多 库房体积利用差 库容量小	存放不受气候影响但怕日晒雨淋的一般物料。中小型仓库和不受场地限制时采用

图 1.3　仓库建筑形式

<table>
<tr><th colspan="2">名称</th><th>示意图</th><th>建筑结构</th><th>优点</th><th>缺点</th><th>适用条件</th></tr>
<tr><td colspan="2">筒仓</td><td></td><td>钢筋混凝土结构
钢板结构</td><td>容量大占地少
机械化程度高
密闭性好
防火性好</td><td>不易储存易粘结或自燃的材料
一个筒仓只能存放一种材料</td><td>适用存放单一品种大宗散装料；大中小型仓库适用</td></tr>
<tr><td rowspan="2">高架仓库</td><td>库架分离式</td><td></td><td>钢筋混凝土结构
钢结构</td><td rowspan="2">空间利用率高
库容量大
占地少
能实现机械自动化
节约劳动力</td><td rowspan="2">要求精度高建造复杂
要求地耐力高
用钢量大
投资较大</td><td rowspan="2">适用存放品种多数量大的各种单元化的货物。大中型仓库均可使用</td></tr>
<tr><td>库架整体式</td><td></td><td>库架结合的钢结构、库架结合的钢筋混凝土结构</td></tr>
<tr><td colspan="2">地下油库</td><td></td><td>油罐直埋地，罐基为矿填层或混凝土基础，罐上有带锁盖的检查井</td><td>经济安全可靠
火灾扑灭容易
减少油的挥发
卸油可自流</td><td>油罐检查困难
维修不方便</td><td>适用储存汽油、煤油、柴油及其他易燃液体</td></tr>
</table>

图 1.3　仓库建筑形式（续）

资料来源：建筑设计资料集 5（第二版）北京：中国建筑工业出版社，1994

1.5.4　动力站房

锅炉房、气体发生站（压缩空气、煤气、氧气、氮气、氢气、乙炔等）、制冷站、变电站、煤气调压站、换热站等。

1.5.5　仓库

分类及结构形式、优缺点、适用条件见图 1.3。

1.5.6　现代能源建筑

城市热电厂、水力发电站、核电站及其附属设施（冷却塔、水塔、水池、储油罐（池）、煤气罐等）、吊车、码头、酒窖、火车编组站、铁路专用线、高压电线杆等。

1.5.7　生产设备（图 1.4、图 1.5）

- 钢铁生产设备（高炉、转炉、电炉、坩埚）
- 采煤、采矿设备（挖掘机、传输等）

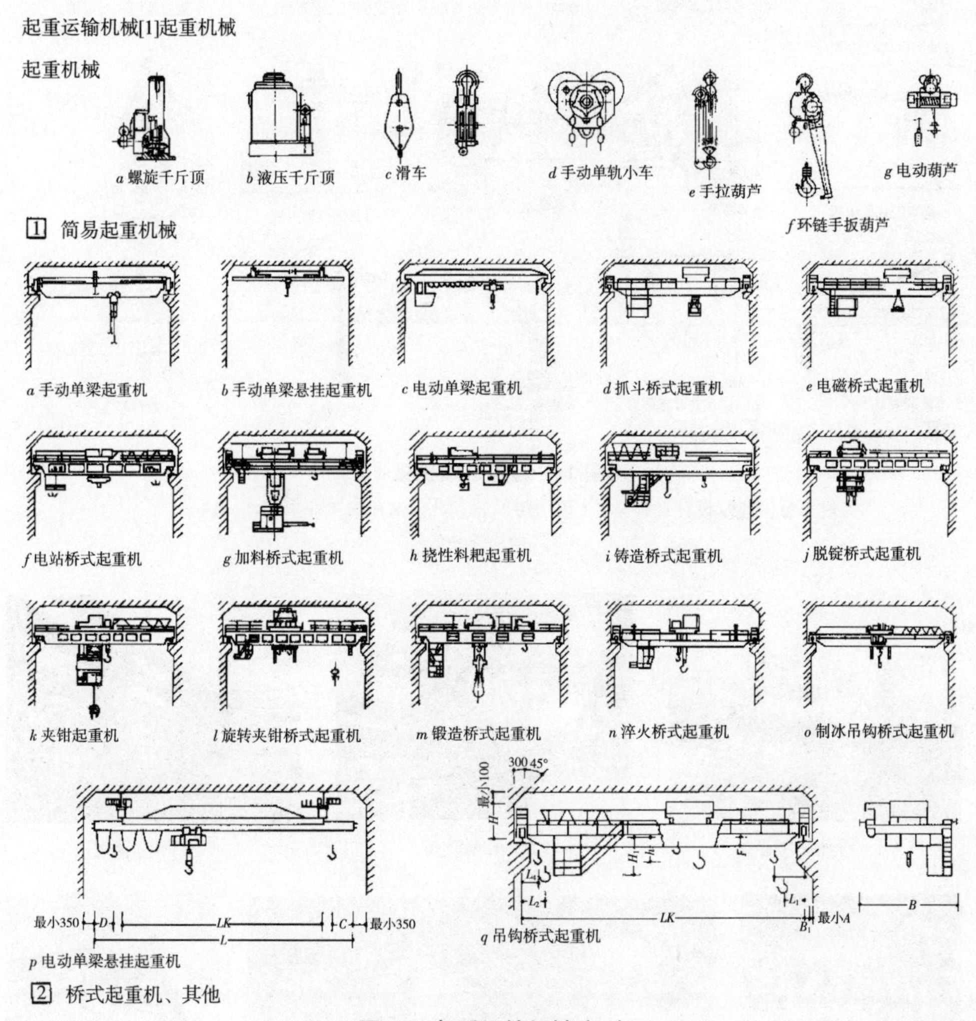
起重运输机械[1]起重机械
起重机械
a 螺旋千斤顶
b 液压千斤顶
c 滑车
d 手动单轨小车
e 手拉葫芦
f 环链手扳葫芦
g 电动葫芦
1 简易起重机械
a 手动单梁起重机
b 手动单梁悬挂起重机
c 电动单梁起重机
d 抓斗桥式起重机
e 电磁桥式起重机
f 电站桥式起重机
g 加料桥式起重机
h 挠性料耙起重机
i 铸造桥式起重机
j 脱锭桥式起重机
k 夹钳起重机
l 旋转夹钳桥式起重机
m 锻造桥式起重机
n 淬火桥式起重机
o 制冰吊钩桥式起重机
最小350
D
LK
C
最小350
L
p 电动单梁悬挂起重机
300 45°
最小100
H
L2
LK
B1
最小A
B
q 吊钩桥式起重机
2 桥式起重机、其他

图 1.4 起重运输机械（*a*）

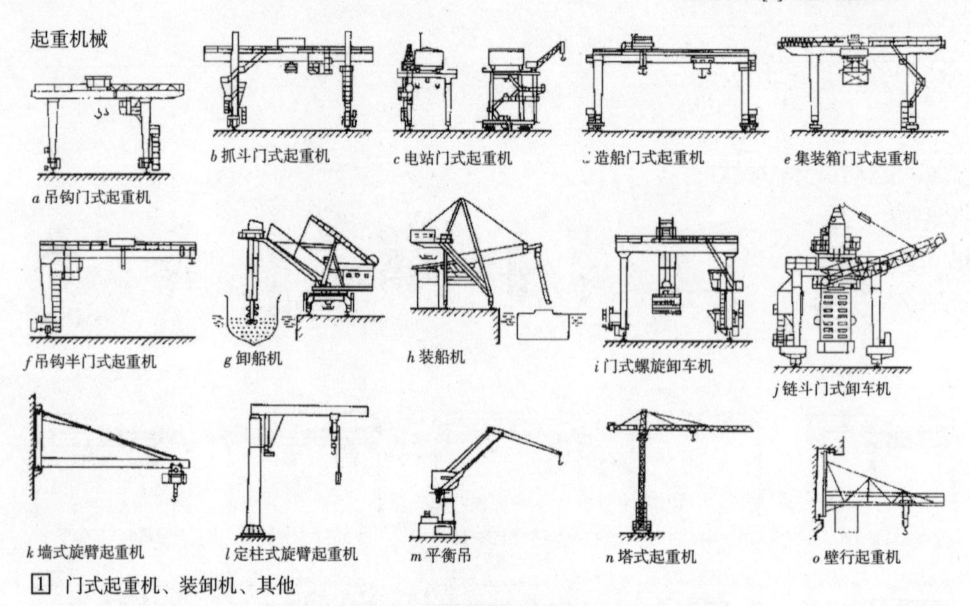

图 1.4 起重运输机械（*b*）

资料来源：建筑设计资料集 5（第二版）北京：中国建筑工业出版社，1994

（*a*）石油化工设备　（*b*）吊车设备　（*c*）架空管线

（*d*）控制仪表　（*e*）热电厂冷却塔　（*f*）煤气储罐架

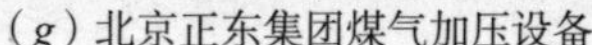

（*g*）北京正东集团煤气加压设备　　（*h*）北京首钢高炉

图 1.5　工业生产设备

资料来源：笔者自摄

- 石油化工（冶炼、分解等）
- 机械制造（各种车床）
- 能源生产和储存设备（电力、水处理、煤气）
- 起重机械（悬挂、单梁、桥式）
- 运输机械（专用铁路、传送设备）
- 架空管线（电、热、气等动力干线）

1.5.8　现代交通建筑

机场、机库、火车站、汽车转运站、码头、船坞及其附属设施（停车场、编组站、维修站场、铁轨、指示灯等）。

1.5.9　军用设施

机场、港口码头、兵工厂、仓库等。上海江湾机场位于上海中心城的东北部，20 世纪 90 年代以前是空军部队的军事基地。城市建设的大发展，机场逐渐被城市边缘的建成区所包围，既影响了城市建设又影响到机场功能的实现。1986 年国务院、中央军委批复同意迁建机场，机场土地作为上海城市建设用地使用。1994 年 7 月江湾机场正式关闭。规划实施新江湾城，成为城市副中心和北部示范居住区[①]。

---

① 徐毅松，王颖禾，范宇 . 城市再生视野下的规划实践与思考——以新江湾城规划为例 . 北京：城市规划学刊，2005.4：93

小结

城市工业用地涉及城市规划建设用地的多个门类，以及国民经济行业中第二产业的主要门类和第三产业的部分门类。工业建筑的类型丰富多彩，机械、设备极具特色，体现了国家、城市在一定历史阶段经济和科技的发展水平。本章内容展现了中国城市工业用地的内涵和全貌，目的是说明城市工业用地的更新不是在一张“白纸”上进行的。工业企业搬迁不仅仅是人的搬迁，而是生产场所、生产设备和生产活动的转移，涉及内容相当复杂。

工业建筑的建筑形式、结构形式、空间特征具有一定的独特性，由于建设年代不长（在深圳等城市只有 20~30 年的时间），还具有一定的使用价值。如单层厂房再利用为大型商业设施、娱乐设施、体育设施等；多层厂房再利用为商业设施、办公等；机械、设备再利用为大型城市雕塑、城市标志、工业旅游和城市探险的主题等。

总体上中国工业建筑与英国等西方国家工业建筑相比，在建筑质量、艺术价值等方面还存在一定的差距，这是由国民经济在一定历史时期内的整体水平决定的。但不乏一些具有历史、文化和再利用价值的工业遗存，它们在中国城市发展和经济发展的历史上，具有里程碑式的意义。它们赋予了民族工业、新中国经济建设的精神内涵，凝聚着几代工人的心血和汗水。这些物质的、文化的、艺术的、情感的因素是城市工业用地更新中特别要加以珍惜的。

第 2 章　城市工业用地更新的理论发展

2.1　城市更新——从物质环境更新到社会更新

城市发展是一个不断进行的新陈代谢过程，城市更新作为城市自我调节机制始终存在于城市发展之中。然而，真正使城市更新这一问题凸显出来，则是始于 20 世纪 50 年代欧美的一些发达国家。工业革命导致世界范围的城市化，工业的发展吸引农村人口涌向城市，促使城市规模不断扩大。由于城市的盲目发展，导致城市居住环境恶化，城市中心衰败，城市特色消失，社会治安混乱……虽然各个国家在具体问题上各不相同，有的经济问题突出，有的种族矛盾问题突出，有的城市土地问题突出，许多国家对此采取各种更新措施，以期防止和消除“城市病”、“枯萎症”，试图恢复城市的活力。但简单的修修补补难以从根本上解决问题，只有谋求全面的更新才能彻底解决问题。因此，城市更新逐渐成为 20 世纪各国政府和城市规划所关注的重大问题。

城市更新的发展经历了从注重物质环境更新，到包含社会更新的发展过程。由于城市的物质空间环境与城市经济、文化、社会密切相关联，因此“城市更新”不单纯是对城市物质方面的改变，还包括对城市经济发展、文化建设、社会问题等方面的关注。

2.1.1　英国

英国的城市更新源于“内城的衰落”——19 世纪高速工业革命和城市化遗留下来的历史问题。在工业化早期，城市作为区域的经济中心，就业使大量的移民涌入城市，城市人口激增。20 世纪中期，全球产业格局的变化，城市经济进入后工业时代，英国工业城市和城市工业地段出现衰退，城市中心区人口下降[①]。1968年启动了“城市计划”（Urban Programme），尽可能地确保每一个市民在城市生活中都有平等的机会。同期还发起了“社区发展工程”（The Community Development Projects），共设立了12个社区发展工程项目，面向落后地区、弱势群体和社区。1972年发起了关于内城区研究计划（The Inner Area Studies），研究小组由咨询专家组成，重点研究内城衰退的原因。对城市更新进行了一系列调查、研究，制定出台了相应的政策，出版了《内城研究：利物浦、伯明翰和朗伯斯》、《内城政策》。伯明翰的研究案例揭示出城市衰退的根源在于社会因素，内城的政策必须影响到社会功能的根本转变，实现平等分配资源的机会。1974年《住房法》（Housing Act）中，颁布了“住房行动区域”，提高了城市议案的地位，为1978颁布内城区法奠定了基础。1974年发起综合社区计划（Comprehensive Community Programmes），试图综合解决城市问题，工作重点是在国家宏观背景及中央与地方、公共与私人的关系中，分析和解决地方问题。1977年颁布的《内城白皮书》是战后英国政府首次以最为严肃的态度来分析英国城市问题的性质及原因，被认为是英国城市更新政策的“分水岭”，具有里程碑意义，通过合作组织的形式综合解决内城建设和社会问题成为白皮书的核心内容。

在1981年地方政府规划和土地法的框架内，建立了城市开发公司（Urban Development Corporations），采用了财政、立法和行政等多种手段来削弱地方权力机构的作用，提升私营企业地位，使他们成为城市开发公司的支柱。设立工业改善区，综合整治和改善城市工业地段的环境，虽然对企业经营没有任何作用，也不解决就业问题，但城市环境确实得到了改善。1981~1985年在全英城市的内城区成立了25个企业区（Enterprise Zones），培育小公司，发展地方经济，解决就业，对英国的全面振兴起到重要作用。20世纪80年代先后出现城市开发项目（UDG，1982）、城市复兴项目（URG，1987）和城市补贴项目（City Grant）等更新计划。1991年成立城市挑战基金（City Challenge），1993年成立专项复兴预算（Single Regeneration Budget）。其主要目标是[②]：

---

① 阳建强，吴明伟编著．现代城市更新．南京：东南大学出版社，1999：11

② 张平宇．英国城市再生政策与实践．北京：国外城市规划，2002.3：39~41

- 提高地方居民的就业，加强教育，培训工作技能，特别是为年轻人、弱势群体提供平等机会；
- 鼓励可持续的经济增长，提高地方经济竞争力，支持新兴产业发展；
- 保护和改善环境与基础设施，提高设计水平；
- 改善住宅区环境，加强管理，保持社区多样性；
- 注重种族地区利益；
- 打击犯罪，加强社区安全；
- 提高生活质量，发展医疗、文化和体育事业。

2.1.2 美国

同英国一样，20 世纪中期，美国许多大城市中心区出现人口和就业向郊区迁移的现象。1959~1975 年，美国 12 个最大的城市的市区人口除洛杉矶外，平均减少了 9.6%，而郊区人口平均增长 20.7%[①]。人口和就业的分散造成城市中心区人口的分散，城市中心被由于经济和种族等原因无力外迁者以及新入城寻找工作的黑人所占据。这些人犯罪、吸毒，没有足够的经济实力，消费能力低下，造成社会败坏、经济萎缩、地方税收急剧下滑。

美国的城市更新以消除贫民窟、大量推倒重建为主，毁灭性的社区清理加剧了社会和种族的矛盾，引发了种族性暴乱，产生了消极的社会影响。这种激进式的城市更新遭到了简 · 雅各布斯等人的严厉指责和抨击。美国都市管理协会（I.U.M.A）与美国都市计划协会（A.P.A）联合发行的《地方政府规划实践》(The Practice of Local Government Planning）研究报告，对这种“城市更新”的做法进行了反思，形成了一种新思想。以“邻里复兴”(Neighborhood Revitalization）的概念取代“城市更新”(Urban Renewal)。1978 年出版的《国家城市政策报告》提出了一系列经济鼓励和协调措施，实现了地区经济发展、居住改善、社区稳定、社会复兴。

20 世纪 60 年代，许多西方学者从不同角度对以大规模改造为主要形式的“城市更新”运动进行反思。包括 L · 孟福德的《城市发展史》(1961 年)、J · 雅各布斯的《美国大城市的生与死》(1961

---

① 阳建强，吴明伟编著．现代城市更新．南京：东南大学出版社，1999：14

年)、P. 达维多夫的《倡导规划与多元社会》(1965年)、E. F. 舒马赫的《小就是美的》(1973年)、C. 亚历山大的《城市不是一棵树》(1965年)以及A. 雅各布与D. 阿普尔亚德的《城市设计宣言》(1987年)等。这些论著从不同立场和学术角度指出:采用大规模计划和城市物质环境规划处理城市复杂的社会、经济和文化问题存在严重缺陷。而对传统的、渐进式的、小规模的城市更新方式表示了极大关注①,这种思想极大地影响了城市管理者和城市规划师们的行动。随着城市更新规划观念和思想的转变,一向以大规模拆除重建为主、目标单一、内容狭窄的城市更新和贫民窟清理出现转变,向渐进式更新方向发展,目标更为广泛,内容更为丰富,关注社区邻里等。

社区邻里的社会问题、经济问题是西方许多国家大城市中最为关键和最为严峻的问题,正是由于社区邻里内部出现的社会混乱和经济萧条,导致了社区邻里的衰退。这些深层的社会结构和经济结构问题,通过简单的推倒重建难以获得圆满的解决。20世纪70年代以后,许多国家越来越清楚地认识到:城市更新不可能以物质环境改善为惟一目标,它必须涵盖更广泛的社会改良和经济复兴,必须更多地注重政策制定的社会和经济方面的问题。此后,西方许多国家的政府和社会学家、经济学家提出了一系列复兴城市的方案和对策,诸如优化城市功能布局,降低服务成本,刺激城市就业,控制市区土地和房产价格,在城市内设立条件优惠的“企业区”等等。所有这些,对内城的衰退都起到了一定的抑制作用。例如:美国早期大规模拆除改建贫民窟,发现无法解决社会问题而趋于保守,转而结合社会福利、商业再开发、历史街区保护以及塑造社会邻里高品质生活环境等各种综合性的更新计划,其成果远比早期更新方式更为成功。

纵观西方现代城市更新运动的发展演变,可看出以下几方面的特点和趋向:

- 城市更新是城市发展的一个重要手段,要结合不同国家、不同城市的特点和具体情况,确定可行的城市更新政策。城市更新政策的重点从大量贫民窟清理转向社区邻里环境的综合整治和社区邻

---

① 方可. 当代北京旧城更新. 北京:中国建筑工业出版社,2000:3

里活力的复兴。注重人的尺度与人的需要，强调居民和社区参与城市更新过程的重要性。

• 城市更新规划由单纯的物质环境改善转向社会、经济、文化的综合复兴和物质环境相结合的综合性更新规划，达到城市繁荣的目的。城市更新的工作包括制定社会、经济、文化、城市规划各个方面的政策、目标和实施计划，具有综合性、系统性的特点。

• 城市更新方法从外科手术式的推倒重建转向小规模、分阶段和谨慎的、渐进式改善，强调城市更新贯穿于城市发展的整个历程，是一个连续性的更新过程。因此更新规划的一个主要方面就是如何处理继承保护城市特色、引导城市发展，强调更新过程和过程的连续性。

• 文物保护意识逐渐增强，重视对城市结构、城市文脉的深入调查和研究工作，在城市更新中保护有价值的内容，在更新中注重体现城市的文化特色，避免“千城一面”的现象发生。

2.2 城市再开发——建设城市综合体

在城市建成区中，有些区域由于建筑老化、市政设施落后、功能不能满足城市的需要，社会和经济逐渐走向了衰败。城市再开发（Urban Redevelopment）就是对这些区域进行的以改造重建为主的二次开发。通过城市功能更新、用地性质调整、物质环境改善、土地利用率提高，增加建筑面积，增加道路、绿地、公共设施等方式，达到完善城市功能、土地集约使用、改善空间环境、实现经济复苏、重建良好社区的目标。城市再开发使城市中心区衰败的住宅区、污染的工业区朝着文化丰富、商业繁荣、舒适宜人的住区和都市型产业方向发展，形成办公、商业、居住复合的城市中心或城市综合体（City Multi-complex）。城市再开发不是小规模的一两栋楼，而是具有一定规模的、功能综合的区域。城市再开发同时还要考虑文化遗产的保护与再利用，恢复传统的社区邻里和生活。城市再开发的特点是以政府投资带动私人投资，以核心建设项目带动周边建设项目，以物质环境改善带动经济发展，吸引中产阶级的回流带动社会问题的解决。城市再开发实际上与城市更新相类似，只是侧重点各有不同。

城市更新侧重于城市居住区的改造更新，城市再开发则侧重于城市中心区的综合开发，强调功能的复合性，突出表现为建设城市综合体。

- 美国的城市再开发始于1949年制定的《住宅法》(The House Act of 1949)。1954年通过修改住宅法，大幅度地扩大了再开发工程的项目内容，把城市中心区商业设施和公共设施作为再开发工程的重点。20世纪60年代，在约翰逊总统的领导下，美国的城市再开发达到了高潮[①]。先后颁布过《地区再开发法》、《土地再开发法》，在洛杉矶、波士顿等城市都成立了再开发局，负责市场策划、投资推介、建设实施和组织管理工作，强调综合性计划。
- 日本1968年颁发《城市计划法》之后，又颁发了《城市再开发法》(1969年)；1956年在颁布《首都圈整备法》的基础上，1957年颁布了《关于限制首都圈原有市区工业法》，又于1966年颁布了《关于整备首都圈近郊的财政特别措施的法律》。
- 韩国1965年就把设置“再开发地区”纳入《城市规划法》之中，1973年制定《有关促进住宅改良临时促进法》，为再开发给予多种优惠政策，1976年从《城市规划法》中分离有关内容，并吸收上述《临时促进法》专门制定《城市再开发法》，此后，《城市再开发法》又多次修改。在此过程中，住宅区再开发政策得到不断改善，逐步形成称为“住宅再开发事业”的住宅区再开发模式。此外，1989年韩国政府为弥补根据《城市再开发法》促进住宅区再开发上出现的不足之处，专门制定《改善城市低收入居民居住环境临时措施法》，推出称为“居住环境改善事业”的住宅区再开发模式。可见韩国的再开发主要指的是住宅再开发，与城市中心区的城市再开发内涵不同。

2.3　城市复兴——迈向城市的文艺复兴

20世纪50年代以来，西方城市更新理论内容非常丰富，相关学术名称不断翻新，明确和区分这些概念，掌握城市更新的理论发

① 谷口砚邦．城市再开发．北京：中国建筑工业出版社，2003：2

展过程具有重要的学术意义。Urban Renewal、Urban Revitalization、Urban Regeneration 在中文翻译中多译作“城市更新”，但实际上无论从英文本意，还是从它在实际运用过程中的社会背景、关注和着重要解决的问题，以及规划政策、经济政策、文化政策、社会政策等方面都有很大区别（表 2.1）。

城市复兴理论的发展轨迹　　表 2.1

理论政策	20 世纪 50 年代 城市重建 Reconstruction	20 世纪 60 年代 城市复苏 Revitalization	20 世纪 70 年代 城市更新 Renewal	20 世纪 80 年代 城市再开发 Redevelopment	20 世纪 90 年代 城市复兴 Regeneration
城市发展战略	城市旧区的重建、扩展和城市向郊区的蔓延	高速公路发展，郊区及外围地区迅速发展，对早期规划进行调整	从推倒重来大规模更新，到注重社区邻里的渐进式内涵式城市更新政策	城市中心区大型综合旗舰项目的再开发，城市郊区综合项目开发	采用综合、整体的方法解决城市问题，实现城市复兴
促进机构和利益团体	国家及地方政府、私人开发商共同参与	在国家及私人投资机构共同承担，私有部门的作用得到加强	私人发展商的作用增加，地方政府的核心作用在减弱	主要是私人机构和特殊部门的参与，培育合作伙伴关系	合作伙伴 (partnership) 的模式占主导地位，强调横向和纵向机构之间的联系
行动空间层次	地方 (local) 或地段 (site) 层次	地区 (regional) 与区域层次结合，出现区域层面上的开发行动	地区与本地层次，后期更注重本地层次	早期注重地段 (site) 层次；后期注重与地方 (local) 的结合	引入战略发展 (strategic perspective) 方法，关注区域层次
城市规划策略	城市化进程加快，大量新建与城市外围发展，注重体型环境与市政基础设施，美化城市景观	逆城市化出现，城市新建过程中对城市建成区的规划调整，加强市政基础设施的建设	城市旧城区的更新，强调功能混合，新城市主义，吸引人们重新回到城市中心，城市环境有新的改进	在城市更新中利用旗舰综合项目的建设替代原有功能，进行置换。提升城市的外部形象及竞争力，关注环境问题	注重历史文化与文脉的保存，优先考虑土地循环和高效使用，注重生态环境、可持续发展和能源的综合利用，采取紧缩城市政策，避免城市蔓延，注重城市交通的便捷和流动和富有特色的城市空间和景观吸引新的居民

续表

理论政策	20世纪50年代 城市重建 Reconstruction	20世纪60年代 城市复苏 Revitalization	20世纪70年代 城市更新 Renewal	20世纪80年代 城市再开发 Redevelopment	20世纪90年代 城市复兴 Regeneration
经济策略	公共和私有部门联合投资	全球经济结构变化，传统经济开始衰败；经济发展与解决社会问题相结合，私人投资比例及影响日趋增加	重点放在土地开发、基础设施建设上，强调中央政府的集中控制和运作，私人机构商业投资占主导地位。建立工业改善区（industrial improvement areas）、弃用地与开发许可（derelict land and urban development grants）	私人投资为主，社区自助式开发，政府选择性介入。公共机构与私营机构组成合作伙伴关系，通过基金予以协助。中央政府指导地方政府成立城市行动组（city action teams）和城市工作组（urban task force）	政府、私人商业投资及社会公益基金全方位的平衡，公共机构与私营机构组成合作伙伴组织，注重地方政府和社区在城市建设中的作用，利用基础设施优势，通过大型综合体和商业设施等旗舰项目刺激投资和市场需求
文化策略	重建国家与城市的文化自信	高雅的传统文化和文化设施建设，对公众进行教育	受女权主义、青年、同性恋和少数民族激进主义的影响，强调文化的通俗性、试验性、先锋性。反社会文化现象开始出现 Anti-social culture	注重文化多样性，社区参与，实现经济的多样性，增加就业。文化特色提取、遗产保护	城市营销指导下的文化资源扩展、文汇规划、文化旗舰项目、城市文化区、城市庆典、文化产业和体育产业、文化旅游等
社会策略	解决战后大量住房短缺，提升居住及生活条件和质量	失业率升高，环境污染严重，犯罪率升高，社会极化现象加速，社会政策注重环境提升、改善及福利水平的改善，解决城市社会贫困、就业和冲突	以社区为基础的作用显著增强，强调社会发展和公众参与，城市人口与就业的平衡	社区自助； 国家有选择的自主	重新注重社区和少数群体的需求；注重培训、教育、健康与文化服务的获得；职业介绍；克服排他性

资料来源：笔者在罗柏茨·皮特，塞克斯·休.《城市复兴手册》（Roberts Peter, Sykes Hugh. Urban Regeneration. A Handbook London：SAGE Publications, 2000）；吴晨．城市复兴的理论探索．世界建筑，2002.12：74；张平宇．城市再生：我国新型城市化的理论与实践问题．城市规划，2004.4：25~30 的基础上综合各方面资料总结而成。

1997年布莱尔任首相以后，为振兴英国经济，改变英国传统、保守的国际形象，提出了“新英国运动”；城市复兴正是新英国运动的一个重要组成部分。西方城市规划概念的演变决不是概念的简单替换，每一概念都包含丰富的内涵和时代特征，并具有连续性。概念变革的背后是城市开发思想和理论的进步。城市复兴的定义不尽相同：

• 用全面融贯的观点与行动为导向来解决城市问题，寻求对一个地区在经济、物质环境、社会及自然环境条件上的持续改善（D. Lichfield, 1992）。虽然这还尚不能被认为是“城市复兴”一词的法定及惟一定义，但可以说是基本涵盖了城市复兴一词所应有的内容[①]。

• 城市复兴是一项旨在解决城市问题的综合、整体的城市开发计划与行动，以寻求城市或地区经济、物质、社会和环境条件的持续改善[②]（R. Peter）。

国内学者对Urban Regeneration译法为“城市再生”[③]，有更新换代、获得新生的意思；周干峙将Urban Regeneration译为“城市复壮”，着重说明城市衰败地区的复苏与发展；吴晨认为：“在英国政府的文件中经常将Urban Regeneration同Urban Renaissance两词互换使用，Renaissance作为‘文艺复兴’的专有名词，有其固定含义，不便更改。[④]”建议将Urban Regeneration一词译为“城市复兴”，表达人们对美好城市理想的追求。在英国《迈向城市的文艺复兴》一书中更多的是使用Regeneration一词，Renaissance作为具有号召力的标题，是Regeneration的目标和结果，因此Regeneration与Renaissance紧密相连，甚至会出现互换使用的现象。Urban Renaissance译作“城市的文艺复兴”（简译作“城市复兴”）更能反映更新的全面性和综合性，以及崇高的历史地位。

纵观城市发展政策的历史，城市复兴是最全面、最综合的理论

---

① 吴晨．城市复兴的理论探索．北京：世界建筑，2002.12：72

② 张平宇．城市再生：我国新型城市化的理论与实践问题．北京：城市规划，2004.4：26

③ 吕斌．加强人居环境建设是城市空间持续再生的关键．http://www.chinachs.org.cn
张平宇．英国城市再生政策与实践．北京：国外城市规划，2002.3：39
张杰．伦敦码头区改造——后工业时期城市再生．北京：国外城市规划，2000.2：32~35

④ 吴晨．城市复兴的理论探索．北京：世界建筑，2002.12：72

和体系，涉及经济、文化、社会、体型环境等一系列相关因素的基础分析与资源整合，以实现城市的全面发展为最终目的。虽然上述理论体系的发展主要以城市旧居住区更新为基础，这是由于城市发展的阶段特征决定的；作为城市更新的重要组成部分，城市工业用地更新与城市旧居住区更新有着紧密联系，有着诸多相似的地方；因此，上述理论不仅适用于城市旧居住区更新，也必将适用于城市工业用地更新。历史发展到了今天，城市工业用地更新不可能沿着旧居住区更新的道路重走一遍，必然在我们最新的认识的基础上，按照最完善的理论体系去实践。本书以城市工业地段为研究对象，以城市复兴理论框架为研究手段，采用综合、归纳和演绎的方法进行研究。根据城市复兴的定义，以及城市复兴的程式，笔者认为：城市复兴是内涵丰富的概念，从范围来讲，既包括城市整体，也包括城市的部分地区、地段，还包括更广泛的城市带和区域。城市复兴的目的是使城市衰败的地区、衰败的城市得到振兴，提高城市的综合竞争力，实现城市的全面发展。

城市的全面发展主要包括城市物质环境、城市经济、城市文化、城市社会四个方面的内容。城市物质环境包括城市结构、城市空间、建筑环境、景观环境、生态环境等一切城市实体环境，是城市规划和建筑设计、景观设计、生态设计的内容。城市经济是城市建设和发展的基础，是影响城市全面发展的根本因素；既要研究城市的经济状况，又要把握城市经济发展的趋势，特别是城市产业结构、产业布局与城市规划的关系。城市文化是城市社会中的组成部分，是物化事物中的非物化表现，具有一定的特殊性和独立性。城市文化在表现城市特色、提升城市形象、实现城市复兴中的作用越来越显著。城市社会是指城市中出现的各种社会问题，包括社会分层、社会分隔、城市贫困、社区、失业等，以城市中的“人”为研究对象，妥善地解决城市中存在的各种社会问题是实现城市复兴的社会基础。城市工业地段的更新作为城市更新中的重要组成部分，对全面提升城市综合竞争力，实现城市复兴有着重要的意义。有必要从城市物质环境、城市经济、城市文化、城市社会四个城市复兴的主要因素出发，进行全面分析和深入研究，借鉴相关的成功案例，发现问题、总结经验。在城市复兴理论体系框架基础上，建立适合中国城市工业用地更新的研究体系和方法，总结出实现中国城市工业用地更新的运行机制。

2.4 棕地治理与再开发

美国的“棕地”（Brownfield Site）最早、最权威的概念界定，是由1980年美国国会通过的《环境应对、赔偿和责任综合法》（Comprehensive Environmental Response，Compensation，and Liability Act，CERCLA）作出的。根据该法的规定，棕色是那些因为现实的或潜在的有害和危险物的污染而影响到它们的扩展、振兴和重新利用的用地和建筑。20多年来，棕地的治理、利用和再开发问题越来越受到美国联邦、州、各地方政府以及企业和民间非赢利组织的极大关注。政府出台了许多政策措施,各相关城市社区和民间组织积极配合，希望以整治棕地为契机，推动城市及区域在经济、社会、环境诸方面的协调和可持续发展。美国国家环保局（EPA）对棕地的定义是:“棕地是指在城市再开发中，由于客观上或想像中存在有害物质或环境污染，其开发过程更为复杂[①]。”按照法律规定，这类土地的开发受环保部门的制约，开发活动必须按照程序得到环境保护部门的许可才能进行，包括对污染进行必要的治理和达到规定的标准。工业活动——包括采矿、化学、轻工业的关闭和衰退，这些棕地及建筑物、构筑物、管线等常常被废弃和闲置,给城市景观造成了许多“疮疤”（Scarred）。

2001年美国政府通过了“棕地复兴和环境保护的法案”（Brownfields Revitalization and Environmental Restoration Act of 2001）包括：棕地复兴基金（Brownfields Revitalization Funding）、棕地免责（Brownfields Liability Clarifications）和政府响应计划（State Response Programs）三部分内容。目的在于：

- 提供急需的基金来评估和清除被弃置不用的棕地，增加就业和税收，保护和创造开放空间和公园，保护公共安全。

- 为无责方包括周边财产所有者、预期的购买者和无辜的土地所有者提供法律保护。

- 提供基金和政府清理计划，适当加强联邦政府的作用，取得预期购买者、开发商和其他方面的平衡，使公共安全得到保证。

2002~2006年美财政年度提供1.5亿美元给地方政府促进棕地治理，

---

① The term ‘brownfield site’ means real property, the expansion, redevelopment, or reuse of which may be complicated by the presence or potential presence of a hazardous substance, pollutant, or contaminant.

建立滚动贷款基金（Revolving Loan Fund）和奖励机制。

- 创建社区参与的棕地清除和再利用档案。
- 提供联邦政府国家优先名录（National Priorities List）中的延缓地块名单。

在土地利用状况上，棕地既可以是废弃、闲置的，也可以仍在利用之中，如仍在惨淡经营中的老工业区，一些“夕阳产业”。在用地功能上，它既可以是工业用地，也可以是其他用地。在空间分布上，它既可以是城市建设用地，也可以是非城市建设用地。在用地规模上，它既可以是大片土地，也可以是一小片用地。在受污染的程度上，有些棕地明显存在一定程度的污染，有些只是令人担心存在污染，程度可轻可重①。

棕地与其他土地的主要区别在于棕地存在一定程度的污染或环境问题，并且污染的类型和造成污染的原因是多种多样的。其中包括对土壤、地下水、地表水、建筑物以及其他环境物质的污染，污染物的类型包括有害工业化学物质、铅等重金属、石棉石油产品、医院垃圾，甚至鸽子等鸟类的粪便。棕地污染的原因包括污染物的堆积、运输、排放以及地下管道、储存设施的泄漏。环境地理学（Environmental geophysics）分析方法为棕地的污染评价提供了有力的数据，采用钻孔的方法对地表下的土质进行取样和化验（虽然其结果由于与钻孔大小、位置、深浅、形状都有关系，并不是十分准确，但仍然可以说明问题），对地下水、地表水、水池及河道沉淀物也要取样分析，进行污染评价。对于引起污染的管道、构筑物、水池、地下设施要制定妥善的处理办法，避免废弃物的保留造成污染的继续扩大，以及在转移处理过程中对接受转移的区域造成二次污染。

对于采矿、采煤地下空洞引发的地面和路面塌陷，往往采取地面微孔洞重力法或声波反射法进行判断。还要评价地震对场地变形的影响，以及地面变形对建设项目的限制和要求。运用特殊技术或多项技术的结合解决棕地的评价问题更加可行，如电子技术或电磁技术。棕地修复后还要进行后评价（Post-remediation Survey）用以纠正修复的结果②。

棕地的开发在美国已经有几十年的历史了，由于这些用地地价低廉，在初始阶段开发商有利可图，环境保护和污染治理并没有得

---

① 牛慧恩．美国“棕地”更新改造与再开发．北京：国外城市规划，2001.2：30~33

② Blackwell Publishing Ltd, Geology Today, Vol. 19, No. 5, September.October 2003

到应有的重视。按照法律规定，开发棕地必须达到环境保护部门规定的污染治理标准。土地受污染的程度、治理的难易以及对人体潜在危害的大小，直接影响到棕地的开发成本，开发时间，以及开发商应承担的法律责任。对于开发商和咨询公司来说，对污染处理的经验远不如对开发物业市场的经验那么丰富，也没有哪家律师事务所可以保证环境评价的结果绝对的准确，在取样过程中没有漏掉丝毫细节。棕地的污染治理除了增加成本外，还会使开发过程复杂化，延长开发时间。按照法律规定，开发商要承担棕地开发后滞留污染物造成的对人体健康和社会危害的责任。随着法规和标准的不断完善，不少开发商对棕地开发望而却步，因此，棕地开发面临着很大困难，需要政府的介入和大力支持。

棕地开发包括规划、污染物的清理和治理、建设整个过程，其中污染的清除和治理是额外负担的部分。为了促进棕地的开发，带动地方经济发展，美国国家环保局在1995~1996年间制定了棕地行动议程。1997年5月，克林顿政府为落实这项议程，发起并推动了棕地全国合作行动议程(Brown Fields National Partnership Action Agenda),明确规定:开发棕地可以申请社区地块开发基金(CDBG)，可用于棕地开发的规划制定、土地获取、环境评价、场地清理、建筑物的拆除和复原、污染治理以及原有建筑物的改善等，以避免因棕地开发增加成本而导致房价过高。联邦政府在100余个棕地投入的资金超过4亿美元。1997年8月通过了《纳税人减税法》(Taxpayer Relief Act)，以税收方面的优惠措施，刺激私人资本对棕地清洁和振兴方面的投资。该法规定，用于棕地环境清洁方面的开支,在治理期间,免征所得税。1998年3月，联邦合作部门确立了16个棕地治理的示范社区,展示多方合作的成效，吸引了9亿多美元的经济开发基金涉足其中，并为以后的跨部门合作处理环境和经济问题提供了范本。

棕地开发的主要目的是城市建设尽量利用闲置和荒废的棕地，而尽量少开发新的城市建设用地。棕地的开发建设，还会使城市功能得到补充，城市环境得到改善，就业机会有所增加。1997年5月，戈尔副总统宣布："克林顿政府新的棕地联合开发行动有15个联邦政府机构共同参与，计划投入棕地再开发的资金总量为3亿美元，预计由此将拉动50亿~280亿美元的私人投资，增加19.6万个就业机会，保护13770公顷的郊区绿地免于被征用。"他在《被污染地产的再开发指导》一书的引言中写道："散布在我们国家中大大小小成百上千的被污染的土地，已经变成了城市复苏的障碍；美国国家环保局正手拉手带领我们，给我们新环境、新工作、新经济和新希望"[①]。

美国政府还进行了全国性的棕地调查活动（图 2.1），美国全国范围内棕地地块总数大约为 50 万块。为了促进城市棕地的更新与再开发，不少地方政府也纷纷制定了棕地开发计划与措施，如纽约市的志愿清理计划（Voluntary Cleanup Program）。具体措施包括资金和法律支持、技术帮助，通过政府投资改善基础设施促进带动棕地开发等，地方法律措施则多以保护开发者的利益为主。根据棕地的成因，技术部门确定改造的方法。如钢铁企业造成的砷和石墨污染、化工企业造成的聚合物污染（PCBs）、加油站等造成的石油污染、军工厂（Hays 以生产炮弹为主）造成的油类、金属、VOCs、PCBs 和石棉污染等等。

污染包括土壤的污染、地下水的污染、河流水体的污染等。如美国纽约州首府奥尔巴尼（Albany）GE 公司长达 35 年的废水排放，使哈得孙河（Hudson River）中的沉淀物受到聚合物的污染，2002 年 GE 公司在诉讼中被判向国家环保局支付 3700 万美元，用于清除河中重达 130 万磅的沉淀污染物。实验证实这种污染会导致癌症，导致婴儿出生体重过轻和痴呆。

美国由国家环保局（Environmental Protection Agency）、各州的环保部门（Department of Environmental Protection）进行环境污染管理、评估和标准制定，同时也参加棕地的管理工作。美国还成立了国家棕地委员会（National Brownfield Association），定期召开年会，进行经验交流，展览、讲座、培训、评奖等。新奥尔良大学（University of New Orleans）还出版了国际棕地合作期刊（International Brownfield Partners）（图 2.2）。

棕地治理的参与者从联邦到地方，从政府部门到私人组织，数量众多；其所使用的手段，从政府的政策和立法、财政支持，私人企业的投资、非赢利组织的沟通协调到个人的志愿参与等多种方式，

---

① Brownfields: A Comprehensive Guide to Redeveloping Contaminated Property SECOND EDITION

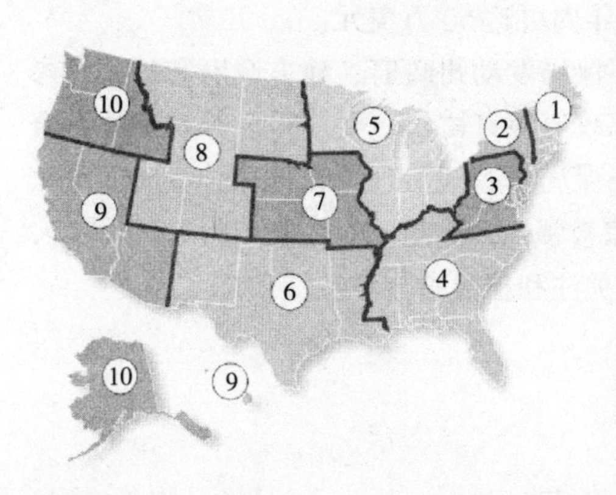

图 2.1 美国棕地名录（Brownfields Property Listing）

资料来源：http://www.Brownfield.com

图 2.2 国际棕地合作期刊

资料来源：http://www.Brownfield.com

Region 1 – Connecticut, Maine, Massachusetts, New Hampshire, Rhode Island, and Vermont.
Region 2 – New Jersey, New York, Puerto Rico and the U.S. Virgin Islands.
Region 3 – Delaware, Maryland, Pennsylvania, Virginia, West Virginia, and the District of Columbia.
Region 4 – Alabama, Florida, Georgia, Kentucky, Mississippi, North Carolina, South Carolina, and Tennessee.
Region 5 – Illinois, Indiana, Michigan, Minnesota, Ohio, and Wisconsin.
Region 6 – Arkansas, Louisiana, New Mexico, Oklahoma, and Texas.
Region 7 – Iowa, Kansas, Missouri, and Nebraska.
Region 8 – Colorado, Montana, North Dakota, South Dakota, Utah, and Wyoming.
Region 9 – Arizona, California, Hawaii, Nevada, and the territories of Guam and American Samoa.
Region 10 – Alaska, Idaho, Oregon, and Washington.

呈现出治理的多元化和多样化的发展趋势。美国环保署是棕地治理的主导机构，主要工作包括：

1. 论证评估：以两年为期限，每个区域资助 20 万美元，共计资助了 360 多块棕地。这些资金被用于对棕地进行评估，并通过试验找到清洁和振兴不同区域的模式，在此过程中将社区小组、投资人、贷款人、发展商及其他有影响的主体联系在一起。

2. 明确责任：美国国家环保局有一整套的方法来分清治理过程中贷款机构、市政当局、棕地的产权所有者、发展商、地块预期的购买者的责任。

3. 工作培训：给每个地块两年资助 20 万美元，用于训练被污染社区的居民从事清洁棕地的工作，并为将来环境领域里的就业岗位进行人员培训。

4. 提供贷款：贷款基金给棕地的环境清洁工作提供贷款和资助，

给每个地块的资助数额在五年内可达50万美元。

与此同时，美国国家环保局发动州政府、地方政府和社区也参与棕地的治理工作，与联邦政府签订协议，要获得联邦政府的资金支持就必须接受美国国家环保局对棕地治理工作的评估。美国国家环保局联合贷款人、律师、宗教领袖，发起召开了棕色地块全国大会，引起社会对棕地治理的广泛关注和积极参与。

小结

城市更新、城市再开发、城市复兴、棕地治理等城市规划理论和城市政策之间并没有明确的界限，在不同国家、不同地区、不同项目、不同时间有不同的侧重，各种理论在发展中不断丰富，进行着自我调整。在英国等西欧国家，运用城市更新（Urban Renewal）和城市复兴（Urban Regeneration）的概念较多。城市更新逐渐从注重城市物质环境的“更新”，向关注城市经济、文化、社会更新，实现城市复兴的综合方向发展。在美国、日本、韩国等国家，城市复苏（Urban Revitalization）、城市再开发（Urban Redevelopment）、城市棕地（Brownfield）概念运用较多，注重“开发”的过程，尤其特指大型综合体建筑或建筑群的开发，注重功能混合、多样，规划设计大型公共活动空间，满足社会生活的多样化需要，解决社会就业问题等理念。

城市复兴是近年来发展起来的最综合、最全面的城市规划理论，从城市物质环境、城市经济、城市文化、城市社会等各方面全面研究，整合资源，以实现城市全面发展为目标。城市棕地更新与再开发，注重城市中荒废的、被污染土地的开发，更加关注生态和可持续发展，注重配套政策的制定和技术的应用。棕地理论在美国兴起后被欧洲国家所接受，并融入城市更新与复兴的理论和实践中。

城市工业用地，尤其是城市中心区及周边的工业用地，是城市建设的重要区域；长期作为工业用地使用，存在着被污染的可能。随着产业结构的调整，城市工业用地的更新日益紧迫。综合运用城市更新、城市再开发、城市复兴、棕地治理等城市规划理论和方法，开展城市工业用地更新研究具有十分重要的现实意义。

第3章 国外城市工业用地更新的实践

3.1 德国的实践

德国的工业布局呈现地区性集中的特点，政府采取政策协调各州和地区产业布局，形成工业均衡布局的局面，避免了法国巴黎、日本东京那样产业过于集中现象的出现。德国主要工业区包括：以鲁尔为中心的西部工业区、以汉堡和不来梅为中心的北部工业区、以慕尼黑为中心的东南工业区、以斯图加特为中心的西南工业区和以柏林、哈勒—莱比锡为中心的东部工业区[①]。由于工业以区域化发展的模式十分显著，因此城市工业用地更新在德国是以区域为单位，寻求区域整体更新、复兴和发展的思路进行的，区别于英国、法国和美国的以城市为单位，针对旧工业区和码头工业区的更新方式。这种做法对于我国工业集聚区、传统工业基地工业用地更新具有十分重要的借鉴意义。

3.1.1 鲁尔工业区

3.1.1.1 历史背景[②]

鲁尔区是德国最大的工业区，是德国乃至欧洲工业的心脏，也是世界最重要的工业区之一。位于北莱茵－威斯特法伦州的西部，介于莱茵河及其支流鲁尔河、利伯河之间，面积4430平方公里，人口约540万，占全国的6.6%。以前埃姆舍地区是沼泽遍布、居民点稀少的低地，当工业时代降临之际，工业得以快速发展，逐渐发展成为德国钢铁和煤炭的生产中心（表3.1）。

---

① 左琰．德国柏林工业建筑遗产的保护与再生．江苏：东南大学出版社，2007.1：24

② 李蕾蕾．逆工业化与工业遗产旅游开发：德国鲁尔区的实践过程与开发模式．北京：世界地理研究，2002.3：53~57

冯春萍．德国鲁尔矿区区域整治及其经济持续发展矿业城市与可持续发展．北京：石油工业出版社，1998

鲁尔工业区兴盛的成因 表 3.1

区位条件	具体体现	发挥的作用
丰富的煤炭资源	煤储量丰富	煤炭是工业发展的基础，区内传统的其他工业部门都是在此基础上建立起来的
离铁矿区较近	离法国东北部的洛林（Lorraine）铁矿区较近	钢铁工业是鲁尔区的主导产业
充沛的水源	区内有莱茵河、鲁尔河、利珀河、埃姆舍河等多条河流	水源与煤炭资源结合，促进了化学工业的发展
便利的水陆交通	河道交织，且与海洋相遇，水运便利； 有德国最稠密的铁路网，高速公路四通八达	区内所需铁矿原料和工业产品主要通过河道运输，铁路与公路交通把鲁尔区与德国及欧洲其他地区紧密相连
广阔的市场	德国以及西欧发达的工业	刺激生产的规模和技术革新

资料来源：作者整理

19 世纪中叶开始，鲁尔的产业一直以采煤、钢铁、化学、机械制造等重工业为主导，是德国的能源、钢铁和重型机械制造基地，三大产业的产值曾一度占全区总产值的 60%。20 世纪 50 年代后，由于世界范围的石油和钢铁竞争，鲁尔工业区爆发了历时 10 年之久的煤业危机。矿区原有的以采煤、钢铁、煤化工、重型机械为主的重工业经济结构日益显露弊端，经济受到严重打击，经济的中心地位减弱，社会问题严重，平均失业率高达 12%。到处散布着废弃的工矿、庞大的空置建筑、失去活力的居住区。面对衰落，鲁尔选择了发展，展开区域范围的全面整治和更新，改变原有单一的经济结构，区域经济朝着多样化和综合化方向发展。在全球经济一体化浪潮的冲击下，世界其他一些以重工业为主的传统工业区纷纷陷入严重衰弱危机之际，鲁尔区仍保持较强的生命力，经济持续发展。目前，鲁尔区已形成了新老工业并举、部门结构复杂、内部联系密切、布局相对合理的区域化的工业集聚区，这与其审时度势，紧跟经济全球化发展趋势，利用科学技术的先进成果，不断创新，进行面向区域的调整是密不可分的（图 3.1，表 3.2）。

3.1.1.2 组织实施

1920 年 5 月 5 日，德国政府成立的鲁尔煤管区开发协会

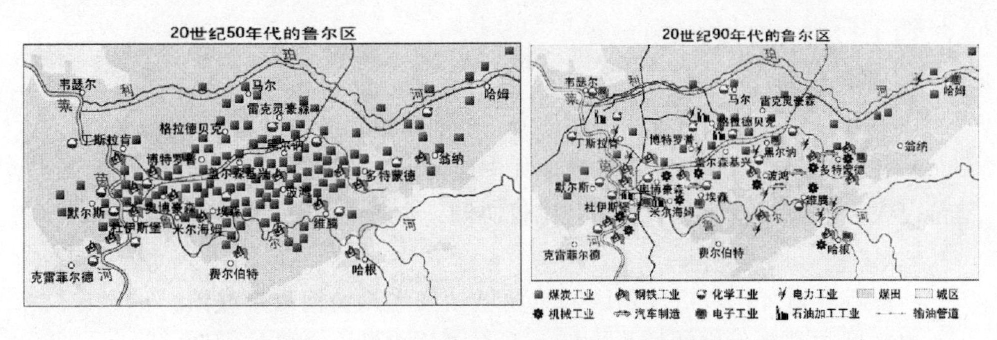

图 3.1 鲁尔区产业对比图

资料来源：www.pep.com.cn

鲁尔工业区整治措施与效果 表 3.2

整治措施	效果
发展新兴工业和第三产业，改造煤炭和钢铁工业，促进经济结构多样化	煤炭、钢铁产业数量剧减，生产规模剧增，社会经济结构比例较协调
调 整工业布局，保证各行业平衡发展	减少运费，少占土地，降低污染，提高经济效益
拓展交通，完善交通网	运输信息便捷，提高生产效率
发展科技，繁荣经济	促进可持续发展
消除污染，美化环境	节约资源，生态、社会效益明显

资料来源：作者整理

（SVR），是鲁尔区最高规划机构。其职能和权限随着区域的发展一再扩大，现已成为区域规划的联合机构（KVR）——州联邦的权力部门。针对鲁尔区存在的问题，协会于1960年提出了鲁尔区总体发展规划，作为法令要求全区严格遵守执行。在鲁尔煤管区协会成立以前，鲁尔区无论是在发展工业生产，还是在城市建设、交通以及环境保护方面，都没有统一的规划，存在很大的盲目性，导致了一系列社会经济问题，直接影响到工业区的生存发展。协会成立初期，其主要的工作只是制定“一般开发规划”（General Settlement Plan）即为工业和居住用地、交通线路、绿化环境等提出规划方案。从20世纪60年代起，协会逐渐担负起对工业区的全面策划与规划，直接与全区域的建设和发展挂钩，取得了很大的成效。

3.1.1.3　物质环境更新

1．制订规划：

1960年，协会提出把鲁尔区划分为三个地带的设想：

• 南方饱和区：这里是早期的矿业集中地区，随着采煤业的北移，地位已大大下降，但经济结构相对比较协调，今后的发展是继续保持其稳定性。

• 重新规划区：包括鲁尔区的重要城镇及埃姆舍河沿岸城镇，是人口和城市高度集中的核心地区，存在着许多社会和经济问题。控制人口增长，工业企业合理布局是急迫需要解决的问题。

• 发展地区：包括鲁尔西部、东部和北部正在发展的新区。

根据三个地区的不同情况，协会提出发展第三地区，稳定第一地区，控制第二地区的战略设想。1966年在修改上述规划的基础上，协会又编制了鲁尔区的总体发展规划。1989年，KVR制定了一个为期10年的国际建筑博览会的宏伟计划（IBA），重点是展示鲁尔区核心地区800平方公里、200万人口、有17个城市参加的城市更新工程，使鲁尔区以令人耳目一新的面貌迈进21世纪。

2．埃姆歇园国际建筑展：

埃姆歇园国际建筑展(Emscher Park，IBA)是针对鲁尔工业区的衰败采取的区域更新措施。埃姆歇河是一条鲁尔工业区的排污河，是在整个地区没有规划的工业时代发展起来的。当采煤业及其相关产业向其他地区转移时，这里变成了问题严重的地区。埃姆歇河畔没有真正的大城市，而是在煤炭工业基础上发展起来的城镇群，缺乏完善的基础设施。由于这些地区产业单一，没有其他工业和服务业，产业结构调整使这些城市陷入困境。组织者有意通过国际建筑展的形式，通过样板项目重振衰败的工业地区。这个10年计划是从局部开始的，然后扩展到整个地区。在欧盟组织和德国政府的财政补贴下，随着修复地区的增多，工业遗产旅游终于形成。IBA计划已经演变成鲁尔地区的综合整治规划，包括社会、经济、文化、生态、环境等多重整治与区域复兴目标。

1998年，相关部门开始关注整个鲁尔区的工业遗产旅游开发的一体化工作，包括统一的市场营销与推广、景点规划等，将全区的主要工业遗产旅游景点整合为著名的“工业遗产旅游之路”（Route Industrie Cultural, RIC）。埃姆歇园国际建筑展之所以选择埃姆歇地区，解决旧工业地区更新这样的艰巨课题，面对的挑战有：

- 一个受到工业崩溃威胁的地区，如何解决区域的产业问题，实现经济复苏；
- 一个被废弃物严重污染的地区，如何实现区域的土地复垦，实现生态恢复；
- 一个饱受社会问题困扰的地区，如何增加区域的就业人数，解决社会失落；
- 一个没有城市的城市化地区，缺乏特色的、被工业割裂的散落的居民点，如何建立城市文化、城市特色，成为宜人的社区[①]。

埃姆歇园国际建筑展是一个大胆创举，用一个国际设计竞赛解决极其复杂的社会问题，在政治、经济、文化、社会、生态等方面作为示范的典型实例，这是一项系统工程，突破了传统规划设计的观念和手段。特别是以工业遗产保护为基础，开发工业旅游、生态恢复、创造新型城市生活，最终实现经济发展和社会复兴，是非常成功的。埃姆歇园国际建筑展在更新策略上有多学科、多领域的研究课题作支撑，并在规划理念、实施方法、目标评价等方面建立了新的评价标准。政治家参与制定规划，提出社会发展目标，在政治上进行了推动。

3.1.1.4 经济更新

1．调整传统产业：对煤钢等传统产业按照生态和经济的双重标准，有选择地退出和改造。煤炭、钢铁两大产业一直是鲁尔的两大支柱，这两大部门的衰败直接导致鲁尔经济结构的老化。20世纪60年代开始，在国家的资助下，开展了鲁尔区经济结构的转型工作，对企业实行调整和改造。1966~1976年，政府拨款150亿马克资助煤矿集中改造，并制定相应的政策保护煤炭工业。从1969年开始鲁尔区原有的200多座煤矿实现关、停、并、转，减至今天的15座，煤矿工人从62万减少到5.3万；钢铁工业同期也进行设备更新和技术改造，关闭和合并老厂，扩建新厂，钢铁厂从26个减少到4个，从业人员从35万下降至7.5万。煤钢比重大幅下降，产值仅占全区的16%；煤、钢两大部门职工人数从20世纪50年代初占工业部门

---

① 吴唯佳．对旧工业地区进行社会、生态和经济更新的策略——德国鲁尔地区埃姆舍园国际建筑展．北京：国外城市设计，1999.3：35~37

总数的60%降至90年代初的33%，而同期非煤钢工业的就业人数却从32%上升到目前的54%多，第三产业的比重从29.8%提高为56%。

德国政府对于传统煤炭行业，制定了扶持的优惠政策，包括：

• 价格补贴。这是煤炭政策的核心部分，1996至1998年，联邦政府给予主营煤炭业的鲁尔集团的补贴分别为104亿、97亿和85亿马克；

• 税收优惠。对煤炭公司所得税予以退还、豁免或扣除，还允许煤炭企业加速折旧，促进生产合理化；

• 投资补贴。对煤矿生产合理化、提高劳动生产率和安排转岗人员等提供多种补助；

• 政府收购。为保障煤炭供应，政府收购一定数量的煤炭作为储备。此外，政府还提供贷款，建立"国家煤炭储备"，支持煤炭工业的生产和销售；

• 矿工补贴。主要是退休金补贴；

• 限制进口；

• 环保资助。为治理矿区环境提供资助，一般由州政府负担1/3，联邦政府负担2/3；

• 研发补助。

2. 发展核心产业：发展以传统产业为基础的核心产业是鲁尔经济更新的关键。石油提炼和石油化工由于从鹿特丹及威廉港通往鲁尔的输油管建成发展很快，目前鲁尔已有10多个炼油厂，炼油能力达到每年3000万吨，石油提炼和石油化工已成为化学工业中的主业。还有著名的欧宝汽车厂，建于20世纪60年代中期，坐落在一个已关闭的矿井旧址上，现已发展成为拥有20多万人的世界最现代化的汽车厂之一。而服务业和其他新兴产业却蓬勃发展，取代煤钢成为当地的支柱产业。服务业发展迅猛，吸引了该地区64%的从业人员，总人数高达95万。

3. 吸引新型产业：充分利用鲁尔区水路、公路、铁路的交通优势，对沿河的废弃码头等设施进行改造，使杜伊斯堡成为现代物流中心。在鲁尔工业区的心脏地带建立国际建筑博览会。合理利用工业遗迹，开展工业旅游。

为使鲁尔区的经济结构趋向多元化，联邦、州政府及鲁尔区煤管协会都想方设法改善鲁尔区的投资环境，鼓励新兴工业迁入鲁尔区。而鲁尔区也完全具备发展这些新兴工业的有利条件：劳力充足，交通便利，又是巨大的消费市场。新建和迁入的工业企业像雨后春笋般地不断涌现，1958~1973年新建和迁入企业达459个。1985~1988年鲁尔区新建企业数量增加41%，大大超过同期全国的平均水平。目前这类企业已遍及全区，大多是技术精良的中小企业，产品种类繁多，有汽车、炼油、化工、电子以及服装食品等。在新兴工业中，鲁尔区在信息技术领域中的发展速度在德国遥遥领先，1994~1997年，北威州的软件企业从241个增加到2720个，这些企业大多落户在鲁尔区。北威州还规定，凡是生物技术等新兴产业的企业在当地落户，将给予大型企业投资者28%，小型企业投资者18%的经济补贴。因此，虽然与欧洲其他国家相比，德国在生物技术方面起步较晚，但2000年，德国已拥有330家左右的生物技术企业，其中1/3落户在北威州。鲁尔区正朝着一个既有强大传统工业作基础，又有日益壮大的新兴产业为增长点的，多种产业门类和部门的综合方向发展。

3.1.1.5 文化更新

在区域的工业用地更新过程中，鲁尔区开始对自身积淀的工业资源进行开发利用的思考，尤其重视对工业遗产旅游资源的再开发。借鉴英国、瑞典等一些国家的经验，经过长达10多年的摸索，通过工业旅游开发，走出了一条保护与利用传统工业资源，实现区域复兴道路。鲁尔区把被废弃或闲置的工业资源作为本地区区别于其他地区，具有独特性的文化资源来对待，在此基础上开展文化遗产旅游，从零星的局部利用到区域的统筹开发模式。主要途径如下：

1．世界文化遗产：

拉莫尔贝格（Rammelsberg）有色金属矿，以及坐落在城市格斯拉尔（Goslar）、位于茨韦布吕肯市（Zweibruecken）的弗尔克林根炼铁厂（Volklingen Iron Work）和位于埃森市（Essen）的关税同盟煤矿Ⅱ/Ⅳ号矿井（Zollverein Ⅱ/Ⅳ）分别于1992、1994、2001年被列入世界文化遗产名录。

2．建设博物馆：

如利用奥滕伯格锌制品厂改建的莱因工业博物馆、利用斯蒂罗姆(Styrum)郊区的水塔改建的水博物馆、（Westfälisches）露天博物馆等。

3．建设景观公园：

如北杜伊斯堡（Norduisburg park）钢铁厂景观公园、北斗星公园（Nordstern park）、马克西米利安公园（Maximilian park）等。

4．建设购物中心：

在工厂原址新建大型购物中心，旁边仍保存原有工业设施的博物馆，还配套建有美食文化街、体育中心、游乐园、影视设施，吸引大量旅游和购物的人流（表 3.2）。

5．建设新型产业园：

传统的工业区转换成现代科学园区、工商发展园区、服务产业园区等。

3.1.1.6 社会更新

1．产业合理引导，调整生产力布局

鲁尔区早期的产业布局是以接近原料地为原则，如采煤业是在鲁尔河以南，靠近煤田，生产力布局历史上也是由南向北发展。二次世界大战前，基本形成了东西延伸，以中部为核心的工矿区。尤其是杜伊斯堡——多特蒙德的带状区域，城市鳞次栉比。为了改变这一状况，在 20 世纪 60 年代区域总体规划中提出了划分三个不同地带、平衡全区生产力布局的设想；并规定在布局新企业时应首先考虑安排在边缘发展地带，控制杜伊斯堡、埃森等大城市的发展；有计划地从核心地区向边缘地区搬迁工厂，对传统产业依据不同的情况实行关、停、并、转。调整变化最明显的是钢铁工业，原来钢铁生产高度集中在蒂森、惠施、克虏伯等几家大公司之中，1998 年蒂森钢铁公司与克虏伯公司实行了强强联合，钢产量占全区的一半左右，产业布局上形成了沿鲁尔河东西走向的产业格局。在产业布局调整中，针对目前区域内钢铁工业所用铁矿全部进口的新趋势，考虑从鹿特丹经莱茵河到杜伊斯堡每吨矿石的运费要比到多特蒙德便宜得多，于是以最低运费为原则，改变过去以煤炭运输为核心的东西向钢铁工业布局，为以铁矿运输为核心的南北向布局。在莱茵河沿岸港口以杜伊斯堡为中心的南北 17 平方公里的狭长地带，形成了年产 2900 万吨钢铁的生产能力，杜伊斯堡成了名副其实的“钢城”。政府对于生物技术、信息和环保技术以及科技型企业予以政策上的支持，1972~1980 年先后为 3.5 万个新投资项目提供了 890 亿马克的经济补贴，创造了 66 万个工作岗位。

鲁尔区域结构的变化同样集中体现在其城市的职能演变上。鲁尔区是一个人口和城市的密集地区，城市的发展经历了单一的煤矿城市—钢铁城市—化工城市—综合性城市的发展道路；城市规划也从早期的杂乱无章的无规划状态向全面规划的现代化城市发展。在区域更新过程中，许多城市从原先的单一职能演变成为一专多能的综合性城市。费巴公司总部所在地杜塞尔多夫是能源、化工、钢铁、机械、电气等工业的中心，同时又是德国最大的银行所在地；蒂森公司所在地杜伊斯堡是钢铁、机械、化工和轻纺工业的中心，又是德国最大的内河港口城市; RWE 公司所在地埃森是能源、钢铁、化工、建筑工业的中心，也是国际上有竞争力的博览会城市等。大企业的发展不仅吸引了大量的人口，使城市规模不断扩大，并加快了城市建设的步伐，提升了城市的能级。现在鲁尔区 5 万人口以上的城市有 24 个，其中埃森、多特蒙德和杜伊斯堡人口在 50 万以上，构成了一个多中心的莱茵—鲁尔城市集聚区，人口超过 1000 万，为世界主要大城市集聚区之一。

2. 发挥智力优势，提升生产力质量

在世界科技史上，德国的工业技术占有重要的一席，而鲁尔区就是德国许多技术发明的诞生地，科研基础十分雄厚。鲁尔区许多大企业都有自己的科研机构，科研中心和生产中心紧密结合是德国科学技术领先的制胜法宝。如鲁尔煤炭股份公司下属的煤矿研究中心是全国最大的煤炭研究机构，拥有 17 个研究所、4 个实验场以及计算机处理中心，科研人员曾达 1100 多人，研究成果有力地促进了煤炭工业的机械化和现代化以及对煤炭的综合利用。面对新的形势，鲁尔区采取了以下措施：首先，改革创新，加强科研界与经济界的合作，建立一条横贯全区的“技术之路”。把区内的经济中心和研究中心联系起来，加快科研成果的应用，并建立“鲁尔区风险资本基金会”和新技术服务公司，为新技术企业提供资金和咨询。其次，改革传统教育，创立新兴学科，并把高等院校的教育与本地区经济发展相结合，州政府试图将鲁尔区建成“欧洲高等院校区”。现在鲁尔区拥有 15 所高等院校，是一个大学群，包括杜伊斯堡大学、杜塞尔多夫大学、科隆大学、波鸿大学、埃森大学、多特蒙多大学等，拥有 14 万多大学生。

鲁尔区不可能甩掉传统工业单纯发展新兴工业，在发展新技术产业的同时，鲁尔区加快了用新技术对传统工业的全面改造，建立科学技术革新的信息中心。由政府帮助企业拟定技术革新计划、结合中小企业具有灵活应用新技术的特点，优先向中小企业转让技术等，大大加快了将科研转化为生产力的步伐，并提升了区域产业结构的层次，鲁尔区的目标是成为欧洲新经济中心。

3. 加强企业协作，合理配置资源

鲁尔区大企业之间以及大企业与中小企业之间有着广泛的联系和密切的协作关系，最早出现了煤钢联营的形式，以后又出现了煤化、煤电以及钢铁与机械的联营。有的以合同的形式，有的则组成联合公司，既保证了生产，又稳定了销售，使区域内部的资源优势和加工能力优势得到充分发挥。例如，鲁尔区所生产的煤约76%在本区消费，主要用于炼焦和发电；鲁尔区的大钢铁公司都有自己的煤田，自行开矿和办炼焦厂，蒂森、克虏伯等大钢铁企业都有自己的煤矿。鲁尔区所产钢材的70%提供给本地区机械制造业；煤化工联营从炼焦开始，大力回收炼焦副产品，作为化学公司生产化工产品的原料。机械工业与钢铁的联营表现在大钢铁公司大多辖有机械制造业，钢铁工业的中心也是机械制造业最发达的地区。所产的矿山机械70%在本地销售，主要用户是矿山、冶金和化工等。鲁尔区的企业联盟关系促进了区内资源、交通等优势的发挥，使鲁尔区既是资源地、生产地也是消费地。

3.1.1.7 生态更新

长期以来，鲁尔区企业各自为政，公害严重，环境污染大于国内任何一地。鲁尔区上空的6600多个大烟囱每年排放二氧化碳、硫磺等约400万吨，其中60万吨滞留在本区上空，空气污染严重到汽车无法通行，行人感觉肺疼的程度。矿区排放的污水又严重污染水质，使鱼类曾一度绝迹。为了根除公害，治理环境污染，州政府投资设立环境保护机构，颁布环境保护法令，统一规划。第一个行动就是改造河流，先在鲁尔河上建立了完整的供水系统，在长达100公里的河面上先后建立起4个蓄水库，108个澄清池，净化污水；在埃姆舍河口设立微生物净水站。另外，全区的烟囱自动报警系统已全部建起，各工厂都建立了回收有害气体及灰尘的装置，使大气污染得到了有效的控制。如果说当时鲁尔工业区对煤钢工业的结构调整是一种主要在经济方面无奈的选择的话，那么今天生态化的区域政策以及生态再开发的理念成为区域经济发展的关键。鲁尔区提出了“在公园中就业”的理念，在每一季度的区域形势分析、区域市场分析和区域经济分析中，都会有生态化指标和数据分析，这些数据必须符合该区域的各项生态指标。

为了美化环境，提高生活质量，在区域总体规划中制定了营造“绿色空间的”计划，全区进行了大规模的植树造林，昔日满目荒凉的废矿山披上了绿装，塌陷的矿井成了碧波荡漾的湖泊。目前，区内共有绿地面积约 7.5 万平方公里，平均每个居民 130 平方米（1968 年鲁尔核心地区只有 18 平方米），大小公园 3000 多个，整个矿区绿荫环抱，一派田园风光。往日浓烟满天，黑尘遍地的景象已一去不复返，实现了 20 世纪 60 年代提出的“鲁尔河上空蔚蓝色的天空”的口号。鲁尔区所在的北威州拥有 1600 多家环保企业，成为欧洲领先的环保技术中心。

德国对于土壤污染处理采取了严格措施，任何工业企业都会对地表土造成影响，进而影响到深层土壤和地下水。因此，任何转变土地使用性质的工业用地在按照新用途使用前，必须进行土壤环境分析。步骤是：

1. 调查摸清状况：对全市的污染源、污染物、污染进行详细调查，分政府直接调查和政府组织的企业自行调查两种。

2. 危害程度分级：确定对土壤产生危害污染的存在，根据危害程度分级。主要考虑两个因素：污染物质的危害性；污染源距离居民区、水源地的距离。划分出危害性最大的污染和危害最严重的地区。

3. 处理方法：改变原工业土地性质的土地进行“清理”。

● 将有污染的表层土清挖出来，掺入食毒菌进行生化处理，处理后复原；

● 将由污染的表层土集中运到垃圾场焚烧处理。

4. 建立地下水污染监测网：利用现有城市地下水井，或适当增补监测井，定点观测地下水质的变化，由政府抽查，发现水中重金属含量的变化即可及时找到污染源。

5. 注重人、自然、文化的协调：随着原材料等基础工业的转移，德国非常重视工业化时期工业废墟的环境设计。德绍市威尔利茨公园保留了 20 世纪 30 年代发电厂的厂房和烟囱，并准备将一个旧工厂改造为德国的联邦环保部办公楼。

3.1.2 汉堡港口新城

港口新城位于汉堡易北河畔的凯回头及旺拉姆区，100 多年前这个地区就曾经被拆迁，让位给码头和仓库建筑。当时迁出该区的市民超过 2 万人。港口新城距离市政厅只有 10 分钟步行路程，面积为 155 公顷，这个项目将使市中心区的面积扩大 40%。

1997 年汉堡市前市长福舍劳博士（Henning Voscherau）宣布的港口新城的建设构想，成为近年来汉堡作出的对城市发展具有深刻影响的历史性决策之一。2000 年为港口新城规划举行了国际招标，并在此基础上制定了总体规划。新城的原自由港仓库城、楼房、桥梁、堤岸、水面共同组成了一个具有世界级意义的历史文化遗产，1991 年被列入汉堡市历史建筑保护名单。仓库城不属于港口新城的规划范围，但对港口新城的意义是显而易见的，因为从汉堡市中心进入港口新城，首先看到的就是仓库城高大的红砖建筑，使人领略到港口的气氛。这里汇集了香料博物馆、模型博物馆等一系列文化设施和文化创意机构。

港口新城可供建筑的土地面积为 60 公顷，建筑密度参照市中心区的标准，建筑总面积约为 150 万平方米，可供 5500 户居民生活和 2 万多就业人员工作，并为文化、休闲、旅游和商业活动提供场地。港口新城将使生活、工作和休闲完美地结合在一起，符合人们对现代生活的需求，将为汉堡增添一处极具吸引力的城市景观和多功能区。（图 3.2~ 图 3.6）

图 3.2 受到保护的仓库区

资料来源：作者自摄

图 3.3 艺术化处理的烟囱成为城市标志

资料来源：作者自摄

图 3.4 码头工业区更新改造的模型

资料来源：作者自摄

图 3.5 水边瞭望塔

资料来源：作者自摄

图 3.6 水边瞭望塔

资料来源：作者自摄

3.2 法国巴黎的实践

德国在全国范围内产业布局均衡发展，产业结构调整和工业用地更新也是以区域为单位进行的，范围比较大，是一个经济集聚区或产业带的概念，是一系列工业城镇、工业区的集合，是超大尺度的。法国经济高度集中于首都巴黎地区，巴黎对周边城市地区的辐射作用十分明显，形成巴黎市区经济的过度膨胀与其他地区发展的停滞和衰落，地区发展严重失衡，矛盾日益突出。法国巴黎通过经济政策、城市规划等一系列措施，对产业结构和产业布局进行了有效调整，实现了巴黎与周边地区均衡发展的目标。巴黎城市发展遇到的问题，与我国北京、上海、广州等特大城市在发展中遇到的问题有一些类似，在某种程度上与我国一些省会城市的发展状况也有相似之处。巴黎城市工业用地更新与产业结构、产业布局调整密切相联系，对我国大城市在城市工业用地更新中，实现城市经济在更高层次上进一步发展，具有重要的借鉴意义。

3.2.1 巴黎的产业结构与产业布局调整的思路①

20世纪开始，巴黎一系列的城市规划从“城市美化运动”，逐渐发展到从区域高度对城市中心区进行用地和功能的调整和完善，对巴黎从城市中心区向郊区膨胀的现象进行控制。法国政府于20世纪50年代末开始，通过实施新的经济规划，加强区域内新建和重建的工业项目审批，限制巴黎向周边的进一步扩展，对巴黎地区产业人口的过度膨胀进行控制。同时，法国政府在巴黎内部进行了人口、产业的调整和优化，解决巴黎市区人口和产业过于密集、拥挤，巴黎市区与周边地区联系松散、协调不够等问题，从而达到城市整体在区域层面上经济均衡发展的目标。具体措施包括：

- 积极疏散中心区人口和不适宜在中心区发展的工业企业；
- 在郊区建设拥有服务设施和就业岗位的相对独立的大型住宅区；
- 在城市聚集区外缘建设配备良好公共服务设施的卫星城，与中心区之间利用大片农业用地相互分隔，通过公路和铁路交通相互联系。

巴黎还通过改造和建设新的城市发展极和重构城市郊区，新建卫星城镇。新的城市建设沿重要交通干线布局，形成城市发展轴线。在郊区和新城市化地区新建多功能城市中心，打破现有单一中心布局模式。强调住宅区与就业岗位的紧密关系，在新的住宅区周围规划工业小区、商业服务区和交通网络设施。逐步明确和制定了新世纪巴黎地区发展总体目标和战略。目前，巴黎集聚区集中了电子、电器、计算机等现代高科技新型工业，近郊集中了汽车、航空、化学、冶金、机械、电器和食品等部门，形成新的工业区。发挥巴黎地区各种非物质资源优势，与周边城市建立互补的战略伙伴关系，形成可持续的区域发展，必将进一步提高巴黎区域整体的吸引力和竞争力。

① 朱小龙，王洪辉.巴黎工业结构演变及特点.北京：国外城市规划，2004.5：50~52

3.2.2 巴黎的产业结构与产业布局调整的成果

3.2.2.1 工业发展

19世纪初期，法国的工业从农业手工业作坊为发展起点，小的炼铁炉、造纸厂和皮革厂比比皆是。工业革命爆发以来，巴黎一直是法国最重要、最完备、也是最集中的工业区之一。19世纪末20世纪初，巴黎的电子、汽车制造和航空工业得到了飞速发展。“二战”以后，由于拥有经济技术基础雄厚、能源原料便宜、工业项目齐全、交通顺畅便利、劳动力市场灵活、国际联系快捷等许多发展工业的优越条件，工业和人口进一步向巴黎地区集中。20世纪50年代由于工业和人口的高度集中，巴黎地区地价大幅度上涨，生产成本不断上升，工业建筑开始向高层发展。另外，城市环境受到严重污染，与其他地区间经济发展的不平衡也不断扩大。为了改变这种局面，法国政府实施了巴黎地区的整体规划，对巴黎地区的工业布局进行了调整，实施“工业分散”政策，严格限制巴黎中心区工业的继续集中，迫使工业企业向周边地区扩散。到20世纪80年代初期，市区50年代的老企业关闭了1/4，外迁项目达到3000多个。工业就业占全部就业比例从1954年的38.2%，降至1999年的21%。在工业企业疏散的同时，不断加强巴黎的管理、研究、发展、计划和营销等高级服务功能。到21世纪，巴黎城市中心区工业主要是那些生产时尚、手工业产品的企业，如时装、衣服、室内装饰等，而传统的资本、劳动密集型工业企业则向郊区转移，如汽车制造业、食品加工业、印刷出版业、电力和电子工业等，工业疏散政策效果明显。

3.2.2.2 工业布局

在上述总体规划的指导下，巴黎大区初步形成了以市区为核心的多级分层布局，在市区边缘建成了8个副中心和60个地区中心。由于鼓励在上述地区优先发展经济和工商企业，因而带动了整个巴黎地区工业布局的调整。均匀分布在巴黎市区周围的5座新城，不仅保持了与市区的联系，而且相互独立，自成体系。埃夫里新城已经成为巴黎南部经济技术发展的中心，而赛尔克新城则拥有了雷诺、标致汽车公司，汤姆逊电气公司等一批国内外知名企业。

历史上，巴黎市及其近郊是巴黎大区工业的中心，集中了汽车、航空、化学、冶金、机械、电器和食品等部门。工业分散化使得工业布局重心西移，在远郊形成新的工业区。在城市结构上形成了从巴黎西郊到西部的工业轴心，其两侧组成了西北—东南方向的工业带。在工业郊区化的过程中，表现出了两个重要的特征：一是工业在远郊的进一步专业化，如西部郊区的汽车工业；南部的航空、电子工业；东北的基础化学、制药工业。二是工业部门中非生产人员（主要是行政、管理、贸易、工业服务等）的比例在市区最高，近郊稍低，而远郊、外省更低，但相对于全国而言，郊区新工业区和临近外省非生产人员的比例仍然很高。非生产人员主要集中在巴黎市区的中部、西部和市区近郊。其次是西南近郊和东北以及西北近郊的新城。

巴黎计划在周边的8个副中心和60个地区中为企业提供全欧洲最现代化且布局合理的多样化企业用房和办公设施，这样可以新安排85万个就业岗位，确立巴黎大区的工业化地位。同时发挥巴黎地区的经济优势以及就业人员素质高的优势，吸纳更多的国际型企业进入巴黎。

3.2.2.3 工业特色

19世纪初，巴黎的工业就已得到较快发展，先是化工、冶金工业，随后是电子、汽车制造和航空工业。“二战”结束后，巴黎工业就业的37%在生产资料部门，高于法国全国平均水平(21.3%)。服装业是巴黎最具代表性的消费品工业，就业人数占法国行业全部就业人数的32.5%；另一个是新闻出版业，就业人数占全国的50.3%。

目前，现代新型工业，如电子、电器、计算机等高科技工业，已经成为了巴黎工业发展的主要方向。巴黎的重要工业，如电子、汽车、飞机、造船和服装业等，在欧洲乃至全世界都具有重要的地位。著名的雷诺和雪铁龙汽车公司都在巴黎，他们生产的汽车半数以上供应全球市场。巴黎还是世界服装业的首都，有2280家服装店，每年设计生产3500多种新式服装，大部分出口到国外。另外，巴黎还是世界化妆品生产中心。如今，巴黎地区以服务业为主，就业人口占整个地区就业总数的79%，高于全国的平均水平（71%）。按照工业疏散政策，巴黎中心区主要是高附加值工业和高成长的服务性行业，而在外环郊区，则分布着大量工业、零售网点以及物流配送机构。

3.2.3 巴黎工业用地更新的案例

结合巴黎城市中心区的改造，建造了一系列具有世界影响的现代园林，最著名的有拉 · 维莱特公园 (Parc de la Villette) 、雪铁龙公园 (Parc Ardre–Citroen) 和贝西 (Bercy) 公园。这三个园林也是自 19 世纪中叶以来在巴黎市建造的最大的园林。

3.2.3.1 雪铁龙公园 (Le Parc André –Citroën, Paris)

雪铁龙（Citroen）协议开发区位于巴黎中心城区西部 15 街区用地内，濒临塞纳河，占地约 14 公顷，是 19 世纪形成的旧城区的一部分。200 多年前这里还是一片荒地，由于塞纳河泛滥等原因一直无人居住，直到 1784 年阿尔托斯（Artrois）伯爵买下了这片土地并建立了化工厂，这里逐渐发展起来；1889 年化工厂被钢铁厂和仓库区代替。随着巴黎城市建设发展和工业化进程，1915 年雪铁龙公司在此地建立了著名的汽车制造厂，并不断扩大规模，这里才繁荣起来。随着巴黎产业结构和产业布局的调整和变化，1970 年雪铁龙汽车厂迁出巴黎，市政府收回这片土地后，整合周边土地，形成面积达 33 公顷的协议开发区。

1985 年组织了国际设计竞赛。Patrick Berger 建筑师和 Gilles Clement 景观设计师联合体，与 Jean–Paul Viguier 建筑师和 Allain Provost 景观设计师联合体在竞赛中胜出并在实施设计中进行合作。风景师 C. Clement 和建筑师 P.Berger 负责公园的北部设计，它包括白色园、2 个大温室、7 个小温室、运动园和 6 个系列花园; 风景师 A. Provost 和建筑师 J. P.Vignier 及 J. F. Jodry 负责公园南部的设计，它包括黑色园、中心草坪、大水渠和水渠边 7 个小建筑。设计在继承法国园林传统的同时，力求建设一个现代的城市公共绿化空间，追求自然与个性。

整个公园以一条保留下来的斜穿大草坪的老路作为公园的主要步行道，保留了雪铁龙工厂的历史痕迹。公园以植物景观为特色，设计将花园视为一片自然的荒地，并交给经过培训的、有经验和能力的园林园艺师去管理、整治和经营。“动态花园” 的设计理念使景观类型完全由植物的自然属性决定，形成野趣横生的自然灌丛景观，极大地刺激了寻求新奇感的巴黎游人的想像力。以植物为主的花园各有主题，如黑与白、岩石与苔藓、废墟、变形，通过植物搭配和地面铺装材料的变化，突出个性特征。广场中央的柱状喷泉、围绕大草坪的运河、跌水、瀑布，丰富了公园的视觉和听觉效果。公园与塞纳河岸结合在一起，在喷泉广场的地下设置了 600 个停车位，最大限度方便游人的进入。公园通过小花园与 15 区的街坊相联系，住宅采取周边围合方式，在形态上与周边街区肌理相吻合（图 3.7~ 图 3.9）。

图 3.7 展厅与喷泉
资料来源：李匡提供

图 3.8 玻璃体方阵
资料来源：李匡提供

图 3.9 高差与植物构架
资料来源：李匡提供

3.2.3.2 贝西公园（Le Parc de Bercy）

贝西地区位于塞纳河右岸，巴黎 12 区西侧，占地 50 公顷，建于 1994 年。17 世纪这里原是木材仓库，18 世纪开始，这里成为巴黎重要的葡萄酒码头和仓库，之后从未变迁过。20 世纪 70 年代，由于地价上升，酒码头搬到远离城市的地方，这里又成为被葡萄酒商废弃的仓库遗址。贝西地区曾是城市的郊区，有各个历史时期的建筑以及 500 颗古树，与城市其他地区相比，风格古朴、别具一格。随着城市的扩展已经成为市区的一部分，为城市新的建设提供了理想空间。1993 年成立协议开发区，开通了连接城市中心区和左岸的

图 3.10 树阵

资料来源：李匡提供

图 3.11 保留铁道

资料来源：李匡提供

图 3.12 开敞空间与雕塑

资料来源：李匡提供

轨道交通，引进了一批有影响的建设项目，包括财政部、多功能体育馆和美国中心，以及大规模住宅开发，形成了贝西公园（占地 12 公顷）、住宅街坊和东侧第三产业中心。如今，贝西公园已经成为一座绿意盎然、极具吸引力的场所，保留了一小块葡萄园及一段过去批送酒桶的货运铁轨，保留了地下酒窖和乡村风格的葡萄酒仓库，形成了尺度宜人的步行街，同时也见证了此地曾有的繁华与没落。按照规划这里应该建设住宅区，为了赋予贝西地区新的活力，使之成为新的城市活力的载体，实施中改变了原有用地功能，建设成一个开放的大型公园。1987 年举行了公园概念设计竞赛，以“记忆之园”为题的方案凸现了注重已经存在 300 年的城市历史肌理，尊重地方特色的理念；公园分为自由乡村风格、现代园林风格和自由浪漫风格三个部分，在原有路网基础上直入新的空间秩序（图 3.10~图 3.12）。

3.2.3.3 拉·维莱特公园（Parc de la Villette）

拉·维莱特公园坐落在巴黎市中心东北部，20 世纪 60 年代这里还是巴黎的中央菜场、屠宰场、家畜及杂货市场，公园占地 55 公顷。1974 年这处百年历史的市场被迁走后，德斯坦总统建议把拉·维莱特建成一座公园，后来密特朗总统又把其列入纪念法国大革命 200 周年巴黎建设的九大工程之一，并要求把拉·维莱特建成一个属于 21 世纪的、充满魅力的、独特的并且有深刻思想含义的公园。既要满足人们身体上和精神上的需要，同时又是体育运动、娱乐、自然生态、工程技术、科学文化与艺术等等诸多方面相结合的开放性的绿地。公园还要成为世界各地游人的交流场所。1982 年举办了公园的设计竞赛，建筑师屈米 (Bernard Tschumi) 的方案中奖。

拉·维莱特公园建于 1987 年，乌尔克运河 (Canal de l'Ourcq) 流经。公园南部有 19 世纪 60 年代建造的中央市场大厅，在市场迁走以后,这座 241 米长、86 米宽的金属框架建筑改成了展览馆及音乐厅。大厅南侧是著名建筑师鲍赞巴克 (Christian de Portzamparc) 设计的音乐城。公园北部是国家科学技术与工业展览馆。公园主要在三个方向与城市相连：西边是斯大林格勒广场，以运河风光与闲情逸致为特色；南边以艺术气氛为题；北面展示科技和未来的景象。拉 · 维莱特公园是巴黎最大的公共绿地，全天 24 小时免费开放，是法国三个最适于孩子游玩的公园之一，也是巴黎十大最佳休闲娱乐公园之一；拥有世界上最大的科学与工业博物馆、最著名的法国夏季爵士音乐节和国际芭蕾、滚石乐队演出。拉 · 维莱特公园是巴黎城市改造的成功典范，环境美丽而宁静，是集花园、喷泉、博物馆、演出、运动、科学研究、教育为一体的大型现代综合公园。

"解构主义"大师屈米在设计中融入田园风光，结合生态景观设计理念，采用了独特的、甚至被视为离经叛道的设计手法。方案把基址按 120 米 ×120 米画了一个严谨的方格网，在方格网内约 40 个交汇点上各设置了耀眼的红色建筑，屈米把它们称为"Folie"。每一 Folie 的形状都是在长宽高各为 10 米的立方体中变化，功能包括问询、展览室、小卖饮食、咖啡馆、音像厅、钟塔、图书室、手工艺室、医务室等。Folie 的设置不受已有的或规划中的建筑位置的限制，有的 Folie 设在一栋建筑的室内，有的由于其他建筑所占去的面积而只能设置半个，有的又正好成为一栋建筑的入口。方格网和 Folie 以及笔直的林荫路和水渠、轴线、大的尺度等，体现了传统的法国巴洛克园林的逻辑与秩序。Folie 联系着公园中 10 个主题小园 (包括镜园、恐怖童话园、风园、雾园、龙园、竹园等) 。这些主题园分别由不同的风景师或艺术家设计，形式上千变万化，如同电影的各个片断。有的是下沉式的，有的以机械设备创造出来的气象景观为主,有的以雕塑为主(图 3.13~ 图 3.15)。

图 3.13 景观构筑小品
资料来源：李匡提供

图 3.14 步行天桥
资料来源：李匡提供

图 3.15 雕塑景观
资料来源：李匡提供

3.3 英国的实践

本节内容主要介绍英国伦敦和伯明翰市两个城市滨水工业区成功的更新案例，通过综合的城市规划、城市设计、建筑设计、景观设计等，以及有效的组织和实施、灵活的市场化运作，实现城市重点工业用地的更新，这对北京、上海、武汉等大城市传统工业区和重点工业用地的改造、更新具有重要的借鉴意义。

3.3.1 伦敦道克兰码头工业区[①]

3.3.1.1 历史背景

伦敦道克兰（Docklands）码头区位于伦敦东区的泰晤士河两岸，

① 张杰．伦敦码头区改造——后工业时期的城市再生．北京：国外城市规划，2000.2：32-35

London Docklands in 1981. Http:/www.lddc-history.org.uk

整个码头区沿河约13公里长，西端深入寸土寸金的伦敦内城区。码头区总占地20.7平方公里，其中45%为废弃用地，包括1.8平方公里的码头区和90公里长的滨水地带。工业革命使道克兰码头工业区成为伦敦向欧洲出口工业产品最重要的港口，曾是英国乃至世界最著名的海港货物贸易的集散地之一，集中了服装、家具制造业和啤酒业等劳动密集型的工业，是伦敦最贫穷的地区。20世纪60年代随着全球经济结构的转变和英国传统工业的衰退以及现代化集装箱码头和航空港的发展，道克兰码头区逐渐萧条。由于码头区基础设施老化，很多设备已过百年，不能满足现代运输的需要，码头纷纷关闭，业务迁至泰晤士河下游的现代化深水港区。20世纪70年代整个地区在社会、经济、环境等方面都处于非常困难的状况。

战后英国政府通过绿带控制城市发展，将大量工业和人口外迁，人为地加快了伦敦城市中心区和内城区的衰退。随着后工业经济的来临，伦敦向国际化大都市方向发展，道克兰码头区的区位优势越来越明显，大面积的废弃工业用地和待改造的房屋使之成为政府和投资商关注的焦点，前首相撒切尔夫人当政时期制定了码头区的改建规划。

伦敦道克兰码头区更新的直接原因如下：

- 1971年到1981年间，伦敦码头区人口下降20%；
- 1981年失业率高达17.8%；
- 1978年到1981年三年之间，10000名工人丧失了工作岗位；
- 1981年60%的土地被遗弃或荒废。

3.3.1.2 实施组织

1981年之前，码头区联合委员会(DJC)负责码头区的规划与改造开发，成立了非政府组织“码头区论坛”参与规划和开发工作。由于码头区联合委员会是一个松散的联合体，其成员代表了不同阶层、团体的利益和观点。1978年政府重视市场在解决内城和城市工业用地问题的作用，出台了内城法(Inner Urban Areas Act 1978)，提出了“合作区”(Partnership Areas)，鼓励中央与地方政府、私人与志愿部门合作共同解决内城区问题。在这一框架内政府设立了合作委员会(Partnership Committee)，负责划定了“码头区合作区”(Dockland Partnership Area)，使之成为与码头区联合委员会平行的结构，加强了中央政府直接干预码头区开发的权力。1979年宣布设立城市开发公司(Urban Development Co-operations, UDC)，设立了“企业区”(Enterprise Zone)，在企业区内实行减免开发税，不需规划许可等政策，刺激房地产开发。20世纪80年代初，英国政府开始尝试改造伦敦码头区，1981年7月成立了伦敦码头区开发公司(The London Docklands Development Corporation，LDDC)，并拟定了整个码头区的改造整治设想和规划，使之成为当时西方国家最大的城市开发区。

3.3.1.3 开发建设

LDDC的开发战略主要包括以下方面（表3.3）：

LDDC开发的土地明细表 **表3.3**

LDDC开发的土地	英亩
LDDC拥有的土地与水域面积	2173
水域	417
用作道路交通、景观用地	550
出让开发用地	1061
待出让用地	145

资料来源：http://www.lddc-history.org.uk

• 完善市政基础设施和改善物质环境建设改变码头区的面貌，吸引投资；

• 利用有限的政府投资形成有力的经济杠杆，调动市场积极性；

• 以市场为导向，尽可能多地征购土地，以土地开发带动整个码头区的开发；

• 投资建设关键的环境项目；

• 开拓市场，积极营销；

• 引导市场投资，刺激高档次的住宅需求，改善社区设施；

• 改善道路、交通条件，使之与伦敦其他地区基础设施具有同等水平；

• 滚动开发，自我推动。

LDDC的完成的主要工作有（表3.4，图3.16）：

• 制订规划：完成了文化、交通、市政基础设施、就业等一系列专项规划。

LDDC 的完成的主要工作 表 3.4

1998 年 3 月 31 日最终成果		
人口	83000	39400(1981 年)
商务	2690	1021 (1981 年)
就业	85000	27200 (1981 年)
新住宅	24042	
再生荒废土地	826 公顷	
新的商业和工业建筑面积	240 万平方米	
公共投资	185.9 万英镑	
私人投资	720 万英镑	

资料来源：http://www.lddc-history.org.uk

(*a*)

(*b*)

(*c*)

(*d*)

(e) (f)

(g) (h)

(i) (j)

(k) (l)

图 3.16 左侧是 20 世纪 80 年代初的情景，右侧是 20 世纪 90 年代末的情景

资料来源：http://www.lddc-history.org.uk

• 再生土地：从 879 公顷荒废的棕地中再生出 826 公顷建设用地。

• 市政设施：投资 1.86 亿英镑用于道路建设，占道路总投资的 72%，1999 年使从各个方向到达码头区的道路通达能力达到 22000 人 / 小时。投资 1.59 亿英镑用于给排水、电力管网建设。

• 生态环境：使人们能够到达的海岸线从 1981 年的 6 公里增加到 50 公里，并且沿岸设有舒适的步行系统，在水边设有水上活动项目。在规划设计中还考虑到野生动物的习性，在弓溪（Bow Creek）设置了生态公园，在东印度船坞盆地（East India Dock Basin）为野生禽鸟设置了落脚的场所。规划了 9 公顷的开放公园，种植了 16 万棵树，获得了 94 项景观、规划、建筑设计和环境保护的奖项。

• 商业开发：1982~1992 年，在 195 公顷的狗岛（Isle of Dogs）上，建设了 130 万平方米的建筑，其中 100 万平方米为办公建筑，使码头区成为伦敦新的 CBD，加上金丝雀码头（Canary Wharf）的办公设施，使伦敦 CBD 办公建筑规模达到 200 万平方米，解决了 7 万人的就业。

• 住宅建设：1981 年“城市开发公司”（UDC）时期，居住状况 5% 处于拥挤状态，20% 处于不适合居住状态，95% 住在租来的房子里。1998 年，住宅从 1981 年的 1.5 万套增加到了 3.8 万套，使 2.4 万个家庭获得了住房，并且有 1.77 万户是购买的住房。

• 公共设施：LDDC 资金的 2% 用于公共服务设施，其中一半用于教育、培训，一半用于医疗和设施。兴建了 2 所大学、12 所小学，扩建了 17 所其他学校，为所有学校提供 IT 设备；建设了 5 所健康中心，为 6 所已有的健康中心改善条件；建设社会关爱设施，包括 3 所儿童日托中心。

• 私人投资：政府投资 1.86 亿英镑带动私人投资达 7.2 亿英镑，主要用于旅馆、餐厅、商场、工厂、印刷、办公和娱乐设施，1981 年以来建成 230 万平方米的建筑。经济的多样性十分显著，并且使码头区功能与伦敦西端逐渐接近。1998 年旅游参观人数达 210 万人次。已经建成 5 所旅馆和 1 所青年旅社，还有 4 所旅馆正在开发建设中。

• 就业状况：私人投资使就业可持续发展，1981 年就业人数 2.72 万人，1998 年达到 8.5 万人。而且还将继续增长，预计 2014 年达到 17.5 万人。就业当中，金融、商务占到 43%，制造业占 19%，比 1981 年有更多的制造业就业机会。

• 失业：道克兰码头区的失业人口受国家和大伦敦经济圈的影响，良好的交通条件使码头区的失业人员可以到方便地寻达其他就业区域。1981 年在 19788 劳动力当中有 3533 人失业，失业比例高达 17.8%。随着当地就业人数的增加、教育条件的改善，1997 年 12 月，当地 40077 劳动力人口中只有 2883 人失业，失业率仅为 7.2%。

3.3.2 伯明翰布林德利工业区[①] (Brindleyplace)

3.3.2.1 历史背景

布林德利工业区位于英国第二大城市——伯明翰市中心区西部，占地 25 英亩，是典型的工业革命的产物。18 世纪后期，伯明翰市成为以金属产品制造和贸易为主的城市。为运送工业原材料和金属制品，1768 年伯明翰市政府开凿了伯明翰运河，布林德利地区紧邻运河，成为伯明翰市以金属制造业为主的工业区。从此该地区布满了大量的专业码头、运河船只和工厂。但是到了 20 世纪 50 年代以后，迫于国际竞争的压力，伯明翰的金属贸易逐渐萎缩，工厂和码头也全部关闭，布林德利地区呈现出萧条、破败的景象。

布林德利工业区是全欧洲规模最大的在内城更新中运用“混合使用”理念进行开发建设的项目之一。它的开发从概念的确立，到设计、建造以及今后的使用，都遵循了这一理念，这使该地区从一个充满着工厂和码头的破败地区，变成了由一系列商店、餐馆、咖啡厅、办公楼、住宅、文化设施等组成的富有吸引力的公共广场和精美建筑群。

20 世纪 70 年代，伯明翰市为重振昔日雄风，急需产业结构调整，寻找新的经济支撑点。计划之一就是准备建设国际会议中心（ICC），使之成为全英国最大的集会场所。布林德利地区作为 ICC 的配套区进行娱乐、休闲设施的开发并配备一定数量的办公楼和停车场来支持 ICC 计划。ICC 项目计划由公共基金资助，其中大部分来自当时的欧共体。

3.3.2.2 组织实施

规划建设由 Brindleyplace 开发公司负责，社区规划组织“人民

---

① 张险峰，张云峰．英国伯明翰布林德利地区——城市更新的范例．北京：国外城市规划，2003.3：55~62

的伯明翰”（BFP，Birmingham for people）积极参与，改造的主旨就是“混合使用”（Mixed–used）。开发商对布林德利的开发有一个清晰的目标和明确的实施方案，成立了一个由建筑师、工程师、造价评估师等专家组成的小组，相当于开发商的智囊和咨询机构。负责提出概念、制订计划、组织设计、核算成本；由开发商对小组提出的各阶段成果进行改进，经过多次反复，使开发目标和实施步骤不断明确，并最终确定下来。

规划通过城市设计和城市设计导则进行控制，每个开发地块选定不同的建筑师，在城市设计导则框架指导下进行创作；考虑到组织的有效性和设计风格的统一性，不选择明星建筑师和大型设计公司，而是选择善于使用黏土砖的建筑师。从总体规划到景观设计，规划师、建筑师、景观建筑师共同工作，参与者的密切合作充分保证了建设周期，最大限度降低造价并使设计质量得到保证。

3.3.2.3 规划设计

规划采取建筑的高度控制，在主要的公共空间界面还规划了1~2层高的柱廊。规划考虑了3条轴线，使步行街与广场同传统步行系统相联系。将服务性交通与其他交通区分开，采取了一系列措施尽量减少机动车对步行系统的影响，道路设计降低车速，创造适宜的环境。规划考虑了分期实施的可能，在每一个建设阶段都要保证相对完整。规划包括10万平方米的办公面积，3万平方米的商业面积；120套住宅和2600个停车位包括1栋综合停车楼，以及餐馆、咖啡厅、文化设施等。建筑设计保留了原来河岸分为上下两层的特点，使用开敞的店面取代了原来生硬的河堤，使上下两层都充满了活力。建筑细部的处理采用了许多传统工厂、码头原有的构件或工具；如起重机吊钩、烟囱、铁构件、煤气灯造型的路灯等，使人时常联想起布林德利的历史。设计巧妙利用1米高的地坪高差，将广场分为若干活动区域，形成的台地正好沐浴在和煦的阳光下，可以兼作露天剧场。广场东部设计了一组跌水池，流水终日反射着阳光，给人们带来更多的明亮色彩。西部是MIles Davies设计的一组雕塑，令人回忆起市林德利的历史。

3.3.2.4 开发建设

面对经济衰退，开发商无法采用整体开发的模式，必须分期滚动进行建设，只有保证每一个阶段的成功，才能获得项目的最终成

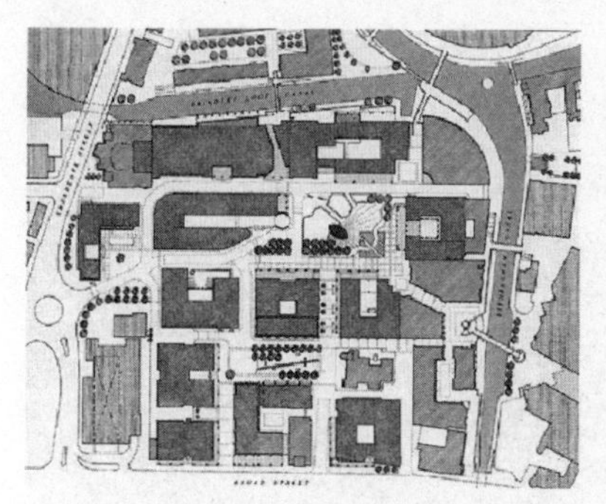

图 3.17 总平面图

资料来源：http://www.birminghamuk.com

图 3.18 鸟瞰

资料来源：http://www.birminghamuk.com

图 3.19 沿河两岸的游船与店铺

资料来源：http://www.birminghamuk.com

图 3.20 河岸与周边广场的高差和店铺

资料来源：http://www.birminghamuk.com

图 3.21 保留的麦芽楼

资料来源：http://www.birminghamuk.com

图 3.22 沿河夜景

资料来源：http://www.birminghamuk.com

图 3.23 跨河钢索吊桥

资料来源：http://www.birminghamuk.com

图 3.24 周边的住宅

资料来源：http://www.birminghamuk.com

功。1993 年开发商对滨水区进行的首期开发与整治，获得了良好的收益，为项目后期开发建设奠定了良好基础，使项目滚动建设成为可能。在不断宣传和品牌效应的推动下，布林德利成为伯明翰广受关注的投资热点，并取得了最终的成功（图 3.17~ 图 3.24）。

3.3.3 利物浦阿尔伯特码头工业区

利物浦港是著名的深水港，从事远洋运输已有 300 年历史。利物浦历史上是个小渔村。公元 1207 年，英王约翰下旨在这里建立一座港城，开始与爱尔兰海上来往。中世纪发展缓慢，至 1660 年沿海贸易有所发展。1667 年"安蒂洛普"号贸易船从西印度群岛满载而归，城市重要性大增。之后 70 年间，与美洲商业往来的发展使利物浦成为英国第二大港口。1730 年人口达 1.5 万。

18 世纪末沿河已建起 5 座码头，港口面积超过于 1830 年在伦敦建成的利物浦 - 曼彻斯特铁路站的面积。19 世纪中叶利物浦和英国各大工业中心之间已经形成一张铁路网，总人口超过 30 万。19 世纪下半叶，许多小城镇并入利物浦，码头总长达 7 英里。20 世纪以来港口继续扩大，市内人口不断向郊区搬迁。传统的交通运输、贸易和船运业仍为其重要经济项目。1984 年开辟为自由港。20 世纪 70 年代初出口货运量略低于伦敦。对外贸易额占全国总额的 26%。轮船客运量居全国第三位。现在，现代化的码头区连绵十几公里，拥有码头34个，年吞吐量3000万吨。

阿尔伯特码头建于1841~1846年，是利物浦最重要的地标之一，1846年由阿尔伯特亲王主持开港典礼而得名。该码头由约克郡设计师杰斯 · 哈特利设计，占地约2.8公顷，所属仓库用于储存来自远东地区的茶叶、丝绸、烟草和烈性酒。随着市政府对市内发展规划给予的支持和投资，默西郡发展公司成立。该公司的一个主要目标就是对码头地区进行修复，改建为旅游商业区，成为英国旧城改造的典型。

阿尔伯特码头工业区的旧建筑被装入新内容，国际奴隶博物馆（International Slavery Museum）、默西赛德郡海洋博物馆（Merseyside Maritime Museum）、利物浦泰特现代艺术馆（Tate Liverpool）以及披头士乐队展览馆（The Beatles Stories）都聚集在这里。

原泰特公司的糖仓库改建成利物浦泰特美术馆(Tate Gallery)，并从伦敦泰特美术馆迁来一部分展品，于1988年对外开放，之后的10年共吸引了超过600万的游客。19世纪末，泰特美术馆为英国国家级美术馆，是英国北部的现代艺术收藏品中心，由利物浦糖业富商泰特捐献藏品和资金在伦敦创办，主要收藏近代和现代绘画雕塑。甲壳虫乐队历史馆(Beatles Story)，介绍了20世纪60年代风靡世界的甲壳虫乐队。该乐队的四名成员麦卡特尼、列侬、哈里森和斯塔尔都出生于利物浦。利物浦富于音乐传统，拥有世界上第三个最古老的乐团——利物浦皇家交响乐团和欧洲水准的音乐厅，为甲壳虫乐队的产生提供了良好的外部条件（图3.25~图3.29）。

图3.25 1935年的阿尔伯特码头

资料来源：www.bardaglea.org.uk

图3.26 改造后鸟瞰

资料来源：www.aboutliverpool.com

图 3.27 改造后全貌

资料来源：www.maddiedigital.co.uk

图 3.28 改造后内港区

资料来源：www.glaciere.co.uk

图 3.29 泰特美术馆

资料来源：www.upload.wikimedia.org

3.4 挪威的实践

依山傍水，临水而居是传统城市选址的重要依据。滨水地区往往是一座城市发展最早的地区，在城市发展初期，人与水往往和谐共生，关系融洽。伴随着工业革命的发生和发展，近代许多西方城市滨水地区因其交通优势，成为工业、港口的聚集区，空前繁荣，而对经济效益的狂热追求往往造成对环境的破坏。由于城市经济结构的转型，重工业的衰退，许多传统城市的滨水工业区都经历了一个萧条、衰落的阶段。当前，随着城市空间结构扩大，城市用地功能改变，环境改善的要求，城市滨水工业区再次成为城市建设的重点区域，承担着城市的重要职能，成为环境优美，公共活动集中，最富有活力和特色的地区。

按照“土地级差地租”规律，城市滨水工业区用地功能调整面临巨大的压力。由传统的工业、仓储、码头用地转变为居住、商业办公、文化娱乐等用地。土地的经济价值随之提高，追求土地经济价值的开发行为不可阻挡。成功的滨水工业区开发工程，在赋予城市功能崭新用途的同时，还能增加政府税收，创造就业机会，吸引新的投资，并获得良好的社会形象，进而带动城市其他地区的发展，实现城市复兴。滨水地区是城市中最重要最有特色的开放空间，往往具有体现城市形象特色的“门户”和“窗口”作用。伴随后工业时代的来临，“塑造宜人环境”越来越成为城市发展的重要目标，成功的滨水地区开发有助于重塑美丽的城市形象。挪威首都奥斯陆阿克布吉滨水工业区的更新改造集中体现了挪威滨水工业区更新的理念和实践。

3.4.1 区位概况①

挪威王国首都奥斯陆位于奥斯陆湾最深处，南临奥斯陆湾，其他三面被群山环绕，整个城市与绿色的大自然和谐地融为一体，人口约 50.3 万。奥斯陆的建城历史可以追溯到 1000 年前，当时这里只是峡湾的一个不到 3000 人的小商埠。1699 年一场大火，整个城市化为乌有，奥斯陆重新建设的起点，也是从峡湾开始。从 18 世纪开始，奥斯陆逐渐发展成为一个工业城市。1905 年，挪威正式从瑞典王国中独立，当时的奥斯陆还是一个相对落后的城市，建筑完全复制维多利亚式的英国风貌。在挪威剧作家易卜生享誉世界的《玩偶之家》里，娜拉那个中产阶级的家庭，便是维多利亚生活方式的翻版。20 世纪 50 年代北海石油的发现，给挪威带来滚滚财源，奥斯陆迅速发展成为斯堪的纳维亚半岛上最重要的城市和港口之一。20 世纪 80 年代晚期，奥斯陆开始成为国际性的都市，今天奥斯陆已跻身于世界

① 朱子瑜，董珂，范嗣斌．滨水地区城市设计研究——以挪威奥斯陆阿克布吉滨水地区改造与开发为例．城市规划．2003 年第 27 卷增刊：85~91

十大首都之列。

船厂、码头、堆场、高架路，一方面将奥斯陆城市普通居民的生活区域与峡湾分割开来，另一方面，1990年代以后世界产业布局中心和产业结构的调整，令峡湾的工厂码头区从城市活力之源变成逐渐死亡的社区。阿克布吉(Aker Brygge)滨水地区位于奥斯陆湾北岸，东北侧是市政厅和Pipervika广场，南侧紧邻新的码头区Tjuvholmen，原来是码头和造船厂。1997年，经过近十年的讨论，奥斯陆政府决定改造海岸沿线，在沿峡湾长10公里、面积2.25平方公里的区域内，将公众活动、文化遗产和歌剧院、博物馆、电影院、购物餐饮娱乐设施融合，改造成以商业为主的混合使用地区，令峡湾重生。这是一个通过城市滨水工业用地更新实现城市复兴的典型案例。

3.4.2 项目背景

阿克布吉滨水地区建设有3个重要的前提条件，这些前提条件促成了阿克布吉建设项目的成功。

1. 传统码头工业区的衰落

20世纪80年代，运营了130多年的Nyland造船厂的倒闭，造成多达2000人失业。原造船厂主Aker A. S. 通过新组建的Aker Brygge ANS公司对该地区展开重建计划，而政府也希望通过与私营公司的合作对该地区进行用地功能改造和房地产开发，使该地区重现活力。

2. 地理区位的优势

阿克布吉位于奥斯陆的城市中心区，东北侧建于1950年的市政厅是奥斯陆最有名的建筑物，以双塔红砖成为城市的重要地标。市政厅前的Pipervika广场是观光巴士等旅行团的游览出发地点。广场附近的Bygdoy地区是游览奥斯陆近郊及峡湾海岸的船只的停泊与出发地，许多博物馆也集中于此。市政厅西北部就是由挪威皇宫(Slottet)、皇宫前大街(Karl Johans)和奥斯陆中央火车站形成的城市轴线，该轴线两侧是奥斯陆最重要的商业街区，还包括奥斯陆大学、歌剧院、教堂等文化建筑。阿克布吉所处的位置可谓得天独厚，它与皇宫前的Karl Johans商业街共同组成步行可达的城市商业核心区；同时紧邻皇宫、市政厅、Pipervika广场、主教堂、Bygdoy码头等旅游景点和节点，可以吸引大量的外来游客（图3.30、图3.31）。

图 3.30 奥斯陆市政厅

资料来源：作者自摄

图 3.31 奥斯陆峡湾与 Bygdoy 码头

资料来源：作者自摄

3. 便利的外部交通

阿克布吉附近有客运码头、公交车站和地铁站，从这些站点到达阿克布吉的步行距离均不超过 5 分钟。而位于 Karl Johans 街东端的中央火车站距离阿克布吉也仅 20 分钟的路程。便利的交通提高了阿克布吉的可达性。

位于码头区的阿克布吉凸出于奥斯陆湾，与市政厅之间原来被一条城市主干道分隔，地面的大量拥堵车流将市政厅与阿克布吉割裂开来，阻断了人接近滨水的路径。为了解决拥堵和阻隔问题，政府斥资对交通系统进行改造，通过修建机动车地下通道将地上区域改造为非机动车区，出色的公共交通系统是该项改造计划的前提保障。在修建机动车地下隧道之后，车辆拥堵得到了彻底解决，更重要的是两地块间建立起联系，步行者可以方便地从 Karl Johans 商业街和市政厅到达阿克布吉滨水区。

3.4.3 更新改造的建设工程

1982 年，政府为阿克布吉的改造举行了公开设计竞赛，命名为“2000 年的奥斯陆市和奥斯陆湾”，规划设计进程正式开始。阿克布吉由 3 个独立设计完成的部分组合而成，其中一部分是设计大胆的新建筑，一部分由过去濒临码头的造船厂改建而成。整个阿克布吉项目包括 11 座单体建筑，它们之间相互连接在一起 (图 3.32~ 图 3.34)。

图 3.32　鸟瞰图

资料来源：http://www.nielstorp.no

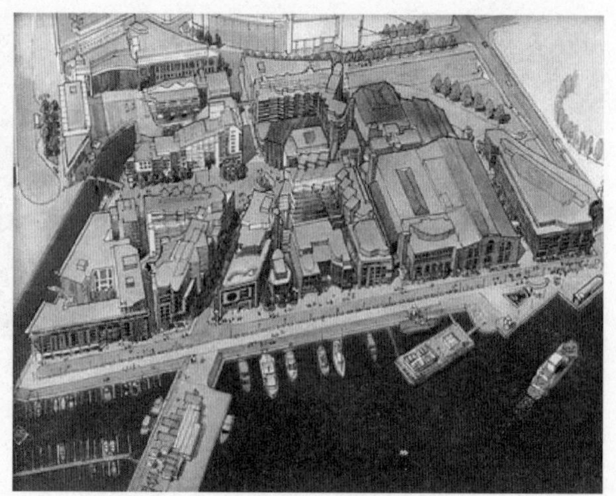

图 3.33　鸟瞰图

资料来源：http://www.nielstorp.no

图 3.34　发展项目鸟瞰图

资料来源：http:// www.skyscrapercity.com

3.4.3.1 建筑工程阶段划分

阿克布吉建设分为三期工程：

一期工程：一期工程位于市政厅和码头之间，以老造船厂厂房改建为主，1986 年完成。工程由三座主要建筑组成，其中两座是旧建筑改造，一座是新建的零售商业和办公楼，包括一座电影院和电影研究中心 (图 3.35) 。

二期工程：在一期工程获得了初步成功后，二期工程以新建现代建筑为主，是一期工程规模的 2 倍，面积达到 10 万平方米，包括 4 座主要的新建筑和一个庆典广场。新建筑底层是商业功能，上层是公寓，中间还有办公层。从公寓能够看见港湾美好的景色，大大提高了居住的品质。建筑中有 2 个电影厅、1 座影院、1 个康体中心和 1 个幼儿园 (图 3.36) 。

三期工程：三期工程包括 120 个居住单元和部分办公空间的公寓楼，地面层作为商店和餐馆用途。该项目的销售情况非常火爆，早在刚开始动工之时大部分的住宅单元已经售出。建于 1990 年的 Stranden A / S 公寓被评为奥斯陆最受欢迎的新建筑 (图 3.37、图 3.38) 。

图 3.35 旧建筑改造的一期工程
资料来源：作者自摄

图 3.36 二期工程
资料来源：作者自摄

图 3.37 三期工程
资料来源：作者自摄

图 3.38 三期工程
资料来源：作者自摄

3.4.3.2 滨水景观环境营造

阿克布吉所处的奥斯陆峡湾已深入内陆数百公里，无潮汛、洪涝之灾，为亲水创造了良好的条件。阿克布吉在东侧邻水面机动车道外设置了约 15 米宽的滨水步行道，它既是游艇的码头也是游憩广场，足够的宽度容纳了多样化的活动，时常可以看到街头舞蹈家和音乐家进行现场表演，是公共性最强的地方 (图 3.39~ 图 3.42)。滨水步行道通过各种形式的步行台阶将游人引向水边，步行道上设置了休息座椅、艺术路灯等设施，地面以条状木板铺砌，这些细部处理体现了简朴、实用、人性化和创造性等典型的北欧风格。

在阿克布吉和 Tjuvholmen 之间有一段尽端式的港湾，过去是造船厂的船坞，一侧就是著名的 Strmaden A / S 公寓和公寓下骑楼式的步行廊和室外茶座。小港湾将亲水公共活动引入阿克布吉内部，

图 3.39 码头区入口处的旅行火车
资料来源：作者自摄

图 3.40 15 米宽滨水步行道与船上餐厅
资料来源：作者自摄

图 3.41 滨水儿童活动场
资料来源：作者自摄

图 3.42 尽端式港湾
资料来源：作者自摄

港湾上的步行拱桥将内院式的阿克布吉庆典广场和 Tjuvholmen 广场连接起来，带动了 Tjuvholmen 的改造和开发。

3.4.3.3 阿克布吉滨水地区建设实施效果

1. 社会效益

阿克布吉地区改建后成为市民集聚的公共活动空间，据统计每年能够吸引约 600 万人次的市民。在夏季，濒临码头的宽阔步行道上布满了咖啡店、餐馆和船上餐厅，同时也是街头舞蹈的舞台。而在冬季，位于建筑之间、空间丰富的室内步廊显得生机勃勃，气候好的时候，洒满阳光的室外咖啡座也是人气十足。

2. 经济效益

随着该地区人气的不断提升，经济价值自然也不断提高。目前阿克布吉是奥斯陆重要的商业购物中心，文化娱乐设施也非常齐全。另外，该地区的办公楼和公寓的租售情况也非常好，是奥斯陆住房销售价格最高的地区之一。目前有多达 5000 人在阿克布吉工作，其中包括办公楼中的白领职员、商业和娱乐中心内的服务人员，就业人数是阿克布吉作为造船厂时的 2 倍。

3. 景观效果

阿克布吉地区改建后，已成为奥斯陆市中心继挪威皇宫、Karl Johans 商业街、市政厅及广场、Bygdoy 码头之后又一个重要的旅游景点，经常出现在宣传册和明信片上。港湾内的游船、码头边的茶座、建筑的整体统一形象、建筑间的廊道、精致的小品、充满创意的雕塑以及无所不在的游人和艺术家成为该地区的诱人景观。

3.4.3.4 阿克布吉滨水地区建设的经验

1. 注重公共利益

阿克布吉复兴项目由政府成立专门的办公室主持，所有重要决定都必须经过奥斯陆市民的公决才能实行。这和很多其他欧洲老工业名城的做法并不尽同，并不单纯将老工业遗存建筑交给艺术家、设计团队、商业公司操作，而是由政府和民众的决议代替少部分创意精英的灵感。这意味着奥斯陆的“峡湾重生”会经历更久的时间，也更意味着政府推动和民众参与的比重超过创意精英的设计，会让重生之后的峡湾变成真正民主的大众的城市文化中心。

滨水地区是城市重要的外部空间，阿克布吉复兴项目倡导“滨水地区公有”、“亲水为公共权益”等伦理观念，实现了社会、经济、环境的综合效益。一期、二期公共建筑和开放空间的成功开发，大大提高了该地区的投资价值，三期在离水较远的地区开发公寓，也获得了丰厚的利润，并被评为当年奥斯陆最受欢迎的建筑。

2. 土地混合使用

临水一面是公共性很强的文化娱乐设施和商业设施，远离水的一面则是相对私密的高级公寓，在平面上形成混合; 在滨水建筑中，一层是商业空间，中间层是办公空间，顶部是公寓，体现了竖向的混合。用地功能的混合充分发挥了土地的价值，提高了土地的使用效率 (图 3.43、图 3.44) 。

3. 有效组织交通

一般来说，滨水地区是交通的尽端，交通组织比较复杂。但作为城市重要的外部公共空间，滨水地区应强化与城市腹地的步行联系,同时提供足够大的空间以容纳市民活动。为实现滨水区的可达性，应在交通组织上遵循以下两条原则：一是人车分流、过境交通和内部交通分流。阿克布吉地区通过将北部的大流量过境交通放入地下，简化了滨水区的内部交通组织，同时实现了由市政厅至阿克布吉的基本步行化，使市政厅前广场、Bygdoy 旅游码头区和阿克布吉形成

图 3.43 住宅与商业的结合

资料来源：作者自摄

图 3.44 老建筑与办公和商业的结合

资料来源：作者自摄

连续的外部公共空间，大大提高了阿克布吉的可达性；二是步行优先原则。在解决人车分流时，应尽量选择机动车入地、人行地面化的方式，而不是将步行道高架或下穿。

4. 尊重历史文脉

城市历史文脉是城市的无形资产，是城市的人文精神所在和魅力源泉。而在城市迅速发展初期的低水平扩张中，历史文脉这种不可再生资源最容易被忽视和破坏，其恶果是不可挽回的。城市滨水地区往往保留了诸多城市发展过程中的历史遗迹，在改造初期应注重对历史遗存的保护、挖掘和利用，将历史元素组织进公共空间中。阿克布吉原有的造船厂厂房结构被保留和再利用，同时规划中以此为"生长核"，新建筑的体量、尺度和色彩都与老厂房建筑相呼应，这使得该地区原有的集体记忆得到延续，滨水区建设根植于历史，而又超越了历史（图 3.45、图 3.46）。

图 3.45 新老建筑的连接

资料来源：作者自摄

图 3.46 老厂房改造

资料来源：作者自摄

5. 公私合作的项目开发与管理

国内目前滨水地区的发展过多依赖于政府的主导作用，受财政的制约过大，公众参与不足，容易带来一系列社会问题；但国外某些滨水地区的开发（如伦敦道克兰滨水区开发）又缺乏对私人投资与建设的有效控制，导致公共性受到损害，也不利于滨水地区的良性发展。因此应采用政府引导、企业投入、市民参与并举的经验，充分调动各方积极性参与滨水地区的发展工作。政府应通过编制强制性的法律条文、城市设计导则以及基础设施、公共环境的投入引导滨水地区的良性滚动开发。政府投资应在建设总投资中占合适的比例，从而保证开发商的进一步投资与建设受到政府的有效控制，同时不损害开发商的主动性和积极性。阿克布吉地区是以私营企业投资为主导的开发项目，但它们受到统一的管理法规约束。在政府法规的控制下，Bryggedrift A / S公司管理着这个综合体，行使着传统上自治政府的功能。

3.5 美国的实践

美国在城市工业用地更新的实践方面成功案例非常丰富，包括巴尔的摩内港、纽约南街港等，但更让我们感兴趣的则是美国棕地更新的实践。

3.5.1 利哈伊谷伯利恒钢铁厂的更新[①]

3.5.1.1 历史背景

美国东部宾夕法尼亚州的利哈伊谷 (Lehigh Vally) 曾经是美国第二大钢铁制造中心，钢铁产业的衰落切断了利哈伊谷的经济命脉，钢城的雄风随之消逝。利哈伊谷包括艾伦城 (Allentown)、伯利恒 (Bethlehem) 和伊斯顿三个县市。当地的伯利恒钢铁厂占地 16 平方公里，鼎盛时期钢厂总部拥有近 4 万名工人，全世界员工 14 万多，日产一艘舰艇。旧金山的金门桥、纽约麦迪逊广场、美国最高法院的主结构钢材均出自这里。

过去的利哈伊谷就像当今的硅谷一样繁华，但 20 世纪 70 年代的石油危机导致生产成本上涨，伯利恒钢铁厂开始陷入财政困境。钢铁厂的历史要追溯到 1857 年，起初专为铁路的急速扩张而生产铁轨。伯利恒钢铁厂于 1904 年正式成立，最终成为钢铁工业巨头。在两次世界大战期间，伯利恒钢铁厂成为战时主要的钢板生产厂家。而在和平时期，工厂的生产满足了日益增长的建设的需要。20 世纪

① 吴伟农 . 美国：钢铁城市的变革再生之路 . http://www.curb.com.cn/pageshow.asp?id_forum=000026

80年代，外国的低价钢材开始进入美国，冲击了美国的钢铁业。伯利恒钢铁厂没有及时与外国公司合作，政府也没有制定减税等激励政策，伯利恒被迫以裁员、关闭生产线等方式来维持生存。1990年开始，伯利恒钢铁厂成为“工业恐龙”（Industrial Dinosaur），最终于1995年停产。

伯利恒钢铁厂的衰落对一个以钢铁经济为支柱的地区的打击是巨大的，利哈伊谷的经济发展步伐停顿，大批工人失业，许多居民为寻找就业机会举家外迁，而钢铁厂大片的厂房和土地成了“废墟”。

3.5.1.2 开发建设

从钢铁厂宣布停业的时候起，当地的经济发展部门和私营企业公司便在考虑如何扭转经济衰退局势。其中最重要的决策之一是二度开发钢铁城“废墟”，使这个百年老钢铁帝国获得新生。为此，伯利恒钢铁厂将分片出售其土地，售出的土地由美国企业地产服务公司负责开发利用。占据钢铁厂1/3地盘的炼钢生产线将被保留，史密森协会在厂区沿利哈伊河的地段建设国家工业历史博物馆，展出以“钢和铁”为主题，生动地再现钢铁的历史，并以互动的方式达到教育的目的。原钢铁厂总部大楼被改建成一座100间客房的饭店和会议中心，建成一个巨大的室内游泳池、两个娱乐室内滑冰场，一个包含10多个放映厅的电影院，一个大型购物中心，一座占地1万平方米、包括室内高尔夫球场、32道保龄球馆、虚拟游戏馆和儿童世界在内的家庭娱乐中心。钢铁厂原有的铁轨和部分仓库则被当地商业中心用作装卸集装箱的联运站，钢厂还辟出一部分土地开发工业园。这一投资达15亿美元的工程建成后，创造了1万个就业机会，为当地带来每年7000万美元的税收。持续20年的厂区再开发项目，使伯利恒钢铁厂从原来的利哈伊谷地“灾难性”的场所（Blighted Site），变成对政府和地方经济有重大贡献的地方，重新恢复了当年钢铁厂给当地带来的骄傲。

3.5.1.3 组织实施

非赢利机构利哈伊谷经济开发公司着手实施“利哈伊谷土地循环计划”。该计划的目的是鼓励和帮助私营部门清理旧工业区、合理利用腾空的工业厂房。因为大部分老厂房位于城市市区，改造利用旧厂房可以刺激市区的经济增长。此外，土地循环使用还可减少对优质农田、空旷地区和森林的破坏。

3.5.1.4 棕地开发

伯利恒钢铁厂老厂区更新开发计划，只是利哈伊谷地区工业厂房再利用工程的一部分。作为一个传统的工业地区，利哈伊谷拥有大片陈旧的工业厂房，这些厂区所占的土地在美国被称为“棕地”。被废弃的工厂具有多方面的有利条件，如完备的电力、给排水系统。但许多工厂主不愿意将这类地产出售给他人，原因是担心新业主在发现旧厂房所占土地中含有有害人体健康的污染物质后向原企业提出控诉，从而引发没完没了的官司。许多新的企业为避免此类问题，宁愿选择未开发的土地，而不愿意收购可能有污染问题的旧工业区。

1998年，北汉普顿郡被国家环保局（EPA）作为棕地评估的试点，对当地值得再利用的工业用地进行调查，伯利恒（Bethlehem）钢铁厂厂址被划为棕地（图3.47）。作为棕地更新的重点项目，伯利恒钢铁厂获得宾夕法尼亚州的100万美元专项基金、美国住房和城市开发部的400万美元贷款和环保局的后续支持。伯利恒钢铁厂从1976年开始一直按照联邦资源保护与恢复章程（RCRA）实施，并得到联邦资源保护与恢复委员会的许可，论证表明伯利恒钢铁厂有能力消除由于钢铁生产所造成的有害污染。工厂停产后，厂方一直与宾州环保局（Pennsylvania Department of Environmental Protection, PADEP）合作，按照宾州棕地法清除场地上的污染，最终375吨遭受砷和石墨污染的土壤被清除，转运到允许填埋的地方。

3.5.1.5 经济更新

当钢铁业走下坡路的时候，工人们为寻找饭碗离开利哈伊谷，前往其他需要钢铁工人的地方，当地大学培养的学生也大多流向附近的纽约和费城等机会多的地方。要想留住人，就得创造新的就业机会。利哈伊谷经济开发公司在1995年成立后首先开展了研究工作，将食品加工和食品运输作为利哈伊谷的重点产业。作为一个钢铁城，利哈伊谷的运输条件优越，其水路、铁路和空运均很发达，又因为靠近纽

图 3.47 伯利恒钢铁厂

资料来源：http://www.curb.com.cn

约、费城和巴尔的摩等大城市，与大消费市场接近，是进行食品生产和保鲜运输的理想地点。著名的卡夫食品公司的总部便设在利哈伊谷地区的艾伦城，而食品工业的发展也带动了食品包装材料和塑料工业的兴起。

与此同时，利哈伊谷开始利用当地的光电子学优势发展高技术产业。利哈伊谷的这一优势来自朗讯公司、Cenix 公司和 Agere 公司等。这些公司是光电子技术开发的主要机构，它们的存在孕育了一个又一个相关产品开发的创新，使得当地拥有一批较强的微电子技术和光纤技术企业。为扶持利哈伊谷的光电子产业，宾夕法尼亚州向利哈伊谷大学拨款 100 万美元，在大学中成立一个光电子研究中心，由中心研究员联合企业、宾州的其他大学以及宾州州立本 · 弗兰克林技术中心等，创造一个培养光电子人才、实施长期先进研究的基地。现在，利哈伊谷已经成为除硅谷以外，美国光电子技术人才最密集的地区。

宾州的本 · 弗兰克林技术中心对当地的经济转型和培育企业家氛围具有重要意义。技术中心的经费部分来自州政府拨款和地方政府拨款，部分来自热心当地经济发展的私营财团或个人提供的"种子资金"。好的点子一经采纳，创业者将从中心获得低费用的办公研究条件以及所需的投资，公司成长后再从收益中提取一部分返还给技术中心。20 年来，这一企业孵化器帮助成立了大约 300 家技术型公司，其中包括医疗设备生产商 Orasure 和利哈伊谷大学华人教授黄正民创办的 IQED 公司等技术企业或上市公司。

在生物技术迅猛发展的美国，利哈伊谷也有发展生物技术产业的优势：从新泽西州的普林斯顿到宾夕法尼亚州的费城和威明顿的三角地带，默克等大批世界级制药公司云集，而利哈伊谷正位于这个三角地带，靠近大制药商意味着资源和人才优势。利哈伊谷大学为服务当地钢铁业而成立，工程技术类专业强，有发展生物工程的有利条件。钢铁业倒塌的教训告诉当地人，不发展朝阳产业，就不会有持久的繁荣。

3.5.2 棕地更新与再开发

棕地更新与再开发的用途是多种多样的，已经开发建成的项目包括工业园、商业中心、教育科技园、广播中心和住宅等。如位于美国东北部的昔日世界上最大的 Windham 纺织厂，正在被改造成一个集高新技术、研究、办公等于一体的综合性科研与生产基地。其他小规模开发的例子更比比皆是，如一个曾经存在石棉污染的旅馆被改造成了老年人活动中心，一个废弃的加油站被改造成了诊所等等。

1. 废弃工厂的综合利用：新泽西州 35 号公路旁有一家废弃的建筑面积达 10 万平方米的纸杯厂，20 世纪 80 年代初开始衰落，以至完全废弃。这里区位条件良好，曾经有将其改造为电子厂或区域性商业购物中心的计划，但因种种原因未能付诸实施。1998 年，一家联合开发机构经过对这块土地开发潜力的综合评估，决定将它改造开发为综合性用地，包括商业中心、办公园、公寓和老年人服务设施等。恰值此时新泽西州颁布了棕地法，该法规定在棕地开发项目中私人开发商可以从州政府得到 75% 污染治理费用的补偿，补偿资金来源于政府税收。因此，该项目成为此法颁布后第一个申请政府补偿的棕地更新项目。

开发机构已将破旧厂房全部拆除，完成了污染的调查评估，按照环保部门的要求和指导进行必要的污染清理。据估计全部污染清理费用,包括调查评估费用在内大约需要 100 万美元。对于政府来说，资金的投入使废墟变成了充满生机的土地，由此创造了大量就业机会和税收。污染的治理也减少了对民众健康的危害与威胁，而且预计未来的零售税收将给政府投资带来很高的回报。对于开发商来说，政府提供的补偿大大地减少了投资，降低了开发风险。

2. 从垃圾场到商业中心：在新泽西州的伊丽沙白市，有一个废弃的垃圾场，占地近 70 公顷，在州政府和地方政府的大力支持下，被开发建设成了一个独立的商业中心。该地块由于面积大，区位好，曾经吸引过不少的开发商，但因存在一定程度的污染以及相应的治理问题，令开发商们不得不放弃。由于垃圾场土地构成物质疏松，建设场地是个很大问题。如果完全采用无污染物质进行结构性充填，大约需要投资 1100 万美元。为了节省资金，开发商决定利用固体废弃物作为结构性充填物。恰在这时，纽约港正准备进行疏浚，在寻找挖出淤泥的堆放场地，这些淤泥也含有一些污染物质。港口同意为淤泥堆放场地支付一笔费用。于是，垃圾场的开发者和纽约港口方达成了协议，淤泥作为加固场地的结构充填物。通过第二阶段的开发，这里建成了新泽西州最新的独立商业市场中心，1999 年 10 月正式开业，总建筑面积 15.8 万平方米。中心内还设有家庭娱乐中心、多家风味餐馆以及一家拥有 22 个放映厅的电影院。尽管该项目没有直接得到新泽西州棕地开发计划的专项资助，但从许多方面都得到了州政府和地方政府的大力支持。环保、规划、交通等部门对此都是大开绿灯，给开发商创造和提供了一个良好的开发环境。

3. 赫尔岛（Herrs Island）的更新：匹斯堡华盛顿登陆地（Washington's Landing），占地 42 英亩，两个世纪以来一直是工业用地，曾建有热电厂、木工厂、钢铁厂、肥料厂、制皂厂、铁路厂、肉类加工厂等。这些工厂逐渐搬离市区，遗留的环境污染问题非常严重，包括水污染和聚化物化学污染。在棕地政策的吸引下，开发商相继前来投资，建成了占地 7 英亩的 93 套住宅、3 幢办公楼、公共景观公园、网球场、环岛漫步和自行车道、游艇中心、150 艘的游船码头，以及轻工业制造厂等，使原本恶劣的环境变成了富有吸引力、适宜居住的场所。并保留了 300 个就业机会，创造了 200 个新的就业岗位，每年 120 万美元的税收。政府投资 2714 万美元，私人投资 4774 万美元[①]（图 3.48~ 图 3.51）。

我们看一条最新的消息：英国政府为 2012 年伦敦奥运会的选址用地存在过量放射性污染，其污染程度甚至可能对人体产生危害。英国《每日邮报》说，一份 14 年前的调查报告显示，在斯特拉特福地区拟建奥运村的土地上，镭和铀的含量超出安全标准 3 倍。污染是由于放射性物质在 20 世纪 50 年代晚期被堆放在这片土地的一个废弃的污水池中，对周围环境造成放射性污染。由此可见，污染土

图 3.48　1910 年现状

资料来源：http://www.ce.cmu.edu/Brownfields/

① http://www.dep.state.pa.us/hosting/phoenixawards/Presentations/present_97/Cases/Case3.htm

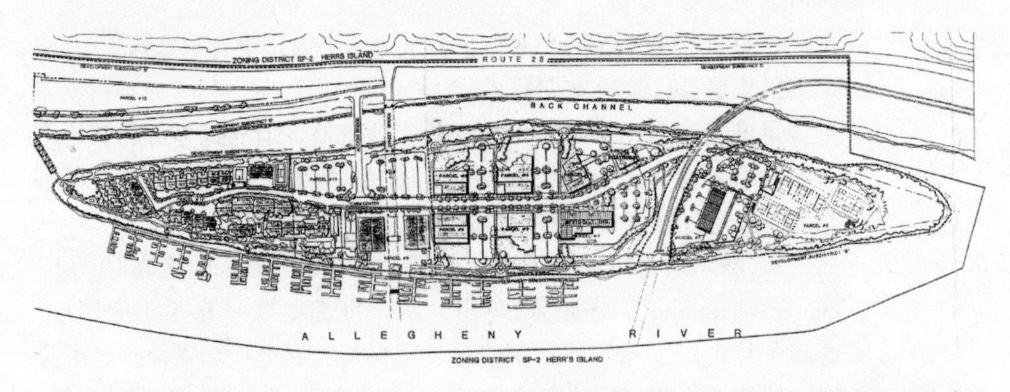

图 3.49　概念规划图

资料来源：http://www.ce.cmu.edu/Brownfields/

图 3.50　改造后情景

资料来源：http://www.ce.cmu.edu/Brownfields/

图 3.51　改造后情景

资料来源：http://www.ce.cmu.edu/Brownfields/

壤的棕地治理是一个全球性问题，要花费大量金钱和时间，这也是我们人类自己给自己造成的恶果。

3.6　加拿大的实践

温哥华市的原名为“格兰威尔”，1886 年改名为“温哥华”，“格兰威尔”成为现有的格兰威尔道路名称及格兰威尔岛名。

1909 年，格兰威尔大道上建造了第二座铁桥，跨越在福溪（False Creek）上。1915 年，由于温哥华岛规模迅速扩张，新成立的温哥华港口委员会通过一个填海计划，把2700万立方呎的砂石填入福溪海中，使格兰威尔岛面积扩大到35亩，直到1950年，政府再次填海六亩，才把小岛跟南部的陆地连接在一起。1950年重建格兰威尔铁桥成为8线道道路取代1909年的移动式桥身。新铁桥延伸格兰威尔大道跨越福溪，并促使格兰威尔岛快速发展。

福溪在20世纪20年代是木器加工业中心，因此格兰威尔岛也成了工业基地，岛上布满工厂和仓库。但福溪也成了工厂排放废水的天然污水管，格兰威尔岛周围水域严重污染。随后岛上工业兴衰交替，20世纪50年代，由于岛上木器厂连续发生火灾，小岛的交通运输也已经不占优势，业主纷纷外迁，小岛工业走向没落。20世纪70年代，格兰弗岛周围水域环境严重污染，水中都不再有生物，工业也一蹶不振。政府开始治理环境，并决定不再把小岛作为工业基地，改而建成公园和公共展览的场所。

1970年代后期在格兰威尔岛上，由两块沙洲形成的37英亩工业区因时代的变迁及都市的需要，由政府规划，将往日夕阳产业转型为艺术、文化、购物、观光及休闲中心。波型镀锌铁板的厂房外形依旧，但内部已经转型，“伊美丽艺术学院”(Emily Carr Institute of Art and Design) 迁校至此，培养出的艺术人才及作品闻名遐迩。1979年莱特绳索设备公司 (B.C. Equipment and Wright’s Ropes) 的仓库改造成为大型超市。往日脏乱废弃的工业区已成功地转变为今日寸土寸金生意兴旺的观光文化区。

该项目的总体设想是建设一个城市村落——格兰威尔岛从传统工业中心转变成集现代商业、文化、旅游、娱乐和服务于一体的城市社区中心，并有针对性地将公共娱乐活动定位于休闲、漫步、购物和餐饮等，这种混合的策略使格兰威尔岛产生一种持久的活力。项目中还安排了多种公共空间和半公共空间供人们交流、聚集，开展庆祝活动，每年在这些公共场所举办的艺术表演、节日狂欢、划船比赛以及各种慈善活动不下数十次。格兰威尔岛是文化艺术汇集地，充满着艺术品展示与买卖、街头艺人表演、购物、观光客、艺术家等，还有传统水果市场、吉士、面包、各式各样的彩色意大利面、巧克力等，贩卖手工艺品的摊位大部分都是老板自己的作品。再开发后的格兰威尔岛不仅吸引着当地居民，也吸引了外来的旅游者，每年接待游客逾800万人次，已成为大温哥华地区的公共活动中心（图3.52~图3.59）。

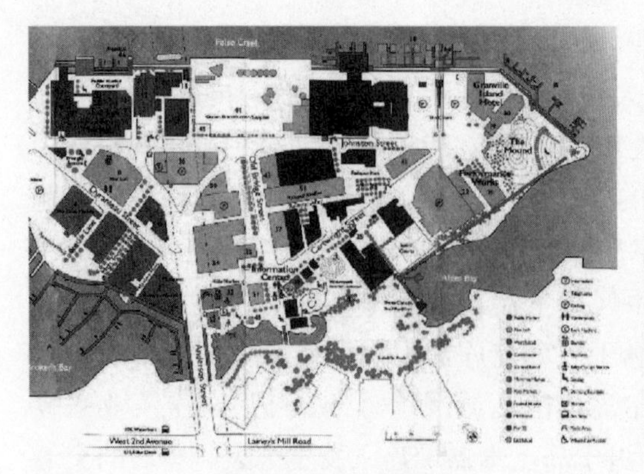

图 3.52 总平面图

资料来源：www.members.virtualtourist.com

图 3.53 格兰威尔岛全景

资料来源：www.globalairphotos.com

图 3.54 横跨福溪的第二座铁桥

资料来源：www.nadiplochilo.com

图 3.55 格兰威尔岛全景

资料来源：www. canada.skiponover.com

图 3.56 市场入口

资料来源：www.streetsblog.org

图 3.57 游船码头

资料来源：www.vancouversider.com

图 3.58 保留下来的铁皮房子

资料来源：www. dozerbones.blogspot.com

图 3.59 保留下来的铁皮房子

资料来源：www.arkko.com

小结

国外城市工业用地更新的实践非常丰富，积累了大量的经验，这与这些国家经济发展的进程密切相关。工业革命使这些国家最先得到发展，也最先经受传统产业的衰败，进行产业结构调整。城市工业用地更新从城市中心区的地段到区域的城市带，从几百平方米到几百平方公里，跨度极大。更新的内容涉及产业结构、产业布局、新型产业的兴起，城市物质环境的完善、文脉的延续，以及劳动力就业、棕地更新和再开发、生态环境修复、工业遗产保护和利用等内容，是一个极其复杂和综合的系统。

德国鲁尔的实践对中国工业城市聚集区、资源型城市、资源型城市群更新具有借鉴意义，值得深入学习与思考。法国巴黎工业结构和工业布局调整，对北京、上海以及成都这样的省会城市的工业企业搬迁和产业结构调整，具有很好的借鉴意义；英国伦敦道克兰、伯明翰市布林德利，以及挪威阿克布吉滨水工业区的实践，对中国大城市中心区工业用地和滨水工业区的更新具有重要的借鉴意义；美国棕地更新和再开发的实践，对中国工业企业搬迁后被污染场地的处置，露天矿区生态环境的修复具有借鉴意义。这些国家城市工业用地更新中的组织模式、更新策略与实施机制，对中国城市工业用地更新具有重要的借鉴意义。

与城市居住区更新不同的是，由于城市工业用地更新与城市经济、城市文化、城市社会之间的密切联系，城市工业用地的更新对城市综合发展的影响更加深远和强烈。它不是以解决城市居住问题为主，而是以解决城市经济的发展、城市产业结构和产业布局、企业的发展问题为基础，以解决城市物质环境、经济、文化、社会的综合发展问题为主要目标。国外实践为我们提供了宝贵的经验：城市工业用地的更新需要从区域和战略的高度进行深入研究，以城市综合发展为目标，采取综合的策略、制定综合的政策。

第 4 章　城市工业用地更新的实施机制

4.1　城市工业用地更新的目标与策略

4.1.1　更新目标

城市工业用地更新是一个高度复杂的系统工程，不仅涉及物质环境层面，更有着经济、文化、社会等层面广泛和深刻的内容。

4.1.1.1　城市物质环境发展目标

1. 城市功能的合理布局：根据新的城市总体规划中的城市定位、城市规模，以及城市与周边区域之间的协调发展关系， 根据城市圈层和发展极理论，合理进行城市功能布局调整，确定城市工业用地规模，划定城市工业用地范围，确保城市经济发展和人口就业。

2. 城市空间的完整有序：建立连续、有序、完整的城市结构、城市形体空间和城市功能布局；建立适宜的步行系统，注重开敞的公共活动空间，营造富有特色的环境；利用历史工业建筑物作为开发的核心，使之成为建设项目的旗舰，与城市历史和文化的重构建立有机联系。

3. 土地资源的充分利用：城市工业用地，尤其是处于城市中心区的工业用地，其突出的价值表现在土地的区位价值上；城市工业用地更新，首先要整合土地资源，实现土地高效和集约使用，通过功能混合使用，实现多样化目标。

4. 基础设施的便捷通畅：改变工业区交通和市政基础设施落后的状况，以及“工业大院”对交通和市政基础设施的阻碍；建立顺畅的与城市其他区域联系的对外交通系统，以及高效的工业用地内部的交通系统；建立经济、高效、完备的给水、排水、电力、电信、热力、煤气等市政基础设施，为工业用地更新创造良好条件。

5. 生态环境的优美宜人：扭转生态环境遭受破坏的局面，减少甚至消除工业生产对环境的污染；对已经被污染的土壤和地下水进行生态修复，保证城市建设用地在质量保证允许的条件下，能够重新得到使用；改变城市工业用地衰败的城市面貌，建立清洁和有活力的新型城市景观。

4.1.1.2　城市经济发展目标

城市工业用地更新首先是为了挽救那些经济衰落的地区，进而带动城市整体经济的振兴，希望依靠城市工业用地更新增加就业、创造财政税收、提高城市的整体竞争力。目标策略包括：

1．产业更新：以新型产业重振城市工业用地的经济。如德国鲁尔、美国利哈伊谷从传统煤、钢产业更新为电子、环保型产业。

2．强化升级：使原有产业在既有基础上满足新的需求。如比利时的安特卫普（Antwerp）继续发展航运业，并带动相关商业的发展。

3．混合开发：以商业、办公、居住、休闲娱乐、旅游、公共开放空间等的混合功能开发，代替原来的工业单一功能。如美国巴尔的摩（Baltimore）、英国伦敦的道克兰码头区等。

城市产业结构的转化、城市交通运输方式的进步，导致城市工业用地功能的改变；与此同时，城市的发展对新功能和新空间的需求不断升级，城市工业用地的更新不断呈现新的内容。多数成功的城市工业用地更新是以第一、第三种模式为主，城市中心区及周边的工业用地更新多采用第三种模式，城市外围工业用地更新多采用第一种模式。采用第三种模式的理由在于这种产业具有旺盛的生命力，以及地方对这种产业的持续需求。巴尔的摩市内港区以5500万美元启动，到1990年市政府可以从该项目每年获得税收2500万至3500万美元，每年吸引游客700万人，游客的消费高达8亿美元。该项目创造了3万个就业机会，并成为20世纪80年代争相仿效的对象[①]。

4.1.1.3　城市文化发展目标

1．整合城市文化资源：建立城市文化价值观，确定城市的价值取向；挖掘城市文化内涵，整合城市文化资源，确定城市文化定位。

2．营建城市文化品牌：挖掘城市文化特色，完善城市文

---

①　刘雪梅，保继刚．国外城市滨水区在开发实践与研究的启示．南京：现代城市研究，2005.9：14~15

化设施，促进体验经济、休闲娱乐、城市旅游的发展；丰富城市文化品位，形成城市文化认知，加强城市文化凝聚，营建城市文化品牌。

3. 树立城市文化精神：多元文化的集聚和碰撞是城市创新的源泉，丰富的城市文化、和谐的社会环境、包容的城市精神是城市的无形资产。

4. 提升城市文化实力：一个城市，通过挖掘城市的文化个性、文化魅力和文化底蕴，形成自己独特而成熟的文化精神，是城市前进的动力所在。城市文化精神表现为价值追求、生活方式、市民素质、社会心态等方面。通过城市品牌的创造，增加城市竞争力和知名度，形成城市经营的良性循环。

4.1.1.4　城市社会发展目标

1. 实现社会公平：社会公平是社会的政治利益、经济利益和其他利益在全体社会成员之间合理而平等的分配，它意味着权利的平等、分配的合理、机会的均等和司法的公正。实现社会公平并不意味着妨碍发展，要达到公平与效率的最佳结合。实现社会公平蕴涵着人们对社会秩序、社会规范和利益格局的诉求，对缓和社会矛盾，解决社会问题的渴望。

2. 健全社会公共事业：社会公共事业关系到社会公众基本的生活事务，是向公众提供特定的公共产品。包括与全体人民整体利益有关的、以科、教、文、卫、体等为基本内容的行业或部门，及其相应的管理体系；人口、资源和环保等涉及全社会公共利益的事务；直接关系到公众利益的公共交通、道路、水、电、煤气等产品生产企业；邮政、电话和以现代数字通信为核心的无线通信、互联网等。健全社会公共事业是城市工业用地更新的重要内容。

3. 完善社会保障：扩大就业、提高人的生活水平；增进人民的社会福利，提高人民健康水平，增强社会安全感，加强防灾减灾能力等内容。

4. 普及社会教育培训：提供更多的受教育的机会，满足人们对知识和文化的需求。不断提高自身文化素质，增强就业和再就业能力。

4.1.2　更新策略

城市问题日趋复杂，必须建立多层次、多视角，综合融会、理想与现实相结合的框架与机制。长期的视角和广博的考虑(Longer-term Perspective & Broader Consideration),强调策略的开放性和战略性,体现经济、社会、形态、生态环境、文化之间的相互作用。更新策略包括目标、发展、控制、引导、组织、实施等具体内容。

1. 策略的层次:包括区域层次(Region)、地方层次(Local)、地段层次(District)。体现不同层次策略之间的互动、引导、丰富和落实。

2. 策略的内容:包括城市物质环境、城市经济、城市文化、城市社会等各个方面,重点强调地方的优势。具体策略包括:合作组织、监督评估、评价体系、时需安排、资金筹措和具体措施等。衰落的城市工业用地更新作为实现城市复兴的重要内容,在城市复兴总体战略中需要优先考虑;更新的实施策略根据区位特征、产业特征和今后的发展定位具体确定。

3. 策略的特点:

• 更新过程的长期性:城市工业用地的更新与城市旧居住区的更新不同,涉及企业停产、新厂建设、设备和产品更新、体制改革、人员安置等内容,是一项规模宏大的城市更新计划,也是一项长期复杂的系统工程,需要制定长期的规划管理方法和措施,使规划设想和质量得到保证。德国鲁尔埃姆舍 IBA 计划,就是一个长达十年(1989~1999)的政策投资计划。开发公司需要经受政治、经济环境变化的考验,不断调整自身的角色,平衡政府、开发公司、开发商和公共利益之间的利益关系,探索新型城市工业用地更新的方法,使城市得到全面发展,城市竞争力得到提升,最终实现城市复兴。城市工业用地更新的评价标准也是多维的综合,既包括城市物质环境,也包括城市经济、文化和社会等方面,绝不能以单方面的成功掩盖其他方面的失败。

• 更新过程的阶段性:城市工业用地的更新与一般的房地产开发不同,在私人投资之前,政府负责征地、拆迁、道路和市政基础设施的建设,需要投入大量资金,以吸引私人开发商的投资。通过招标对开发商的选择是建设成败的关键。开发商要充分考虑市场因素,驾驭市场的周期性变化,尽量消除泡沫式的繁荣或低迷造成的负面影响。

• 详尽的市场调查:SWOT 分析(Strengths/Weaknesses/Opportunities/

Threats Analysis)有助于战略的制定根据市场调查确定建筑功能。英国伦敦金丝雀码头开发规划非常成功，但对市场需求的错误预测使开发公司在财务方面遭到失败，使O&Y公司遭受破产。

• 公开招标征求规划方案：包括规划、建筑设计，以及开发策划、管理模式和开发时序步骤。重视招标书的拟定，由规划管理主管部门主持，反映政府对开发的基本要求和设想，以此作为整个开发的指导大纲。

• 合理选择开发商和建筑师：鼓励开发商和设计事务所的合作，在规划设计中考虑实施问题，重视方案的可实施性。注重全过程的公众参与，化解矛盾以利实施，实现经济效益和社会效益的平衡。

• 一个城市更新计划的成功，并不意味着在城市形态、经济、文化和社会各个方面十全十美，取得完全成功；也不能寄希望于一个城市更新项目将整个城市的经济、文化、社会问题彻底解决，尤其是中国多数城市正处于经济结构转型时期，城市更新更是一个漫长的过程，并且涵盖城市社会生活的各个领域。需要统筹安排，抓住重点，有序推进，以求达到各个方面较为满意的结果。

4.1.3　更新阶段

1. 酝酿阶段：

• 城市复兴的战略研究：划定更新区域、确定更新方向、产业结构与布局调整规划、城市工业用地调整规划；在不同层次上进行城市物质环境、经济、文化、社会综合发展战略研究；

• 制定政策：土地政策、财税政策、激励政策、人员安置政策等；

• 合作组织：通过招标，确定合作组织的参加者和合作形式；

• 宣传教育：使企业和公众了解政府城市发展战略，以及城市更新和城市复兴的目标，鼓励企业和公众在各层次和多种方式的参与。

2. 启动阶段：

• 搬迁动员：企业搬迁是在外力作用下进行的，偏离了企业发展的正常轨道，对企业来说既是机遇也有压力。企业搬迁在一些城市中还采取了限定时间的做法，这更加大了企业的压力。可以说，企业搬迁是产业结构调整和城市发展综合作用下的产物，是一种趋势，必须采取合理引导的方式，结合企业自身的发展需求，不能采取强迫的办法；

• 制定规划：包括新厂区规划、老厂区的更新规划；

• 企业改制：结合企业搬迁和发展，吸纳社会资金和技术，改变企业体制，从根本上搞活企业；

• 建设新厂：新厂区建设，采用新技术，购置新设备，设计新产品。

3. 实施阶段：

• 企业搬迁：生产设备、材料、产品的搬迁；根据城市规划与土地储备中心的要求，将废弃不用的建筑、构筑物、设备进行拆除等；

• 土地出让：通过招、拍、挂，实现土地使用权的转让；

• 市政基础设施建设：政府或一级开发公司先行投资，负责平整土地和基础设施的建设；

• 人员安置：根据政府的相关政策以及企业职工代表大会的意见，实行职工分流、安置和派遣。

4. 建设阶段：

• 通过招标选择开发商；

• 通过招标选择规划师、建筑师和规划建筑设计方案；

• 通过招标选择工程施工、工程监理单位；

• 通过招标选择市场策划单位和建筑产品销售单位；

• 通过招标选择物业管理单位。

5. 评估阶段：

• 评估：对企业搬迁和旧厂址建设在各实施阶段的评估，包括城市物质环境、经济、文化、社会各方面的评价；

• 反馈：将评估报告反馈到下一阶段的实施过程中，不断纠正实施步骤和实施内容，调整实施结果；

• 补救：对于评估报告中的重大缺陷和漏洞，以及针对公共参与的意见和需求，采取适当的补救措施，通过功能或规模、比例的调整，实现最终效果的优化；

• 借鉴：城市中不同的工业用地情况不同，各城市之间的工业用地更新存在差异，项目实施的侧重点不同，取得的成果丰富多彩，对今后项目或其他城市工业用地的更新具有借鉴意义。

4.2　城市工业用地更新的主要内容

4.2.1　物质环境更新（Urban Physical Environment Regeneration）——城市规划与城市设计

4.2.1.1　我国城市工业用地的状况

由于我国城市农村之间在资源、劳动力等方面条件不同，城市经济发展的集聚效应将继续扩大，扩散效应在一定范围内显现；城市之间的经济协作不断加强，产业集聚作用将促使城市集群地发展。其结果是：

● 虽然我国城市工业用地中第二产业用地的总体比例比西方发达国家大城市要大，但由于中国产业的高速发展，这种状况仍将继续，甚至在短时间内有继续扩大的可能；

● 在大城市中心区，随着产业结构的调整，城市各项建设用地的比例以及功能布局都将逐步向合理的方向发展；

● 随着城市产业的发展，新型产业不断涌现，工业地段中的建筑形态在建筑标准、建设质量、建筑形象、空间环境等方面都会比原来传统工业区的建筑形态有明显的改观。

随着城市化进程的加快，城市发展从注重外延空间开发，转向调整城市内部结构，充分发挥土地效益的内涵更新。如北京市 2003 年总体规划与 1989 年相比，公建用地增加了 5023 公顷，占总建设用地的 2.71%；道路用地增加了 5491 公顷，占总建设用地的 5.96%；绿化用地增加了 3796 公顷，占总建设用地的 2.55%；工业用地则减少了 730 公顷，占总建设用地的 4.71%[①]。城市工业地段的衰败，有经济、文化、社会各方面的因素，首先表现在这些地段上物质环境的恶化（包括建筑环境、生态环境、景观环境等）。工业企业从城市中心区外迁，将对城市的物质环境产生下列影响：

● 缓解城市由于城市化进程带来的城市建设用地紧张的局面，使城市用地结构和功能布局进一步得到优化；

● 城市工业地段建筑密度和容积率较低，城市肌理和建筑空间与城市整体不协调，形成城市“马赛克”。工业企业搬迁后的再开发有助于完善城市肌理和城市空间；

---

① 由本论文表 6.4 计算得出

• 城市中心区不再作为工业生产区域，而以现代服务业为主要功能，促进了中心商务区（CBD）的形成和城市中心功能和结构的调整；

• 迁出后的工业企业转化成以人才、信息和高技术密集为特征的新型产业，在城市周边和新城地区形成产业聚集，带动了城市郊区（新城）的建设，成为城市建设新的增长点，影响城市整体空间和结构的变化。

4.2.1.2 城市物质环境更新的内涵

城市物质环境更新主要表现在：城市规模、城市布局、城市与建筑空间、市政道路、景观环境（包括植物群落、动物群落、气候、地形、水体、空气等）以及存在于城市物质形态之中的城市结构、城市要素之间的功能关系，城市特色、城市管理和城市运行等。

4.2.1.3 城市土地整合

城市工业用地更新是在土地整合的基础上完成的，土地整合 (Land Consolidation) 是为了提高城市土地利用效率和促进城市土地布局的合理性，政府按照区位的土地价值，按一定的标准对土地所有者或使用者给予经济补偿，将一定范围内属于不同所有者或使用者的城市土地集中起来，进行地块的重新组合。土地整合关键在于对原有土地的利用结构、功能布局和土地权属关系的调整，根据新的城市规划方案，保证和实现城市规划，提高土地利用效率和提升城市功能。城市土地总是在市场竞争中不断向配置效益更高的使用功能转换，在整合中获得更大的效益。土地整合有以下几种模式：

1. 政府主导模式：

主要由政府组织和管理市地整理，按照批准的城市规划，由政府从各个土地使用者手里将土地转让过来，进行道路、绿化、公共设施和住宅的开发建设，整个过程由政府控制。

2. 土地使用者主导模式：

土地整合的过程主要由土地使用者控制，整合的发起可以是政府，也可以是土地使用者。通常成立一个联合的公司，市地整合的实施和利润分享在协议中约定，这一过程又称为联合开发（Joint Development）。如金隅房地产公司自行开发的金隅大厦。

3. 开发商主导模式：

开发商根据城市规划确定开发项目，根据项目需要整合周边土地，通过不断修改的详细规划研究调整用地边界，确定市地整合的范围。开发商在规划之前或规划过程中与土地使用者之间通过协议或合同确定权益，规划方案是各方利益的反映。攀钢集团成都钢铁有限公司成都厂区规划占地 204.9 公顷，地段内以无缝钢管厂厂区为主体，占用地的 72.74%；周边由于历史原因从钢管厂划出的建设用地，成立了其他企业。如加油站、招待所、人民纸箱厂、蜀美彩印厂、康迪食品厂、龙望食品厂等。还有宿舍区和一个新建的居住区——沙河阳光水岸楼盘。这些用地占规划用地的 27.26%，约 50 公顷 (图 4.1)。这些企业情况极其复杂，如企业的体制问题：既有国有体制企业（分为中央、省属、市属等），又有集体企业、个体企业。由于权限关系，地方政府难以协调省级企业和中央企业，省级企业和中央企业也难以协调地方企业，这就人为加大了土地整合的难度。如果土地不进行整合，任由各企业按照犬牙交错的企业占地边线分别进行土地出让、开发，就像已经建成的沙河阳光水岸楼盘一样，会给用地的整体开发造成非常不利的影响，无法实现公共服务设施配套的合理性，道路规划只能沿着已经开发的项目用地边线，绕开这些项目。市政基础设施建设也会出现各管各，缺乏整体的经济性等一系列问题。土地整合在成都被形象地称为土地的“脱裙”，攀钢集团成都钢铁有限公司在这个项目上作为规模最大的土地使用权所有者，市政府原想由攀钢出面进行土地整合。但周边的小企业靠在这棵国企大树上，狮子大开口，搬迁补偿费高得惊人，让攀钢连碰都不敢碰。试想一下，被整合企业按照土地市场价将土地出让给攀钢集团，攀钢集团完成土地整合后实现规划，受让土地并不能完全作为建设用地，有一部分土地要作为道路、绿化等用途，剩下的土地还是按照土地市场价格出让出去，这不是赔本的买卖么？因此土地整合必须在政府主导和相应的政策支持下进行。土地整合也可以由政府的土地一级开发公司实施，开发商和土地使用者完成这项工作存在很大困难。通过城市规划和城市设计，成都无缝钢管厂工业用地更新通过新的建设，完善了城市功能的新布局，创造了新的城市空间和城市形象。

4.2.1.4 城市规划与城市设计

城市规划与城市设计是城市工业用地更新有效的控制和引导手段，是实现城市物质环境更新的关键，多学科合作是城市规划与城市设计的重要特征。城市规划包括城市土地利用规划、城市生态规划、城市交通规划、城市市政设施规划等；强调综合的控制规划，弱化具体的详细规划，建立与市场相适应的、灵活的规划平台，注重规划全过程的公众参与将成为城市规划的发展趋势。目前我国城市经济、文化和社会在总体规划层面注重较多，控规、详规、城市设计层面多停留在土地利用、城市体形空间以及建设开发的实际项目上。需要加强城市规划的层次性、整体性以及经济、文化、社会等方面的协调关系。针对文化创意产业在城市中心区的发展，以及第三产业用地在城市规划中尚未得到充分合理体现的现状，在城市规划中长期使用的“工业用地”如何在规划用地性质上更加准确地体现，还需要进一步研究。

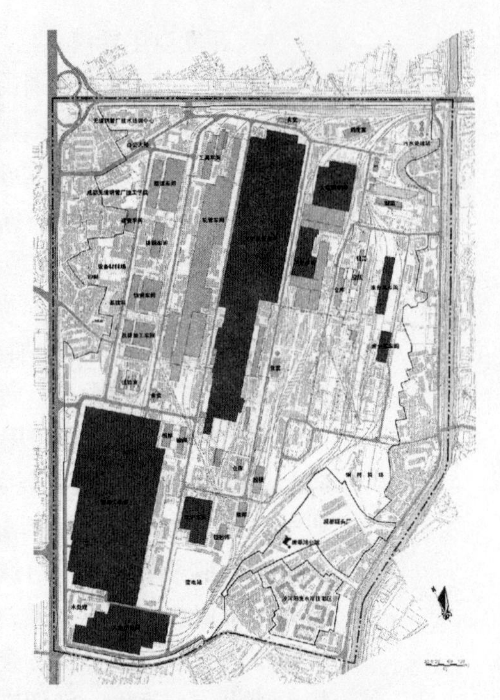

图 4.1 成都厂区现状图

资料来源：攀钢成都厂区控规及城市设计成果

4.2.2 经济更新（Urban Economy Regeneration）——产业规划与产业布局规划

经济活动以城市物质空间为载体，产业结构和产业布局影响着城市的空间布局，城市的发展方式同时也体现了经济发展的需要。经济增长是城市持续发展和保持活力的基础，同时城市的良性发展也为经济发展提供了必要保障。产业结构与城市结构、产业布局与城市功能布局之间，既相互制约又相互促进，协调好两者之间的关系是经济发展和城市发展的关键。

4.2.2.1 产业结构转型

20 世纪 70 年代中后期，主要工业化国家的经济结构和增长方式出现了明显变化，知识（技术、管理、信息等）成为推动经济发展的决定因素。工业化概念从“传统工业化”，发展到以信息技术为代表的高新技术推动经济发展的“新型工业化”，产业结构向新型服务业转化。新型工业化强调的是科技进步的影响和产业科技含量的增加，是以信息技术为代表的高新技术的广泛应用及其对农业、工业和服务业的优化，是经济增长方式的根本性提升。产业向高科技产业和技术密集型产业加速发展，并以此为目标进行城市产业布局调整。

中国的工业发展在地区与城市之间存在着很大差别，上海、北京、广州等以国际化大都市为目标的特大型城市，人均收入水平已进入世界中等收入城市行列。当前这些城市的产业结构正朝着高级化方向发展，与世界产业结构的变化相一致，总体上已经进入工业化后期的稳步增长阶段。但中国多数其他城市还处在工业发展的中期甚至初期阶段，发展很不平衡。20世纪90年代以前，城市经济一直依赖于重工业，工业结构以初级加工的资源密集型和资金密集型产业为主；20世纪90年代中期以政府为主导，进行了战略性结构调整，工业结构向深度加工为主的现代化、高附加值的技术密集型和资金密集型产业转移，传统产业进入高科技改造阶段。这些特大城市的经济发展具有后工业化、知识经济时期的发展特征，但这些城市的远郊区县仍然处于工业化初中期阶段。这种不平衡不仅表现在城市和区域之间，也表现在城市内部的不同地区之间。2005年12月我国发布《产业结构调整指导目录》(2005版)，对20多个行业1000多项具体产业进行了分类，包括鼓励类、限制类和淘汰类三类，进一步加大产业结构调整的力度。城市经济是经济学研究的领域，本书之所以将经济更新纳入城市工业用地更新的研究范围，主要由于以下原因：

- 城市经济发展——产业结构和产业布局调整是城市工业地段更新的根本原因；
- 单纯的物质环境更新并不能从根本上解决城市经济长远发展问题，如何在经济迅猛发展的今天，找到经济发展新的突破点，成为城市工业地段更新的核心；
- 城市工业地段更新是通过城市工业企业搬迁实现的，企业搬迁使城市产业结构和产业布局产生了变化，也涉及企业的产业发展方向；

• 城市工业地段是生产活动的所在地，是城市的经济基础，工业地段的更新影响了城市的经济状况；工业企业搬迁后的开发建设，是否保留部分产业或增加新的产业内容，保持城市的经济活力。

随着城市工业地段更新进程的深入，其与城市经济发展之间的关系越来越受到人们的关注。简单地将工业地段转变为居住用地，按照城市规划指标进行公共设施配套，已经不能满足城市全面发展的要求。尤其是城市中规模比较大的工业用地更新，如北京首钢生产主厂区占地面积达7.1平方公里，东郊工业区占地面积达40平方公里；攀钢集团成都钢铁有限公司厂区2平方公里，整个东郊工业区占地面积14平方公里。对这些大型工业企业所在的城市来说，城市工业用地更新对城市物质环境、经济、文化和社会各方面的影响都将是巨大的。

4.2.2.2 产业布局调整

产业布局学是城市经济学领域中的重要分支，它是以产业部门和区域作为研究对象，为产业布局和区域经济的研究提供理论基础和研究方法。产业规划是在城市经济发展规划的基础上进行的各行业发展规划；产业布局规划运用产业布局学原理，将产业规划内容落实到城市规划的空间和用地上，是产业规划与城市规划之间的桥梁和纽带。在城市工业用地更新中，产业规划与产业布局规划具有更加重要的意义。产业的更新导致城市空间结构的更新，主要表现为四个阶段：

• 初始阶段：产业出生、成长阶段，良好的就业机会、教育和服务，吸引大量人口向城市中心集聚，形成消费市场，拉动城市资本投入和扩大再生产。工业位于城市中心区，与居住区邻近，形成城市工业、仓储运输、商业服务、居住生活互相混合，呈现犬牙交错的局面。工业化与城市化相伴发展，相互促进。城市化为工业发展提供了许多必要条件，包括有一定技能的劳动力，生产型基础设施、集中的大规模生产要素和流通交换场所以及同业或异业分工协作等城市化特有效益。在此阶段极化作用起主导作用。

• 成熟阶段：通过市场和经济杠杆的作用，产业发展趋于平衡，就业和生活处于稳定状态。由于城市交通的发展，城市工业开始向城市中心区周边分散，并形成城市工业区。城市工业化与城市化同步发展，在此阶段滴流作用起主导作用。

• 衰退阶段：产业过于饱和，出现剩余，经济逐渐衰退，城市空间出现郊区化，新产业较少进入该地区。居住环境开始衰落，许多高收入、高技术的人员逐渐外流，而低收入、低素质的人员移入，环境质量进一步下降。由于当地制造业的衰退，工人失业后很难再找到就业机会。城市化程度继续提高，城市工业化程度下降。

• 更新阶段：经济的衰退使政府注重城市中心区的复兴，吸引企业和居民回迁到城市中心。一是通过用地功能的置换，第三产业代替第二产业，实现级差地租和溢价。二是通过产业的更新与升级，继续形成产业极化效应，通过滴流效应，实现更高层次的经济发展循环。传统工业从城市中心向城市郊区迁移，新型产业重新回到城市中心。

4.2.2.3　产业规划与产业布局规划

长期以来城市产业发展注重产业规划，缺乏产业布局规划。城市规划用地结构中注重第二产业，第三产业没有独立的用地指标，笼统地包含在公共设施用地之中(居住用地的商业配套中也含有这

主要产业及其空间特征　　表4.1

产业类型	产业特征	空间特征	典型城市
重工业	资本密集	导致专业城市 依托资源地	德国鲁尔区 美国匹兹堡
轻工业	劳动密集	集聚现象 人口流动频繁 环境污染现象	伦敦 曼彻斯特
精密制造业	技术密集	传统工业地 城市密度不高	瑞士伯尔尼 德国南部 葡萄牙中部
商务办公	知识密集	依托大城市、区域中心 现代通信、交通发展趋于分散化	伦敦、纽约、东京
高科技产业	知识密集、技术密集	1. 科技类型 2. 制造业类型 两者在空间上可以分离	美国加州硅谷、奥斯丁、英国剑桥、法国科学城

资料来源：童明.产业结构变迁与城市发展趋向.上海：城市规划汇刊，1998.4：14

经济发展不同历史阶段的主要特征 表 4.2

特征	阶段				
		工业化社会			后工业化社会
	农业化社会	工业化前期	工业化中期	工业化后期	工业产值比重下降 工业活动向外扩散
		工业产值比重<10%	工业产值比重10%~25%	工业产值比重25%~50%	
主导经济产业	农业	轻纺工业	重化工业	汽车、电子机械、化学机电仪一体化	电子、计算机、通信、航空制造业、服务业
三次产业关系	I>II>III	II>I>III	II>I>III II>III>I	II>III>I	III>II>I
技术本质	劳动力、自然资源密集	资本、技术密集型			知识密集型
主要消费产品	食品、手工业	工业产品			信息知识服务
生产加工方式	人—自然的交流	人—机械的互动			人—人互动
生产组织方式	以家庭为单位自由组织	小工厂 自由贸易	大型工厂资本集聚企业联合	巨型工厂垄断企业行会、金融资本	大型垄断企业与小型企业、跨国组织
经济增长主要因素	自然生产率	人与机械的生产率			创造力、智力生产率
布局特征	居住群落	铁路发展；急剧城市化；工业、仓库、居住犬牙交错，在城市中心区狭小空间发展	高速公路发展；城市化高峰；第三产业向城市中心区集中，工业用地向城市外围地区调整，形成城市工业区	机场发展；郊区化开始；城市中心区空间饱和，成为第三产业主导区域；工业企业在中心区以外，形成郊区工业带、工业卫星城；工业地段更新调整的高峰。	网络发展；郊区化、城市中心CBD；城市工业开发区发展高新技术产业；城市中心区发展区创意产业等新型都市产业、第三产业；实现城市复兴
主流国家		英国	德国、美国	美国、德国	美国、日本

资料来源：根据多方资料笔者自绘

种成分），无法将其准确地统计出来。粗估我国城市中第三产业用地比例，远低于发达国家国际城市（30% 以上），城市规划用地结构第三产业用地布局不合理[①]。城市工业用地更新中的城市经济更新，并不是基于经济学的研究，而是着重于产业发展和产业布局对城市规划的影响以及城市规划如何满足经济发展的需要，处理好产业布局规划与城市规划的关系。城市工业用地的更新，需要在城市发展战略的总体框架下，研究城市未来发展方向和功能定位；从城市功能协调发展的角度，研究城市工业用地要素转移与置换的途径；明确产业调整、土地开发、生态环境建设、文化发展和社会发展的方向，制定相应政策，提出可行的对策和措施。避免城市工业地段沦为城市的“废弃地”，进而成为城市的“疮疤”；建设具有活力的城市建设新区，是城市工业地段更新可持续发展的重要课题。

1. 产业规划：

包括按照国民经济行业划分或者按照政府的管理体制划分的产业规划（如信息产业、汽车工业、建筑业等）、职能规划，内容包括分析产业发展的状况、确定产业发展的目标和战略、制定产业发展政策、制定产业发展管理措施等，在一定时间和范围内指导产业发展。产业规划一般由行业主管部门按照计划经济体制下的“五年计划”进行编制（如汽车产业“十五”规划、电子产业“十一五”规划等），侧重于产业经济的概念。

2. 产业布局规划：

产业布局规划侧重于经济地理的概念，其编制通常是由城市规划编制单位与产业管理部门（北京市工业促进局，上海市经济委员会，成都市经济委员会，或地方政府的发展和改革委员会）共同编制，结合城市总体规划和产业发展规划，侧重于产业发展的地域空间分布，通常作为城市总体规划的一个专题。目前许多大城市以及大城市中的区、县都有产业布局规划。只是产业布局规划没有相关的主管部门，没有审批，缺乏编制办法和编制标准，各地产业布局规划的编制内容也不尽相同。

2005 年 11 月辽宁省营口市进行了《营口滨海经济区发展战略

① 金笠铭．城市产业结构调整与土地利用规划．北京：中国土地科学，1996.6：16~17

规划暨辽宁（营口）沿海产业基地规划国际竞赛》方案征集工作，开创了产业布局规划公开招标的先河。招标内容综合城市总体规划、旅游规划、景观规划，评标专家中除城市规划和建筑设计专家外，还包括产业经济、物流交通、旅游与景观的专家。投标成果中要求分析区域环境和产业状况，提出合理的区域发展战略。这种与区域战略相结合的产业布局规划编制方式值得借鉴。

3. 产业布局规划与城市规划的关系：

城市产业布局规划既要遵循产业的发展导向，又要引领城市空间战略布局；既要承接旧工业区传统产业的调整改造，同时也要启动新型产业基地的空间拓展；以产业空间发展带动城市空间布局结构的调整。为了使城市规划能够更好地满足城市经济发展的需要，应将产业布局规划作为城市总体规划的一个专题规划（如北京城市总体规划 1993—2010），或作为城市总体规划的专题研究（如北京城市总体规划 2004—2020）。首先，经济管理各部门提出深入、合理和具体的产业发展目标（定性与定量相结合），为城市规划提出科学的依据；其次，经济管理各部门要在城市规划初步方案的基础上进一步落实和细化，并提出修改意见，反馈给城市规划编制单位；最终，经过城市规划和产业管理部门相互之间的协商，对产业规划不断地修改和调整，形成城市规划和产业布局规划的最后成果。

实际上，产业布局规划与城市总体规划的关系非常密切，互为因果。城市规划以产业规划为先导，为城市的经济发展服务；产业布局规划通过城市规划落实，满足城市规划的要求。城市规划与产业布局规划应该同时进行，相辅相成，而不是一先一后，一个是前提，另一个必须遵守的关系。产业布局规划要有城市规划、区域经济、产业经济、各个产业（行业）管理部门的研究机构、专家和学者参加，融入产业（行业）的各项研究成果，包括产业发展的实施和管理。这将更加有助于城市规划的科学性，有助于产业布局规划的现实性。

4.2.3 文化更新（Urban Culture Regeneration）——文化规划

文化规划已经成为国外的城市复兴中的重要手段，文化规划的层次涵盖区域、城市、社区。城市文化地区（Culture Campus, Culture District）更是将城市的文化建设提升到城市发展战略的高度。文化规划通过合理的政策制定，吸引私人投资转向文化设施的建设和经营。通过文化资源的挖掘与保护、工业建筑与工业遗产的适宜性再利用以及城市地方文化特色的营造，使城市综合竞争力得到提升。

4.2.3.1　注重历史的延续，提升城市的品位

城市工业地段作为城市的一个重要组成部分，超大的建筑尺度形成的独特城市空间；上下班的人流、轰鸣的机械声，原料和产品运进运出以及标语口号，共同形成具有文化特征的城市文化氛围。烟囱、水塔、冷却塔、高大的设备等成为明显的城市标志。

随着城市产业结构调整，传统产业的衰败，城市工业地段逐渐走向凋零。1996 年巴塞罗那国际建协 (UIA) 第 19 届大会的议题中，将城市工业、铁路、码头等被废弃地段称作城市"模糊地段"(Terrain vague) 和"城市的疮疤"，并作为大会的主要议题。工业企业搬迁后，如何填补这个城市空间？是将工业遗迹完全铲除，实行"三光"（树砍光、房拆光、人走光）政策？还是将工业建筑、构筑物、设备管线等一些可以利用的城市的文化资源进行保护，给城市留下历史的记忆？虽然中国工业的历史不长，但毕竟是城市成长过程中的重要组成部分，曾经为城市的发展创造过辉煌，是城市向现代文明迈进的见证和象征。城市工业地段更新不仅要将原来的工业区缺乏文化的状况进行弥补，还要增添新的文化内涵，丰富城市文化色彩，提升城市文化品位。

4.2.3.2　城市发展的资本，增强城市竞争力

中国在世界经济产业链中处于低端，当其他国家的城市以经济作为城市发展助推力的时候，中国的城市如何异军突起，寻找和创造世界范围经济价值链上的突破点是值得关注的问题。这些突破点既可以在制造业、服务业以及高科技等产业发展领域，也可以在城市文化领域。城市根据政治、经济、文化优势，特别是历史文化优势，在文化链中寻找和创造突破点，以"嵌入"的方式参与国际竞争，构建有特色的国际性或区域性城市，对中国城市来说更有现实意义。

法国社会学大师布尔迪厄（Pierre Bourdieu）的文化资本理论将资本分为经济资本、社会资本和文化资本①。经济资本是最直接的资

---

① [法] 布尔迪厄 (Pierre Bourdieu). 包亚明译．文化资本与社会炼金术：布尔迪厄访谈录．上海：上海人民出版社，1997

本形式，它可以通过各种方式传递和显现。社会资本和文化资本虽不如经济资本那样直接，但是在维系社会生产关系和推动社会发展中的作用十分重要，同样可以转化为经济资本。布尔迪厄的文化资本理论从社会经济学的角度对文化作出了全新的透视；文化资本作为一种工具，为不同群体之间的竞争提供了有效的手段；经济资本、社会资本和文化资本之间不可替代，但可以相互交换。

“城市资本”同样也存在经济资本、社会资本和文化资本。作为重要的城市资本之一，文化资本通过城市长期积累起来的生活方式、空间特征、人文精神汇集而成。在日趋激烈的城市竞争中，城市文化资本同城市的经济资本一样，都是城市的财富，是城市在激烈的全球竞争中增强竞争力的经营资本，是一种有形和无形资产的有机结合。

城市历史文化是城市可持续发展的基础，历史文化遗产是城市的宝贵资源，在城市开发中保护历史文化是城市更新的重要内容。格雷厄姆 · 布赖恩 (Graham Brian) 认为城市的历史文化遗产是发展知识经济的重要成分[①]。在城市竞争日趋激烈的背景下，凸显城市历史文化要素，张扬城市个性，已成为确立城市竞争优势的特殊手段。辩证地处理城市历史文化保护与开发的关系，在城市结构调整的大格局中，确定城市历史文化的重要地位，探索市场经济条件下新的运行机制，全面地发挥城市历史文化的社会经济效益，将是我国城市工业地段更新的必然选择。

4.2.3.3 文化更新——城市工业地段更新的有效手段

- 文化消费是后工业社会的重要特征：在工业社会向后工业社会的转换过程中，城市从生产中心转化成为消费中心，文化符号和内容的消费是后工业社会的主要特征[②]，文化更新成为社会发展的需要；
- 文化更新是城市工业地段更新的有效手段：全球化使全球产业结构和布局不断调整，产业在全球范围内进行转移，西方发达国家面临因工业衰退而带来的城市中心区衰败。在经济重构和城市更

① Graham Brian. Heritage as Knowledge: Capital or Culture ? Urban Studies, 2002:1003~1017

② ［英］迈克·费瑟斯通 (Mike Featherstone). 刘精明译 . 消费文化与后现代主义 . 南京：译林出版社，2000

新过程中，文化更新成为城市工业地段更新和城市复兴的有效手段，发挥着重要的作用[①]。

4.2.3.4　文化规划

21世纪国家间的竞争对文化竞争力提出了更高的要求，日本从原来的文化小国发展为文化大国、文化强国，与其一直推行的文化策略有密切关系。文化发展策略是日本国土规划和区域规划的主要内容之一，其特点是强化文化的原创性和开放性，利用详尽手段建立世界性文化基地。具体到物质形态的控制，则表现为监管条例、历史地区和生活方式多样化保护等。我国作为文化大国，在城市规划和区域规划中都缺少文化发展规划方面的内容，更没有将文化建设和空间建设结合起来[②]

1. 文化规划的内涵：

文化规划是针对文化需求和文化资源的规划，是城市发展中对文化资源战略性以及整体性的运用[③]。涉及文化资源规划、文化事务和艺术培训的发展规划等专项文化规划，以及历史文化环境的保护规划等。文化资源规划目的是策略的运用文化资源促进城市发展，包括艺术、人文、民族文化、节日、历史保护、社区发展、社会服务、开放空间、经济发展、教育培训等等。文化规划包含两层含义：

- 战略性：文化规划是城市和社区战略性发展中不可缺少的一部分，它不仅仅与物质环境的规划相联系，同时还与经济、社会发展目标相联系。为达成长期的发展目标，众多的团体要进行广泛而深入的协商和合作，并且制定不同时间阶段的目标以分期实现；
- 整体性：文化规划是社会综合规划中一个不可分割的部分，它是对城市社会生活的整体安排，因而它应当从开始就介入到城市规划中，与其他领域的规划密切合作，促进城市的整体发展。

---

① 黄鹤．文化规划——运用文化资源促进城市整体发展的途径．[博士学位论文] 北京：清华大学建筑学院，2004.10：24

② 许浩．日本三大都市圈规划及其对我国区域规划的借鉴意义．上海：城市规划汇刊，2004.5：76

③ DMU. Course Prospectus for MA in European Cultural Planning. Leicester: De Montfort University, 1995

我国目前实行的文化规划内涵非常宽泛，包括文化事业规划和文化产业规划，是基于行业部门管理的内容和范围入手进行的规划[①]。笔者认为文化产业规划应作为产业规划的一部分，纳入城市经济领域。特别是创意产业的兴起，从产业内容看已经包括了文化产业的内容。文化事业中的一些内容可纳入教育和社会科学领域，因此本书涉及的文化规划的实质主要是文化资源和文化设施规划、文化活动和文化事务规划以及艺术规划等内容。

2. 文化规划的作用：

- 文化规划可以作为城市复兴的有效驱动方式，促进在城市中心区工业地段更新中不断挖掘文化资源，将工业遗留的废弃资源转化为可资利用的文化资源；
- 文化规划有助于在战略上、空间上充分将文化作为城市发展的资源，提高城市社会影响力和城市综合竞争力；
- 文化规划是不断丰富城市文化内涵、城市文化生活，提高城市文化品质、城市文化精神的有效手段。

欧盟自20世纪80年代中期起推出欧洲“文化城市”计划，由欧盟成员国轮流推选出该国某城市获得这一荣誉。1999年，欧盟决定以“欧洲文化首都”取代“文化城市”，2005~2007年的“欧洲文化首都”依次是爱尔兰的科克、希腊的帕特雷、卢森堡首都卢森堡。

2003年利物浦举办了置于光辉历史与严峻现实之中的城市双年展，让参观者从Mersey河岸标志着大英帝国海上霸权、现已重新粉饰的景点，走到废弃、荒凉的工业区，并将“利物浦——作为帝国的城市”（Liverpool was the city of the Empire）这一标语，出现在各种导读文字里，今与昔、现实的衰败与昨日的辉煌形成鲜明的对比，显现出英国北部后工业城市的没落景象，最终利物浦被推选为2008年“欧洲文化首都”。利物浦凭借“一个城市，整个世界”的申办口号，击败了其他竞争对手，2008年前可望额外接待约170万游客，创造1.4万个新的就业机会，吸引20亿英镑外来投资，从而促进了城市复兴的实现。

---

① 黄鹤．文化规划——运用文化资源促进城市整体发展的途径．[博士学位论文] 北京：清华大学建筑学院，2004.10：12

3. 文化规划的策略：

• 与城市规划结合：对城市文化资源和文化设施的调查和研究，绘制文化地图（Culture Mapping）；

• 与产业规划结合：与产业规划密切相连，强调文化资源和文化设施与城市产业发展的互动关系；

• 与社会规划结合：与社会规划密切相连，强调文化资源和文化设施与城市社会发展的互动关系；

• "自下而上"与"自上而下"结合：文化规划强调社区公众的意愿，强调文化资源"自下而上""自组织"形成的良好氛围。更强调文化资源"自上而下""他组织"的文化规划，对城市综合发展起刺激作用。

4.2.4　社会更新（Urban Society Regeneration）——社会规划

4.2.4.1　社会理想与社会问题

1. 为实现社会理想的城市规划：

现代城市规划理论与实践发展源于西方城市的社会改良运动，城市的社会问题一直是规划师们关注的热点。霍华德 (Ebenezer Howard) 的"田园城市"(Garden City)、勒·柯布西耶 (Le Corbusier) 的"阳光城"(Radiant City)、赖特 (F. L. Wright) "广亩城"(Broadacre City) 都体现了解决城市社会问题的理想①。城市规划与社会发展之间存在内在的联系，城市规划的不当很容易引起城市的社会问题。工业革命之前，由于城市发展速度缓慢及城市规模较小，城市的社会问题表现得并不明显。17 世纪末的工业革命推动了英国经济从手工工场向大机器工厂的飞跃，使英国成为"世界工厂"，吸引了大批人口向新兴工业城市集中。1851 年英国的城市人口已经超过了 50%，20 世纪中叶达到 80% 左右。美国南北战争后的工业革命，推动了工业化和城市化的进程，20 世纪 70 年代城市化水平超过 70%；进入 21 世纪，城市化水平接近 80%②。城市规模的迅速膨胀，社会群体高度集中，社会分工不断细化，社会职业高度分化，形成了明显的社会差别，引发出大量的社会问题。

---

① 李伦亮．城市规划与社会问题．北京：规划师，2004.8：61~63

② 詹鸣．美国人口现象面面观．北京：人口与计划生育 2004.12：40~41

20世纪下半叶，民权运动使西方城市规划更多地考虑城市社会问题，公众参与和公众利益受到了普遍关注。简·雅格布斯(Jane Jacobs)在其著作《美国大城市的生与死》(The Death and Life of Great American Cities)中指责城市大规模改造是对城市传统文化多样性的破坏，是国家投入大量资金让政客和房地产商获利，而让平民百姓成了旧城改造的牺牲品。由于城市改造资金短缺，政府部门很大程度上受私人利益集团的控制，城市更新很难关注公众的利益，公众几乎没有参与城市更新的机会。由于社区邻里内部出现的社会混乱和经济萧条，导致了社区邻里的衰退。保罗·达维多夫(Paul Davidoff) 在其著作《规划中的倡导与多元主义》(Advocacy and Pluralism)中指出，“规划师应代表城市贫民和弱势群体，应首先解决城市贫民窟和城市衰败地区，要走向民间和不同的居民组群沟通，为他们服务”。并提出了“倡导性规划”(Advocacy Planning)。罗尔斯(J. Rawls)在1972年发表的著作《公正理论》(Theory of Justice)和大卫·哈维(David Harvey)的著作《社会公正与城市》(Social Justice and the City)中都指出：城市规划应充分考虑社会公正问题。此时，城市规划理论与实践研究也更多地关注社会公平和公众利益，开始重视城市规划的社会意义，规划与设计从单纯的物质环境改造规划转向社会发展规划。西方主要国家同时开始出现民主多元化的社会趋势，公众参与的规划思想作为一种民主的体现，开始广泛地被居民接受。城市居民纷纷成立自己的“社区组织”，通过居民协商积极参与城市规划，努力维护邻里关系和原有的生活方式，并利用法律同政府和房地产商进行谈判，一种“自下而上”的所谓“社区规划”开始出现，市民社会(Civic Society)在西方国家的建立，使公民对城市开始有参与权和管制权。

2. 由于产业结构调整出现的世界范围的社会问题：

随着世界经济格局的变化，城市交通运输方式不断发展，城市经济结构发生了重大改变。传统产业和旧工业区逐渐衰退，经济滑坡，急需进行产业结构调整和升级；工业地段成为城市的“模糊地段”，文化衰微，缺乏特色；产业工人失业率急剧上升，就业结构发生重大改变，并由此引发了一系列社会问题。在西方城市，传统工业的衰退导致了城市人口严重流失和大量工业废地和工业建筑的闲置。从1971到1981年的10年间，英国的主要工业城市和地区人口流失都在8%

以上，严重的城市高达22%[1]。到20世纪80年代，大伦敦地区的总失业人数高达40万[2]。工厂、码头、铁路和一些老的公共设施的关闭或停用导致大量土地和房屋闲置。1982年英国环境部调查，在英格兰土地废弃总量近456.7平方公里[3]，它们主要集中在英格兰北部的3个老工矿业地区，尤其是大城市地区。20世纪80年代英格兰、威尔士工业衰退造成的闲置工业建筑多达1620万平方米，其中伦敦32个自治市区共有310万平方米[4]。城市工业地段更新中出现的问题往往被表面上的物质繁荣景象所掩盖。产业工人的失业、房价攀升、低收入群体被清除出更新的区域，被中高收入的群体所代替；随着功能的置换，居住和生活的人群也被置换，社会问题不但没有得到解决，而且被强化和转移。巴尔的摩市的城市更新计划促使城市经济结构的调整,导致大批工厂从市区迁出,城区在十年内失去了5万多个工作岗位。

英国按行业划分的职业结构分层指标反映了职业结构和生产结构的变化（表4.3），第一产业从业人员比例变化不大，第二产业从业人员比例大大降低，第三产业从业人员比例上升。

1971~1996年英国按行业分类的职业结构变化（%）　表4.3

行业分类	1971年	1981年	1991年	1996年
农业：				
农、林、牧、渔业	1.9	1.7	1.3	1.3
工业：				
矿产和能源、水供应业	9.5	7.6	5.0	1.1
制造业	30.6	24.2	18.3	18.2
建筑业	5.4	5.2	4.5	3.6
服务业：				
商业销售和旅馆餐饮业	16.7	19.1	21.4	22.6
交通和邮电通信业	7.1	6.6	6.1	5.9
金融保险业	6.1	8.0	12.1	17.5
公共机构、教育和医疗	18.2	21.7	23.7	25.3
其他服务业	4.5	5.9	7.6	4.5
合计	100	100	100	100

资料来源：李培林，李强，孙立平.中国社会分层.北京：社会文献出版社，2004.10：449

---

① D.Donnison & A.Middleton,ed. Regenerating the Inner City-Glassgow's Experience. Routledge, London, 1987

② H.V.Savitch. Post-Industrial Cities. Princeton, London, 1991

③ C.Couch. Urban Renewal Theory and Practice. Macmilan London, 1990

④ P.Kivell. Land and the City. Routledge, London, 1993

4.2.4.2 中国由于产业结构调整出现的社会问题

中国社会分层理论以职业分类为基础，以组织资源、经济资源和文化资源的占有状况为标准划分当代中国社会阶层结构的基本形态。据此，中国社会由十个社会阶层和五种社会地位等级组成。产业工人阶层[①]：指在第二产业中从事体力、半体力劳动的生产工人、建筑业工人及相关人员；处在十个社会阶层的第八个阶层，处在五种社会地位中的最底层。

产业结构调整以来，产业工人阶层的社会经济地位明显下降，这使产业工人阶层的人员构成发生了根本性的变化，原工人阶层中一部分成员通过接受成人教育和技术培训离开了工人队伍，进入社会经济地位较高的其他社会阶层。20世纪90年代中期以后，国有工矿企业改革，实行减员增效等政策，导致大批工人下岗，从而在事实上改变了原来那种终身雇佣格局。有相当一部分人员，在"铁饭碗"被打破以后，处于就业无保障的状况。这使他们在心理上承受着很大的压力。与此同时，进城的农民大批涌入产业工人阶层，他们成为产业工人阶层中的重要组成部分。目前，整个产业工人阶层在社会阶层结构中所占的比例为22.6%左右，其中农民工占产业工人的30%左右。主要失业形式包括：

1. 结构性失业：国家或城市经济结构的改变，使某种行业或产业在市场上退出，或停止发展，从而造成大规模结构性失业。香港根据产业结构调整，制造业就业比例从1991年到2001年，从28.2%下降到12.3%。就业比例上升最快的是金融、保险、地产和商业服务[②]。20世纪90年代上海轻纺工业经历了大调整和大转移，纺织工业从业人员从57万人下降到10万人，轻工业从37万人下降到15万人，许多劳动密集型工业也随之被调整[③]。1996~1999年，中国国有企业精减了2700万名职工，相当于1996年国有企业总人数的25%[④]。资源型城市的国有企业职工下岗问题更加严重，2001年鹤

---

① 陆学艺．当代中国十大阶层．北京：社会科学文献出版社，2002

② 赵永佳，吕大乐．两极化的全球化城市——以当代香港为案例．中国城市评论．南京：南京大学出版社，2005.12：20~25

③ 上海建设都市型工业园区情况调查．http://www.webofcity.com/nei/text.asp?id=462

④ 亚洲银行专家组．中国贫困问题研究．http://www.cpirc.org.cn/yjwx/yjwx_detail.asp?id=2596

岗矿务局下岗职工失业占全市下岗职工的53.6%，阜新市下岗失业人员达到15.6万人①。

北京正东电子动力集团有限公司位于北京电子城新技术产业开发实验区，是我国20世纪50年代国家“一五”期间重点建设的156个骨干企业之一。以生产热、电、水、煤气、工业气体为主。1990年北京召开亚运会，人工煤气项目根据市政府的要求上马。2003年天然气的“西气东输”使北京的人工煤气制造企业结构性下马，设备和管道荒废。目前企业职工近千人，退休职工达4000人。2003年人工煤气生产停产，当年就有900多名职工需要安置。主要途径有：

- 转岗：通过考试，竞争转入企业内其他岗位。
- 劳动派遣：工作关系不变，自行谋取其他工作，由企业派遣；社会保险由企业与个人分摊。
- 内退：男职工45岁以上，女职工40岁以上，内部退休，到国家法定年龄正式退休。
- 买断工龄：按照国家和北京市有关规定，职工代表大会通过，采取按照工龄、平均工资补贴的办法，一次性领取补贴，企业与职工不再发生关系。

2. 功能性失业：高新技术的发展和应用使传统产业升级，对职工文化水平和技术水平的要求越来越高。许多以前从事体力和半体力劳动的职工，或文化水平低、年龄偏大的职工，不能满足企业采用新技术、新设备，生产新产品的需要。同时在制造业和服务业的底层，大量临时性雇用进城务工人员，工资水平低，没有社会和医疗保障，随时可以解聘，比雇用正式职工成本大大下降，这种现象加剧了产业工人的功能性失业。

我国每年新增的劳动年龄人口保持在2000万左右，其中城市新增800万劳动年龄人口，加上1200多万失业、下岗及无业人员，城市有2000万人需要找工作，但每年新增的就业机会只有800万个。在相当长一个时期，劳动力供给仍保持持续增长。到2010年，我国劳动力人口将达到10.6亿人左右，与2000年相比，将增加1.2亿人，增长13%②。就业压力将是一个长期的过程。

---

① 陈群元，宋玉祥，张平宇，马延吉．东北来工业基地振兴面临的城市化问题与对策．上海：城市规划汇刊，2004.2：48

② 李培林．当前中国社会发展的若干问题和新趋势．中国社会学网 http://www.sociology.cass.net.cn/shxw/xstl/shfh1/t20031114_1734.htm

经济衰退造成长期失业、提前退休、外迁、交换居住、更换工作的人数和比例逐渐上升，长此以往使有一定技术的劳动力缺乏[①]。还造成收入、教育水平下降，健康得不到保证，犯罪率上升，环境质量下降，市政设施标准降低（道路、管线等）、周边的房地产价格低迷。产业工人的转岗，首先转向其他制造业（很有可能还是传统产业或低端产品的生产），其次是商业服务业、餐饮业、旅馆业、市政服务业等，仍然处在社会的底层。通过企业重组实现经济整合，企业之间通过吞并，实现转产经营，是妥善解决职工就业的有效途径。由于我国政治、经济、社会体制与西方国家不同，职工的社会保障正在从依赖企业向依靠社会转移，职工失业后的生活得不到基本保障，造成一系列的社会问题。

4.2.4.3 社会规划（Social Planning）

1. 背景：社会规划起源于19世纪末西方和北美发达国家的社会福利规划。发展至今，社会规划已具有十分丰富的内涵与实践形式，广泛涉及从发展中国家旨在实现社会改革的社会发展规划（Social Development Planning）到发达国家的社会公共服务规划（Social Service Planning）。美国城市规划机构中专门配备社会规划人员，他们的主要工作是：

- 评估和监控城市规划的社会影响；
- 筹备长期的社会发展规划；
- 进行社会调查；
- 协调社区服务；
- 帮助地方社区完成设施布局工作；
- 鼓励市民参与规划。

2. 定义：通过综合性规划，关注“非经济”因素的发展，并实现内在的权力和目标（尤其是社会平等），同时鼓励公众直接参与规划的发展进程[②]。社会规划的出现强调了对人的关注，成为对过于注重物质环境规划的传统城市规划的有益补充。社会规划以人为关注对象，具有多维、动态和复杂的特征，需要及时关注社会生活的发展和社会需求的变化，通过持续监控、评估和不断修正，保证规划

---

① Regeneration of Former Coalfield Areas–Interim Evaluation

② 刘佳燕．国外新城规划中的社会规划研究初探．北京：国外城市规划，2005.3：70

的科学性、灵活性，最终提高社会质量和社会满意度。社会规划研究的范围包括：

- 社会公共服务规划；
- 社会优先权和社会关注的重视；
- 公众参与。

3. 中国社会规划的现状：目前，中国关于社会规划的系统性研究尚处于起步阶段，尤其缺乏适合中国国情的相关理论支持（张庭伟，1997）。关于城市的社会学研究与城市规划还没有建立有效的联系，社会学的研究成果还无法在城市规划中得到有效的体现，城市规划也没有将社会问题有效的解决。这其中存在以下原因：

- 城市的社会问题部分是由于经济发展引起的，社会问题的解决与经济发展的目标相冲突；
- 城市社会学方面的研究基于大量的社会调查、定量分析，以中国社会宏观层面为主，针对城市层面、地方层面、社区层面的研究相对较少，对于在城市规划上的落实和解决方案，研究远远不够，缺乏专业之间的协调；
- 城市规划长期的综合规划为主，对“人”的关注停留在城市规划的“人口”、“人口构成”以及“职住近接”等原则概念上，对城市的社会问题关注不够；
- 社会问题的产生和解决具有长期性特点，很难在短时间内看出效果。

4. 社会规划的目标：

- 生活质量（住房、环境、交通、市政设施）；
- 教育培训；
- 娱乐休闲；
- 公共服务；
- 公众意识和公众参与。

目标的主次顺序根据城市不同的环境和条件确定。

5. 社会规划的要素：

- 城市人口：人口数量、就业与失业、职业结构、社会结构、民族结构；
- 城市经济发展水平：经济增长、产业结构、产业布局；
- 城市文化及其载体：教育、科技和文化及其载体；文化设施及娱乐场所；

●城市社会保障服务：社会保险、社会救济、社会福利设施以及社区服务体系；

●城市社会生态环境：自然环境、人文环境、生态环境、居住环境、公共景观环境；

●城市社会整合与社会流动：标志社会的开放程度；

●城市精神：城市归属感、自豪感。

6. 社会规划与城市规划的关系：

——注重社会规划的城市规划：寻求科学的规划方法与手段对解决城市社会问题有着重要的意义，首先要改变中国城市规划只注重“形体规划”(Physical Planning) 而忽视社会、经济规划和重实践轻理论的现状，注重城市规划理论研究对解决城市社会问题的作用，注重研究城市社会问题产生的根源。西方城市发展的经验教训表明，对城市社会问题的研究应成为城市规划工作的重要方向，城市发展的根本目标在于为人类创造良好的生活居住环境。还要注意下列问题：

●城市规划应积极关注公众利益，尤其是弱势群体的利益，尽可能实现社会公平。在城市规划的编制与实施过程中，应充分考虑城市发展的长远利益，城市改造和开发应兼顾多数人的利益，以期合理地解决城市开发与公众利益的矛盾；

●城市规划应结合城市用地结构调整和经济发展政策，重点解决居民就业和住房问题，这是城市社会稳定和持续发展的关键；

●城市规划应体现城市生活的多样性原则，避免规划建设不当而引发社会分化，尽可能减少城市的大拆大改；

●城市规划应积极倡导公众参与，充分发挥公众在城市规划与城市建设中的作用，鼓励公众参与城市规划与城市建设的全过程；

●充分吸取西方国家城市社会发展的经验教训，避免重蹈覆辙，结合中国城市社会问题的特征，制定相应的城市发展政策。

1995 年，荷兰“大城市政策”(Big Cities Policies) 出台，要求政府通过住房市场介入改变社区的人口分层，实现更为异质的人口构成。1995~1998 年，荷兰政府在阿姆斯特丹北部的斯塔斯聂登 (Staatslieden) 一个传统的衰败的工人聚居区修建了一系列新项目，在户型、出租购买比例上强调居民的混合性，当地居民优先入住，外来富有和贫穷居民控制入住，保持社区人口的异质性。作为规划目标，取得了一定的社会效果[①]。

针对同利开发（Common Interest Development, CID）形成的城市社会分异现象，美国采取了城市控制政策（Urban Containment），内容包括：资本投资规划、混合利用和高密度分区规划、可支付住房战略，土地供给管理和各种开发激励政策等。强调住房类型的混合、分配的公平，减缓社会分异的程度。我国的社会空间分异正在形成，虽然没有国外的种族问题，但政府对弱势群体的关心，需要城市规划加强公平意识，实现城市空间配置的社会功能合理化。

——注重社会空间调控的城市规划

- 城市规划需要维护公共利益：规划法规和理论不单纯是技术范畴，实际上是一种国家干预形式和意识形态，城市规划应起到充当“合理的社会秩序”平衡者的作用，应该从服务于城市最大多数人的利益出发，回归其服务广大市民公共利益的本位；

- 加强房地产投资引导与控制：房地产开发对城市发展的影响力正在日益扩大，市场自发的力量正在向公共利益侵蚀，资本的力量正在通过土地市场和房地产市场向城市的公共利益进犯；

- 推进市民利益维护机制：强调规划过程中的民主利益和公众参与，如培育社区网络，听取人民意见，教育居民参与。建立一个由专家、学者、规划师、普通大众共同参与的城市规划听证制度，让不同利益群体有表达自身权利的平台，加强城市规划的透明度和公正性，建立民意向上表达畅通的渠道。政府应尊重民意，并把合理部分上升为国家政策；

- 推进和谐社区建设：城市在发展中不可避免会导致富人区的产生，但政府应当努力避免穷人区的形成。为缓解弱势群体同质聚居引发的严重问题，当代西方城市采取的应对措施主要包括两类：一方面是在政府强有力的介入下发展房地产业，避免住房极端商品化，在中低收入人群支付不起的社区建设适量的经济型房屋，打破房地产商的逐利性；另一方面则是通过有效的规划手段实现混合用地，提升居住群体的异质性，避免弱势群体被过度排斥；

---

① 李志刚，吴缚龙，刘玉亭．城市社会空间分异：倡导还是控制．上海：城市规划汇刊，2004.6：50

• 合理制定人口分布：城市人口的合理分布，一是指人口分布与经济社会发展、产业布局相协调，使城市不同区域的人口密度与其相配套的基础设施相协调，避免形成人口拥挤、交通堵塞、环境恶劣等“城市病”；二是避免形成社会空间的极化现象，即避免形成富裕阶层的“热点”和贫困阶层的“冷点”，两极分化的城市人口空间分布形态。人口分布的宏观调控必须坚持以人为本，要在城市不同区域合理分配社会公共资源，实现不同阶层共同分享城市发展“红利”的格局；

• 注重城市旧居住区、工业地段的更新，实现城市新建与改造平衡发展，避免形成城市局部出现衰败现象，成为城市的“马赛克”；

• 建设包容城市社区：城市化进程的加快，使得中国大城市成为人口迁移、流动的集中地区。这种汇聚由于不同社会经济特征形成社会分异，导致社区重构，造成社区不稳定因素，需要强化城市和社区包容。

——社会规划中的经济政策：英国城市复兴资金的使用包括解决区域的社会问题，如失业、失学、贫困、社会犯罪、缺乏健康和医疗等社会福利保障等方面。基金由城市更新管理机构严格掌握，对问题区域的城市更新进行严格的预算审核。

7. 城市工业地段更新中的社会公平：

城市工业地段更新的目标不是单纯的房地产开发获取经济利益，也不是绅士化、贵族化的城市美化运动。在更新中实现社会公平和公共服务设施的公平分享，而不是为少数人服务。

南非港市（Cape Town）港口码头被航运业弃用，但仍然是渔业的重要基地。城市更新后土地升值，与港口有关的土地利用受到开发商和规划的挤压，为商业和住宅开发的经济利益让路。渔业团体为争取生存空间采取了种种抗争策略，政府为此成立了港口合作区委员会，与各方达成妥协，以期保持港口商业、工业、和渔业的综合发展，实现土地功能的混合。但实际上，用地功能的划分引起社会空间的分异，形成了明显的追求休闲的公众和在港口陌生工人之间的社会分化。在政府和开发商的眼中保留港口的工作活动只是作为参与和体验式的活动，吸引旅游者的注意和兴趣；并没有把它作为工人生活的基础和渔民们长期依赖的社会生活空间。商业和港口产业之间的矛盾也越来越突出：休闲娱乐设施、游艇的增加，限制了渔业的正常运作，高档住宅的建成要求减少正常的渔业活动；渔业活动造成的环境污染和混乱对旅游业存在一定负面影响；节庆活动造成人员过度拥挤，市政基础设施的压力加重。利益再分配和社会公平问题进一步受到关注。

我国在城市工业企业搬迁过程中，通过破产、转产、扩大发展实现产业结构调整和升级的目标。由于生产效率的提高，用工数量和结构发生改变，不可避免会造成部分职工下岗失业，并由此引发一系列社会问题。新中国成立初期，工人是国家的主人，社会地位很高。实行市场化经济后，尤其是经过20世纪80年代和90年代中期两次产业结构调整，工人的经济收入增长大大落后于其他行业，社会地位迅速下降。这种变化发生在一代人身上，造成的思想动荡和价值观的变化不言自明。这些社会问题的解决，需要在规划时就给予充分重视，并在规划实施中给予特别关注。

城市建设在关注城市“硬”环境的同时，应更多地注重城市的“软”环境；后者是城市中的社会网络，是确定人们的生活方式、交往方式、价值观、归属感的社会环境，体现出社会的整体性和复杂性。城市的社会生活包括物质层面与精神层面要素，社会更新以社会学的视角和途径来认识和解决城市的社会问题，从而促进社会的凝聚力，提高城市的竞争力，实现城市的综合发展。

4.2.5 废弃工业建筑与工业设施的拆除

1. 建筑物与构筑物：

包括厂房仓库建筑、烟囱、水塔、冷却塔、水池、油罐等。经过审慎选择、科学评定和详细的经济测算，确定保留、改造和拆除的建筑和构筑物。对于必须拆除的建筑物与构筑物可以进行人工拆除、机械拆除或实施爆破。在拆除前要先拆除可用和有价值的设备、仪器等。爆破方案要保证人员生命和财产的安全，以代价最小为原则。

2. 生产材料与生产废渣：

包括场地上堆置废弃不用的原材料、中间产品、生产废渣等。对环境没有污染的废料，可以就地加工使用，成为原工业厂址转换功能后能够继续使用的新材料、新产品和新容器；对环境有一定污染的废料，必须经过技术处理后再利用。在废料的污染处理中，原则是原址处理，避免污染其他地方。当污染严重时，要对污染源进行清理，污染物外运，进行异地处置。处置方案和处置过程均须在环境保护管理部门的审查和监督之下完成，完成的成果需要经过验收。

3. 管线与设备：

包括架空管线和埋在地下的管线，在厂址转变功能的规划中，要结合新的用途进行综合管线设计。设备包括露天设备（包括生产、传输、储存设备等）、室内设备（包括机械、仪器、仪表等），对于需要保留作为展品、景观或雕塑等有利用价值的，进行必要的安全处理，避免今后使用中的安全事故发生。

• 保留使用：

工业企业市政配套设施完善，但由于建设时间有先有后，质量有好有差。对经过技术评估，确定有保留价值，可以继续使用的管线（包括地下管线和架空管线）予以保留，节省后续建设投资；对于原址保留作为雕塑或展品的管线和设备，须进行必要的清理，对污染物进行处理；做好防腐防锈处理。所有清理和拆除方案必须接受环保部门的审查和监督，验收合格。

• 清理拆除：

对于具有再利用价值，可以在其他工业企业继续用于生产的设备，应先清除设备中的残留污染物，再进行安全拆除、运输和异地安装。不能再进行利用的市政管线和设备进行拆除；对于有污染物的管线采取必要安全措施，避免污染的进一步扩大，彻底根除污染源。所有清理和拆除方案必须接受环保部门的审查和监督，验收合格（图4.2、图4.3）。

图 4.2*a* 储气罐的拆除

图 4.2*b* 厂房的拆除

图 4.2　澳大利亚：纽卡斯尔钢铁厂爆破拆除与机械拆除（Demolition of Newcastle Steelworks）

资料来源：www.niha.hl.com.au

图 4.3　成都无缝钢管厂烟囱四胞胎的爆破拆除

资料来源：成都 4 胞胎老烟囱壮烈退休 http://www.newssc.org.2003.12.7

图 4.2*c*　设备的拆除

4.2.6　城市污染工业用地的生态修复

4.2.6.1　生态修复（remediation）的定义

生态修复是对被污染的环境借助工程技术手段，采取物理、化学和生物等方法，去除环境污染，使污染物的浓度降低到能够被重新使用的环境要求，但不一定达到完美的状态。生态修复包括原位修复和异位修复。

4.2.6.2　生态修复的程序

首先要对企业发展历史、企业工艺流程、企业环保工作状况等基本情况进行调查；然后通过监测进行污染源调查，包括场地物理条件、污染特性、暴露途径、受体调查等，为污染场地环境质量评价提供必要的场地信息；进行环境质量评价、污染风险评价，最终确定生态修复的方案。针对土地污染状况进行技术集成，形成修复技术体系。包括修复工程的实施、修复工程的运行 / 维护和监测、修复效果评价等三方面的内容。

4.2.6.3　城市污染工业用地的状况

工业企业生产过程中产生污染，对生态环境产生危害。国家环境保护总局科技标准司于2001年组织开展了“典型区域土壤环境质量状况探查研究”。南京市5个典型工业区厂区土壤中Cu、Zn、Pb、Cd、Hg和As元素的含量都明显高于附近住宅区土壤中的含量。分析各工业区土壤重金属污染特征发现，炼焦厂主要异常元素为锌；磷肥厂主要为铜、铅、镉、汞、砷；炼油厂主要为镍；扬子芳烃厂主要为铅；南京钢铁厂主要为铅、镉、汞。对照南京市土壤背景值，典型工业用地土壤中除Cr元素外，其他7个重金属元素都存在一定程度的富集现象。借鉴国外棕地改造再开发的经验，企业搬迁后首先需要对原厂址进行污染处理和生态修复，然后再进行相应的开发建设。企业在生产过程中造成污染，主要责任人是企业，环保管理部门有权根据相关规定进行管理。企业搬迁后遗留污染造成的重大生态安全隐患，责任人却一直不明确，是城市工业地段更新需要面对的严重问题。

国家环保总局也曾发出通知，要求各地环保部门切实做好企业搬迁过程中的环境污染防治工作。所有产生危险废物的工业企业、实验室和生产经营危险废物的单位，在结束原有生产经营活动，改变原土地使用性质时，必须经具有省级以上质量认证资格的环境监测部门对原址土地进行监测分析，发现土壤污染问题，当地环保部门要尽快制定污染控制实施方案。按照国家环保总局的要求，具有省级以上质量认证资格的环境监测部门在对迁出企业原址土地进行监测分析后，须报送省级以上环保部门审查，并依据监测评价报告确定土壤功能修复实施方案，当地环保部门负责土壤功能修复工作的监督管理。监测评价报告要对原址土壤进行环境影响分析，分析内容包括遗留在原址和地下的污染物种类、范围和土壤污染程度，原厂区地下管线、储罐埋藏情况和土壤、地下水污染现状等的评价情况。

针对这种情况，需要迅速建立工业企业搬迁环境影响评价制度，确定今后开发建设的适宜性标准。对于在搬迁企业原厂址上已经开发和正在开发的项目，要尽快制订土壤和水质的环境状况调查、勘探、监测方案，对项目用地范围内的污染源清理，制定工作计划和环境功能恢复实施方案，尽快消除环境污染。对遗留污染物造成的环境污染，应由原生产经营单位负责环境治理和修复。

4.2.6.4 城市污染工业用地生态修复的案例

1. 北京建工地产宋家庄经济适用房（化工三厂）

土壤污染物主要为四丁基锡、邻苯二甲酸二辛酯、滴滴涕和重金属铅、铬等，污染严重的土壤共计 4201 平方米；受有机物污染较轻的黑色土壤面积约为 12145 平方米。土壤修复工作分为两个阶段，第一阶段是对场地内重金属污染和有机物污染严重的 7 万多立方米土壤装入封闭的卡车，运至红树林环保公司，其中 1 万多立方米重污染土壤进行高温焚烧。剩余固体部分已经无害，可作为水泥的添加料再次利用。第二阶段是将 6 万多立方米轻度污染土进行无害化处理后，送到房山“生态岛”进行阻隔填埋。填埋坑的四周和底部采取防渗阻隔，随着时间的推移黑色土壤将会自然降解，不会对周围环境造成污染。

2. 北京万科东铁匠营限价房项目（红狮涂料厂）

20 世纪 50 年代曾是农药厂，80 年代起改为涂料厂，生产近 50 年。场地大部分区域的土壤已被污染，主要被有机污染物滴滴涕和六六六污染，污染最深达到地下 5 米，需要处置总土方量 13.98 万立方米。万科将对 7.9 公顷土壤进行 100 多个样点采集，采集 800 多个样品进行检测分析并对其作出评估，1200℃煅烧。

4.3　城市工业用地更新的转换类型

4.3.1　城市规划用地性质的转换类型

4.3.1.1　居住用地（R）：在城市中心区，居住用地与其他用地相混合，在非城市中心区，居住用地独立存在，如瑞典马尔默（Malmo）。中国城市中心工业地段更新大多将用地性质转化为居住用地。北京工业企业搬迁后将用地转化为居住用地的达到 55.75%[①]。

4.3.1.2　公共设施用地（C）：包括行政办公用地（C1）、商业金融用地（C2）、文化娱乐用地（C3）、体育用地（C4）和教育科研用地（C6）。

在城市中心区，工业用地一般转化为行政办公用地或富有活力的商业服务设施（图 4.4），充分体现土地价值的最大化，同时实现

① 周陶洪．旧工业区城市更新策略研究——以北京为例．［硕士论文清华大学］北京：清华大学建筑学院，2005.6：141

"退二进三"的产业发展目标。如北京CBD、双安商场等。意大利拉维·马尔西矿厂[①]（Ravi Marchi Mine）位于加沃拉诺铁矿山，该矿1965年关闭。项目利用废墟改造成一个公园和露天博物馆，使人们可以游览工业遗迹，通过一条蜿蜒的小路，向游客展现采矿的过程和壮观的矿区环境。保留了旧铁矿竖井、石灰窑、洗矿场、蓄水池、木工车间以及部分设备等，给人以真实体验。

图 4.4 巴尔的摩内港将工业建筑改造为餐厅
资料来源：http://www.chainswbacking.com

城市可持续发展的理念使人们在进行奥运场馆的选址时，将目光投向荒废的工业地段。澳大利亚悉尼奥运会奥林匹克公园选址在距离市中心12公里关闭了的屠宰场、肉市厂和州立砖石厂，作为奥运田径场和水上中心以及展览、娱乐、休闲、居住和商业综合的城市新区；巴塞罗那奥运村选址在500多公顷的滨海旧工业区，将原来仓库区和闲置工厂区改建，修正岸线4公里，建设15公顷的海滨公园。

意大利卡洛·卡塔尼奥大学（Carlo Cattaneo University），由罗西（Rossi）对Stabilimento Cantoni1890年设计的棉纺厂的改建，将不同类型的工业构筑物转化为大学校园。在满足大学功能的前提下，将巨大的建筑群体缝合到环境脉络中去。2001年西安建筑科技大学策划收购山西钢厂作为第二校区。更新区内20多万平方米的建筑，其中工业建筑可直接利用的占所有工业建筑的8.1%，可改造再利用的占64.9%，必须拆除的仅占27%；仓储类建筑可直接利用和改造利用的占所有仓储类建筑的55%[②]。

4.3.1.3　绿地（G）：滨水工业区转化为城市开放空间，以水景、城市市民广场为主，创造宜人景观，满足市民交往的需要，为城市庆典创造条件。典型代表是Richard Hagg的美国西雅图煤气厂公园（Gas Work Park）（图4.5）以及巴黎贝西公园、拉维莱特公园、雪铁

① 马西莫与加布里埃拉·卡尔马西．北京：世界建筑，2003. 11

② 李曙婷，周琇，李峻．以可持续发展的资源观看传统产业区更新．南昌：江南大学学报（人文社会科学版），2003.12：49

图 4.5　美国西雅图煤气厂公园

资料来源：http://www.hanscomfamily.com

龙公园等。

4.3.1.4　道路广场用地（S）：根据城市规划，产业用地在转化为其他用地功能的同时，部分用地转化为道路广场用地作为配套，满足交通和人员活动的需要。在大型城市工业地段的更新中，城市道路很可能从原来规模较大的厂区中间穿过，满足城市道路的畅通和道路密度要求，为土地以合理的规模出让做准备。

实际上，在城市工业地段的更新中，多数都会将土地的用地性质转化为混合用途，而不是从单一的产业用地性质转化为另一个单一的用地性质，这种转变在城市中心区表现得尤为突出。土地的混合用途包括居住、办公、休闲、娱乐、观光、餐饮、购物等多种功能，目的是形成城市 24 小时持续繁荣和持续的税收。

4.3.2　城市工业用地更新的驱动类型

工业地段更新的实施，首先通过政府与合作组织共同制定规划、投资与税收政策进行引导，以政府或私人投资的大型“旗舰”开发项目（如环境治理和公共空间建设、商业设施、文化娱乐设施、会展中心等）作为契机，采用多种驱动方式，带动其他项目，特别是私人投资项目的实施。

4.3.2.1　规划驱动

伦敦码头区开发公司规划采取所谓“催化剂”方法，吸引投资和建设项目，带动整个地区的开发。其规划不是要求开发商遵守预先确立的法规性的规划框架，而是采取“无规划”（No Planning）的方式，吸引大的开发项目，产生其他开发投资的“连锁反应”。该公司制定的地方规划主要是基础设施的详细规划，作为该公司进行“一级开发”的运作手段。规划未涉及详细的用地规划或政策，回避了相关的政府管理部门不同的意见和矛盾。这种灵活的规划方法在狗岛地区的金丝雀码头的开发中反映得最为突出，为吸引开发商作出了很多让步，开发公司的“趋利”态度十分明显。与伦敦码头区开发不同，更多的城市工业地段更新都是采取严格规划的方式，通过规划展示地区今后的发展，吸引私人投资。如德国鲁尔埃姆舍园国际建筑展，采用国际设计竞赛的方式吸引多方注意力，寻求更好的解决方法。

4.3.2.2 经济驱动

国外政府设立各种基金鼓励工业地段更新的实施，如英国的“城市挑战基金”“单项复兴基金”等。调整产业结构和产业布局，使之不断趋于合理，通过产业更新增强城市的经济实力。德国鲁尔充分利用水路、公路、铁路的交通优势，对沿河的废弃码头等设施进行改造，使杜伊斯堡成为现代物流中心。德国鲁尔区大力发展信息技术、汽车、炼油、化工、电子以及服装食品等，鼓励中小企业进入，积极进行产业更新；利用工业遗迹，开展工业文化旅游。法国巴黎以现代新型工业，如电子、电器、计算机等高科技工业为产业发展的主要方向，逐渐将传统产业进行转化。

4.3.2.3 文化驱动

通过产业建筑再利用，将产业建筑改造为博物馆、剧场、音乐厅、展馆等，成为城市工业地段更新的主要手段，文化设施的建设为城市文化活动的举办创造条件，从而提升城市文化品位，扩大城市的影响力。此外还包括娱乐设施（图 4.6）、体育设施和教育设施等。如英国伦敦泰特现代美术馆、西班牙毕尔巴鄂博物馆、美国华盛顿州塔科马市华盛顿大学分校、哥本哈根皇家海军码头的改造等。

4.3.2.4 社会驱动

格拉斯哥（Glasgow）曾经是英国重要的工业城市，20 世纪 70 年代经济衰落后，失业率居高不下，人口外迁流失，遭受贫困、犯罪和土地荒废的困扰，基础设施、教育水平低下。在 1988 年组建了 Castlemilk Partnership 合作组织，以“新生活”为更新的目标，并采取自助式更新方法（Self-sustaining Regeneration），强调居民有责任根据自我需要和社

图 4.6 美国巴尔的摩市内港将工业建筑改造为硬石舞厅

资料来源：http://www.dfrws.org

区的需要进行更新[1]。1999 年专门成立了社会包容合作组织（Social Inclusion Partnership, SIP）着重解决城市的社会问题。长达 10 年的努力使格拉斯哥得到复兴，被评为欧洲的“文化城市”（City of Culture）。

4.3.2.5　事件驱动

城市工业地段更新通过重大事件驱动，具有十分重要的作用。如北京通过 2008 年奥运会，促进城市中心区工业企业的搬迁；上海通过 2010 年世博会，有力地推动了黄浦江沿岸城市工业地段的更新，将原工业厂址、厂房作为世博会展场和展馆，涉及 200 多家企业的搬迁工作。

4.3.3　城市工业用地更新的景观类型

4.3.3.1　公共景观空间

将远离城市的废弃产业用地作为郊野公园。美国政府一直致力于把一些未充分利用的和已经废弃的城市土地，调整改造为可供人们使用的游憩地。如城市的铁路用地，可以改造为城市交通可以到达的公共开放空间，转变成为公园绿地。C&O 运河（Potomac River, C&O Canal, Washington, D.C.）长 185 英里，1830 年开放，往返于运河的高速度和低成本的运输吸引了许多工厂和仓库迁到了岸边，但是随着铁路的发展，沿河的运输开始衰落并最终在 1929 年停运。1945 年美国国会通过了把 C&O 运河设计为国家历史公园的法案，C&O 运河沿岸的优美风景吸引了大量的旅游者，同时也引起了房地产开发商的关注。这条运河的转变是滨水地区作为充满活力的公共公园再利用的典范，充分说明了在城市一些荒废的地区，公园项目既可以创造新的生活，同时也可以创造税收，以支付公园运作及其发展的费用。

4.3.3.2　大地艺术景观

将远离城市中心区的大型矿区作为大地艺术景观。1979 年夏天，西雅图肯特郡艺术协会 (The King County Arts Commission) 邀请了 8 位著名艺术家在垃圾填埋场、侵蚀的河谷地带、采矿坑等废弃地上进行创作，尝试将大地艺术作为一种土地改造的工具，矿坑中心被设计成室外剧场。艺术家海泽（Michael Heizer）利用依利诺斯附近矿

---

① Case study annex: Comprehensive (integrated) regeneration. Urban Exchange initiative

山上的废渣，塑造了一个巨大的动物形体。这种用艺术造型来处理矿区上的废渣的方法，出现在许多废弃矿区改造项目中（图 4.7）。

图 4.7 大地景观——蜘蛛

资料来源：http://www.iit.edu

4.3.3.3 城市主题公园

将距离城市中心区较近的大型企业厂区，作为以原来的产业为主题的城市公园。Peter Latz 设计的德国杜伊斯堡景观公园，最大限度地保留了原钢铁厂的历史信息，原工厂的旧排水渠改造成水景公园。强调废弃工业设施的生态恢复和再利用，成为引领现代景观设计思潮的作品；德国海尔布隆市砖瓦厂公园 (Ziegeleipark，Karl Bauer、Jorg Stotzer 设计），充分利用了原有的砖瓦厂的废弃材料、砾石作为道路的基层、挡土墙，或作为增加土壤渗水性的添加剂，旧铁路的铁轨作为路缘。所有这些废弃物在利用中都获得了新的表现，从而也保留了上百年的砖厂的生态的和视觉的特点。此外还有美国丹佛市污水处理厂公园、德国鲁尔污水厂公园等（图 4.8、图 4.9）。

图 4.8 美国丹佛市污水厂公园

资料来源：http://www.asla.org

图 4.9 德国污水厂公园

资料来源：自摄

4.3.3.4 城市景观公园

位于城市中心区，保留产业遗迹或片段，作为具有文化氛围的城市开放空间。如法国贝西公园、雪铁龙公园、拉维莱特公园等。

4.3.3.5 滨水开放空间

位于城市中心区滨水区域，作为城市公共开放空间，形成城市特色景观带。如美国巴尔的摩内港、旧金山渔人码头等。几乎所有滨水区的更新都采取这种模式（图 4.10、图 4.11）。

图 4.10　美国旧金山渔人码头（Fisherman's Wharf）

资料来源：http://www.elmspuzzles.com

图 4.11　美国纽约南街港（South Street）

资料来源：http://www.elmspuzzles.com

4.4　城市工业用地更新开发模式

4.4.1　合作开发

城市工业地段的工业企业，将原来用于生产的全部或部分土地与开发商合作建设。工业企业以土地入股，开发商出资建设，按照合同约定的比例分配建筑面积产权。在城市工业地段更新的初始阶段以这种方式为主，原来的企业直接当上了开发商，更新规模较小。合作开发的工业企业并没有完全退出城市中心，只是出让企业所占土地的一部分，其结果使原本比较整齐的工业用地变得更加零碎，打乱了城市规划的实施步骤，为今后建设增加了很多困难。合作开发是一种零散的、见缝插针式的开发，造成城市物质环境更加凌乱，道路等市政基础设施不能得到根本改善。

4.4.2　协议转让

城市工业地段的工业企业，将原来用于生产的全部或部分土地与受让方协商，在受让方缴纳土地出让金的基础上，支付给搬迁企业一定的经济补偿，缓解企业经营和生产的压力，或作为企业搬迁、技术改造的资金。从城市工业地段的工业企业搬迁开始到2002年，协议转让开发成为主要方式，更新规模进一步扩大。

4.4.3　市场有偿转让

由于搬迁工业企业多数为国有企业，用地以国家划拨为主。

2002年北京市国土房管局、北京市计委、北京市规划委、北京市建委、北京市监察局联合颁布了《关于停止经营性项目国有土地使用权协议出让的有关规定》。工业企业搬迁后土地进入市场，按照“招、拍、挂”有偿使用方式进行开发建设。原划拨土地使用者通过进入土地交易市场公开交易，转让其划拨土地使用权或改变用地性质用于经营开发，获得经济利益，用于企业搬迁和生产技术改进。土地实行市场交易后，原来的土地使用者从土地挂牌拍卖中获得收益，享受规定的各种税收优惠，不再享受搬迁补偿。国家还将土地出让金收益返还搬迁企业，鼓励企业搬迁。更新模式的转变对工业用地更新起到了重要的推动作用：

- 土地转让更加公开、透明、合理，实现了土地价值的最大化；
- 扩大了城市经营的土地资本，土地的经营权从企业手中转移到政府手中；
- 改变了见缝插针式的零散开发模式，整块出让、整体开发，提高了开发的质量，有益于城市规划的实现；
- 杜绝了工业企业通过协议转让土地使用权过程中出现权钱交易的不正之风，避免了企业领导利用手中权力，不顾职工利益，低价出让企业土地使用权，获得不正当的个人利益。

4.5 城市工业用地更新的组织构成

4.5.1 组织构成

4.5.1.1 政府：包括国家和地方政府，主要职责是确定国家和区域的发展战略，协调各相关部门之间的关系，制定相关政策，建立政府投入资金计划。一般由政府建立各相关部门参加的联合办公机构，如英国1993年成立的“中央政府区域综合办公室”（IRO），集合了贸易与工业、就业、交通和环境各部的资源，集中管理有助于全面了解现状，高效、协调的解决问题。英国城市工业用地更新的实践经历了由地方到中央政府，再由中央到地方的发展过程。从城市更新到城市大型综合项目的再开发，管理的主体由地方政府转移到中央政府；从城市再开发到城市复兴，强调地方政府的作用，管理和协调的工作主要由地方政府负责。

我国针对东北老工业基地，国务院成立了振兴东北地区等老工业基地领导小组及办公室，下发了《中共中央国务院关于实施东北地区等老工业基地振兴战略的若干意见》(中发［2003］11号)文件，形成了区域层面的城市复兴机制；成都市东郊工业区结构调整领导小组及下属“东调办”，集中了政府相关各部门的主管领导参加，由市经委落实，形成了城市层面的城市复兴机制。

- 政府组织在工业遗产保护中的作用：

英国遗产保护组织（English Heritage）在保护和合理利用历史建筑上起到了恰当的作用，把单纯考古学意义上的保护引导到依靠设计者的技能，而不是被建筑保护所束缚，实现利用与保护、功能与文化相结合的方向上来。英国遗产保护组织作为建筑保护托拉斯（Building Preservation Trusts）的支持者和实践者，在历史建筑的更新中起到了决定性的作用。区域发展局（The Regional Development Agencies）在整个国家的城市更新中起到了决定性作用，其作用不是直接的，而是通过他们的影响吸引合适的开发商一起形成合作伙伴，如历史建筑托拉斯（Historic Building Trusts）、住宅协会以及商业组织等。环境组织在工业码头区的再开发中也起到了重要作用。

4.5.1.2 半官方组织：带有官方职能的机构，如英国的“城市开发公司”（Urban Development Corporation, UDC）可以从政府获得资金，进行开发的先期投入，如购买土地、进行市政基础设施建设等。英国伦敦道克兰发展公司（LDDC）1989年利用的政府资金超过20亿英镑，实际上LDDC所起的作用，相当于我国城市中的土地储备中心与开发公司的结合，既作土地整理和储备，又作土地的一级开发。

城市复兴公司[①]（Urban Regeneration Companies）是按照“城市工作专题组”（Urban Task Force Report）要求成立的，Wakefield District Development Agency (WDDA)是按照城市复兴公司模式成立的区域层次的复兴公司，负责实施城市更新全方位的目标，包括城市物质环境、经济、文化和社会目标。不单单是开发和建设，在一定程度上有政府的职能。在区域层次之下，还有城市层次和地方（项目）层次的复兴公司，从不同角度和层次进行工作。

4.5.1.3 中间组织：英国成立了城市复兴协会（BURA）和经济

① Regeneration of Former Coalfield Areas–Interim Evaluation

合作与发展组织(OECD),作为政府之间在区域和国际层面上的合作,组织包括学术研究、论坛、活动周等。

4.5.1.4 合作组织(Partnership):国家、地方政府、社区、社会团体组织和开发商的联合与合作正在成为一种趋势,是综合解决城市问题的关键。特别是在政策制定、城市规划、文化建设、社会问题的解决等方面,彼此之间的沟通、交流与合作发挥越来越重要的作用。有助于政策制定满足广泛的利益,得到社会各方面的监督,实现社会公平。

1. 合作组织的作用:

• 合作组织体现共同目标、共同行动、共同利益;相互依赖、协调一致。合作组织有助于将各方面的资源和知识相互弥补,获得更加全面的效果。尤其是社区组织、自愿组织的加入,他们更了解项目的实际需要。

• 具有广泛的代表性与包容性,代表不同社会团体和阶层人群的利益;保持开放的状态,相互之间更容易相互理解,相互支持;合作组织的组成有明确的代表,并不断修正和调整工作方法,实现更新的创新。

• 合作组织比单方的力量更加强大,更容易争取到政府、社会和私人多方面资金的支持,并将资金汇集起来,发挥更大作用。

2. 合作组织的层次:合作组织内部是横向的合作关系,在纵向上存在着区域、城市、地方不同的空间层次,上一层次的合作组织对下一层次的合作组织起指导作用,下一层次的合作组织将上一层次的合作组织的策略转化为可操作的行动。项目的操作落实到地方合作组织层面上,包括政府、私人组织、自愿者和社区,社区的参与是城市复兴取得成功的关键。

3. 合作组织的模式:

• 政府—公共机构—开发商模式:

政府负责征地、拆迁、道路和市政基础设施的建设,进行前期准备,将“熟地”卖给开发商开发。政府指定公共机构与其他相关私人机构和非营利机构合作,共同完成城市更新开发。公共机构由政府规划部门牵头,由交通、财政、市政等部门和相关专家参加,负责从筹措和策划开始,负责协调规划设计、开发建设、招租售房直到物业管理等各方面的工作。隶属于政府的某一部门,但又凌驾于地方政府之上，属于带有企业特征的非盈利性组织（Not For Profit Partnership），作为公众利益的监护人和大管家。私人开发商对某个具体建设项目进行投资和建设。这种模式在西方国家采用较多，但容易受到政府的变化以及政策的更迭的影响；当城市更新由于种种困难暂时没有取得成效时，或由于先期投入过高造成困难的时候容易产生消极影响。

- 政府——一级开发公司—开发商模式：

政府负责土地储备，制订控制性详细规划方案。在拆迁、市政基础设施建设中，由具有资质的土地一级开发商完成，将“熟地”进行出让，由开发商进行单体项目的开发建设。土地一级开发带有盈利的目的，一级开发公司一般为大型有相当经济实力的开发企业，既可能是国有开发公司，也可能是私营开发公司。中国目前多数大规模土地开发多采取这种模式。

土地一级开发是按照城市规划、城市功能定位和经济发展要求，由政府统一组织征地补偿、拆迁安置、土地平整、竖向标高和土地用途及规划设计、地上、地下市政基础设施和社会公共配套设施建设，按期达到土地出让标准的土地开发行为。土地一级开发的结果是要使“生地”成为“熟地”，达到出让的条件，让开发商不再承担与商品房建设无关的涉及土地开发及基础设施建设的工作。

政府采用有限委托代理的方式，发挥社会的力量和企业的力量代政府完成必要的土地储备工作；可以解决政府大量资金和人力的投入问题；也可以解决市场土地供给的压力和信息的对称问题；增强了政府的土地供给和调节能力。可以在土地一级开发的预期完成之前就组织土地的招、拍、挂工作，提前解决开发商规划、设计、立项、市场分析等各种审批的时间和手续问题，加速土地与资金的周转速度。

土地一级开发的企业应设定进入的资格和限制性的条件。如土地一级开发企业不得从事商品房的建设与开发；必须拥有征地拆迁的资格；有一定的资本实力和完整的管理队伍；有较高的专业化规划水平，赋予土地开发增值的能力；及拆迁安置用房建设的能力和资格等等。除对土地一级开发企业的资格设定和审查之外，还给土地一级开发企业相应的政策保证。

- 政府—民间组织模式：

德国鲁尔区的国际建筑展组织（IBA），由超过 17 个城市的政府作为合作伙伴参加的、带有政府和民间双重性质的组织。民间组织和机构提出的意见和方案通过理事会的专业评估，由政府发展成为城市规划的正式内容。政府和非政府组织的协作贯穿着整个规划过程。

由于中国与西方国家的政体和制度不同，在城市工业用地更新过程中采用的模式也不完全相同，不能一概而论。中国城市整体的经济实力同西方城市相比明显不足，政府在城市更新中的作用主要表现在政策的制定等方面，资金投入更多的是依靠实力雄厚的开发公司。因此政府与开发公司之间的“权钱”交易成为必然，公共利益经受更加严峻的考验。再有就是工业企业搬迁后，由于新厂区建设资金的缺乏，更希望旧厂区土地出让得到利益最大化，也会向政府提出各种优惠条件，在规划上作出种种让步，满足搬迁企业土地出让的利益。因此公共利益在这场利益角逐中成为最容易被牺牲的对象，公众组织的声音和影响力也最弱，合作不被重视。

4. 合作组织的特点：

- 专业化与合作化：英国 1994 年成立的“英国合作伙伴机构”（English Partnerships, EP），该组织工作重点是整个英格兰的复兴计划，通过对空闲、废弃和未充分利用的，或受污染的土地和建筑物的二次开发，增加就业机会、吸引投资和环境改进。通过与地方管理部门、私营成分、志愿者团体和其他方面的战略合作伙伴关系开展工作。拥有部分法定权利，提供财政协助、组建联合企业、实施土地和建筑物的购买与开发[①]。

- 复杂性与多样性：在具体项目操作过程中，合作组织受到政府和政策、经济和市场、公众和社会等方方面面的影响，是不断变化的。英国伦敦码头区，经历了 DJC 到 UDC 再到 LDDC 的转变。还成立了非政府组织“码头区论坛”参与规划和开发工作。

- 独立性与集权化：城市开发公司是英国政府参照 1959 年的“新城法”制定的。为了加快码头区开发建设的速度，加大了城市开发公司的规划权力，它可以越过地方政府进行规划决策，并直接向

---

① 吴晨．西欧城市复兴理论研究及对中国的借鉴．[博士学位论文] 北京：清华大学建筑学院 2005.5：61

国家议会汇报。随后中央政府又设立了“企业区”(Enterprise Zone)，成为城市开发公司权利特区。在开发区内实行减免开发税，甚至不需规划许可等政策，刺激房地产开发。

5. 项目法人: 选择项目管理和执行者是引入竞争机制。英国“城市挑战基金”（City Challenge）基金，要求申请者做出详细的更新计划方案，出色者获得基金。这类似于我国奥运工程实行的“项目法人”招标，项目计划和方案作为投标文件的一部分，胜者赢得项目开发权。项目法人可以是合作组织的联合投标。香港西九龙开发就是由长实集团、新鸿基地产所组成的活力星国际，恒基地产独资的香港荟萃，由九仓、信和置业、华人置业组成的艺林国际，三家法人单位进行投标。

4.5.2　政府组织的职能

1. 政策制定：制定各项政策、规划和研究。

如英国1957年颁布住宅法案(Housing act)，1977年颁布《内城政策》（Policy for the Inner Cities）白皮书，1996年住宅建设与更新法案（Housing Grants, Construction and Regeneration Act 1996）[①]，1999年《迈向城市的文艺复兴》（Towards an Urban Renaissance）研究报告等，包括财政和税收的扶持和激励政策。

2. 投资带动：运用经济杠杆作用和政府信誉拉动城市更新的进程。

大力改善道路交通和市政基础设施是伦敦码头区开发公司（LDDC）采用的重要经济杠杆。1981年到1990年公司总共投资7700万英镑，建设了全长5.5公里的码头区轻轨（其中一半以上为高架），还建设了伦敦城市机场(City Airport)和铺设了该地区光缆通信电缆，彻底改善了整个地区的投资环境，使伦敦码头区的地价迅速攀升。1981年码头区的平均地价为每公顷19.8万英镑，到1988年上升至1000万英镑，增加了50多倍。

3. 控制市场：通过政策调整、土地放量控制等方法控制市场。

政府通过土地供应总量的宏观调控，实现调控市场和房地产价格的目的。城市更新的过程周期较长，受市场的影响较大，只有政

---

① http://www.opsi.gov.uk/ACTS/acts1996/1996053.htm

府才有可能使波动的市场得到有效控制。伦敦码头区的开发进程中也曾出现过炒地皮的开发阶段，1988 年 LDDC 收入从 1981 年的 100 万英镑猛增到 1.15 亿英镑，其中出让土地的收益占一半以上[①]。更新过程还经历了 1987 年的股市暴跌，房地产开发带动的建设在经济衰退中陷入困境，空房率升高，很多房地产商倒闭。伦敦码头区经历了长期痛苦的“降温”和“消化”过程，到 90 年代末才在英国整体经济复苏的条件下逐步走出低谷，市场开始活跃，成为开发的新热点。如果 LDDC 没有政府背景，没有强大的资金作后盾，很可能挺不过这场危机。

4. 组织协调：建立由政府主导区域、城市、地方的城市复兴组织，协调各相关部门、相关政策之间的关系，具体、深入地了解社区需要，提高决策质量和速度。组织规划与建筑设计竞赛，在公共事务中听取群众意见，协调不同团体的利益。

5. 在城市工业用地更新中的作用：

• 利用好土地级差收入，让土地资源转变为土地资本。对企业而言，最大的资源是土地资源，只有充分运用好这一宝贵资源，让土地资源转变为土地资本，并实现最大限度的增值，才能使企业产生搬迁的内在动力，从宏观上推动企业加快搬迁；

• 调整城市用地性质，丰富城市功能，从规划上调控土地，实现升值；

• 治理被污染的土地、水体，综合整治环境，带动土地升值；

• 加强房地产用地供应总量的宏观调控，实现土地升值。适当减少工业用地以外地区的供地，引导房地产企业到工业用地实施开发，从而实现城市工业用地可持续发展；

• 由政府土地储备中心统一对搬迁企业土地进行收购，利用土地供应时机和进行土地“包装”调控土地升值。实现了企业土地收益最大化，政府风险最小化，银行资金安全化；

• 政府出面协调企业与企业、企业与政府之间的关系，协调各方面的利益，在保证企业利益的前提下，兼顾城市的社会效益，实现共同理想；

---

① 张杰．伦敦码头区改造——后工业时期的城市再生．北京：国外城市规划，2000.2：32~35

• 有效解决企业职工转岗、安置、再就业、社会保障等社会问题。

4.5.3 公众参与

建立有广泛代表参加的公众参与制度、监督制度，发挥社区自治、自我管理的积极性；促使政治体制向公开、透明方向发展。公众参与的形式包括：

1. 专家咨询：专家作为公众的代表，参与方案的讨论和评审，这是最通行的公众参与方式。专家懂得专业是他们的优点，但有时他们容易被政府和开发商左右，这是他们的不足。

2. 公示制度：在我国规划方案要求公开展示，征求公众意见，但由于专业限制，多数人对此漠不关心。研讨会、听证会和辩论会等会议形式也是公众参与的重要形式。

3. 媒体参与：这是目前最受公众重视和接受的方式，包括网络、电视、报纸、杂志、广播、印刷品等。“焦点访谈”、“论坛”“访谈”节目普遍受到公众欢迎，成为代替公众监督政府和开发商的工具。

4. 社区组织：在国外普遍受到重视，并在城市更新中起到关键作用。而在我国社区组织建设还远远不够，关键在于公众的自我意识、权利意识和维权意识还比较淡薄。社区组织要包含最广泛人群的利益，尤其要包括那些被排斥在社会结构之外的弱势群体的利益：年轻人、老人、妇女、长期失业者、少数民族、宗教团体、残疾人①。

5. 民间组织：在发达国家，城市居民成为改变规划的重要力量，并形成了许多活跃的民间组织，有着较强的参与意识和广泛的影响力。环保组织、文物保护组织、艺术组织、专业组织、行业组织等，都可以加入到城市工业用地更新的工作当中。尤其是原来工业企业的工会组织，代表了企业职工的利益，决定自我前途，最有发言权。德国鲁尔IBA对于推广城市或区域规划中民间参与产生了深远影响，出现了旨在整合社会群体利益的“市民论坛”、“区域会议”等许多公众参与形式。

民间组织的参与使原有规划设计产生变化，纽约炮台公园使

---

① Urban Exchange initiative

两个主要公园重新设计；波士顿滨水工业区更新中水族馆项目被搁置，直到最终被完全取消；加拿大多伦多市港口的城市更新，在建设初期开发机构对公共空间给予了较大关注，受到公众的普遍欢迎，但从 1980 年中期开始，政府迫于资金压力和吸引私人投资的需要改变了宗旨，允许私人投资者在滨水地区建设高层住宅和商业办公楼，社会各方面提出的反对呼声日渐高涨。公众普遍认为：单调的高层建筑失去了人的尺度，失去了与港口区的建筑风貌的协调关系，是过于关注私人利益的过度开发，公众需要的是更多的公园而不是高层建筑。整个项目 90 年代终止，计划中的高层住宅又改为绿地[①]。

4.5.4 资金筹措

1. 政府投资：建立国家、区域、城市、地方政府城市工业用地更新的财政专款制度。1981~1989 年，伦敦码头区开发公司共投资 79 亿英镑，其中 84% 用于建设用地、交通、市场开拓等基础设施项目，只有 5% 用于地方工业、住宅和社区建设。政府对基础设施的投入使码头区土地迅速升值。

2. 民间投资：充分利用社会团体、企业、个人的闲散资金。畅通一切有能力参与团体（包括企业、社团组织、基金会、个人）的投资渠道，建立政府与民间合作投资的模式。发挥民间资金在城市工业用地更新中的作用，国有企业在搬迁过程中进行改制，吸收职工和民营企业资金入股，将民间资金转变为民间资本；对已改制企业深化改革，引进民营资金优化股本结构；企业破产财产处置时引进民间资金；企业搬走后原址开发引进民间资金。

伯明翰附近的 Tipton 拥有 2.3 万人口，是铁路和运河纵横交错的工业地区，失业人口达到 18.7%，到处是荒废的土地，教育、住房、健康和市政设施水平低下，依靠社会福利的低收入家庭很多。1993 年 Tipton 综合城市更新从城市挑战基金（City Challenge）中，获得了中央政府的 3750 万英镑资金支持，从私人投资者和其他渠道筹集到超过 1.26 亿英镑的资金支持，用于解决社会和物质环境问题。更

---

① 刘雪梅，保继刚．国外城市滨水区在开发实践与研究的启示．南京：现代城市研究，2005.9：14~15

新由 17 位董事管理，他们来自地方政府执行者、议员、健康机构、培训和企业委员会、住房合作组织、社区和个人。

3. 基金：有效地利用国家或地区银行组织的财政基金。

• 国家的复兴基金：英国1991年开始实施的“城市挑战基金”(City Challenge)、1994 年实施的“单项复兴基金”(Single Regeneration Budget, SRB)。SRB 为所有半官方的城市复兴机构提供基金；城市挑战基金则是通过“竞争性筹资招标”确定基金获得者。要求申请人做出完整的城市区域复兴计划，包括综合的社会发展，而不是单纯的经济发展。形式上有点像我国奥运项目中实行的法人招标，但内容更加全面和综合，中标者有权使用基金。

• 欧洲委员会的援助基金：该基金的目的是通过对衰退地区的资源分配，促进欧共体内部的经济和社会凝聚力，主要来自于“结构基金”(Structure Funds)，该基金主要针对发展落后于欧共体平均水平的地区、因工业衰退而遭受严重影响的地区、农村地区的调整以及具体项目的资金帮助。1994~1999 年，英国共获得结构基金大约 100 亿英镑，主要用于衰落地区，尤其是老工业地区。结构基金要求地方政府自筹 25% 的配套资金。法国对老工业区则设有“工业自应性特别奖金”、“国土整治奖金”和“工业现代化基金”。

• 商业风险基金：英国煤田企业发展基金(Coalfield Enterprise Fund)是为英格兰西北部煤田区新成立企业而设立的开放型商业风险基金(Commercial Venture Capital Fund)，总额达到 2000 万英镑。基金的目的在于鼓励产业的开拓和多样化，还包括职工的再就业培训。基金由 Enterprise Ventures Limited 进行管理，建立了专门的网站对基金详细介绍，方便用户申请①。

我国相似的资金有“东北老工业基地发展基金”。2005年3月5日，温家宝总理在十届人大三次会议上作的政府工作报告中，关于东北等老工业基地振兴指出：2004 年，东北地区等老工业基地振兴开局良好，国家支持启动了 197 个调整改造项目，15 个采煤沉陷区治理工程开始建设。2005 年，继续发行一定规模的长期建设国债，加大对社会发展、生态建设和环境保护等薄弱环节的投入，支持东北地

① Coalfield Enterprise Fund: FAQs http://www.coalfields-enterprise-fund.co.uk/

区等老工业基地振兴，全面落实中央关于振兴东北地区等老工业基地的各项政策措施。加快产业结构调整升级和重点企业改革改组改造。研究建立衰退产业援助机制，促进资源型城市经济转型。

4. 风险投资：利用商业风险投资进行融资。

在IBA最初的四年中，项目的“风险投资”达到18亿美元，其中5亿来自政府，6亿来自私人机构，最终投资超过50亿美元。通过政府投资，拉动了私人投资，城市环境和城市形象得到改善，促进了旅游业的发展，改善了区域经济。

5. 金融投资：发行股票、债券、贷款等金融产品，投入到城市工业用地的更新中。

6. 彩票：发行专项彩票，获得资金，如英国“国家六合彩”，支持国家遗产保护、环境改善、社区发展、体育休闲、文化艺术等领域[①]。

4.5.5 宣传教育

1. 建立网站：充分利用网络资源，将网络作为宣传平台，建立城市更新网站，进行城市工业用地更新政策、规划方案、成果、进程及相关案例的宣传，这是几乎所有城市更新项目通用的做法。

英国城市复兴网站：www.regeneration-uk.com

英国城市复兴协会网站：www.bura.org.uk

英国煤田地区城市复兴网站：www.coalfields-regen.org.uk

英国城市复兴与更新网站：www.regen.net

2. 市场营销：结合艺术活动、庆典活动、会议展览、旅游开展宣传，设计市场营销方案、产品、标识、印刷宣传品等，形成完整的市场产品。如德国鲁尔工业旅游线路的设计和营销战略。

3. 教育培训：作为城市工业用地更新中社会更新的重要内容，与产业结构调整相配套，提高教育水平，加强继续教育和职业培训，为职工转岗再就业做准备。

---

① 吴晨．西欧城市复兴理论研究及对中国的借鉴．[博士学位论文]北京：清华大学建筑学院，2005.5：61

4.5.6　多学科专题研究

城市工业用地更新是一个庞大的系统工程，需要多学科的参与，在共同研究成果的基础上，确定分步目标和专业目标，汇总成总体目标和总体效果。比如英国在城市复兴中建立了 9 个区域性的城市发展机构 (Regional Development Agencies，RDAs)（图 4.12），促进区

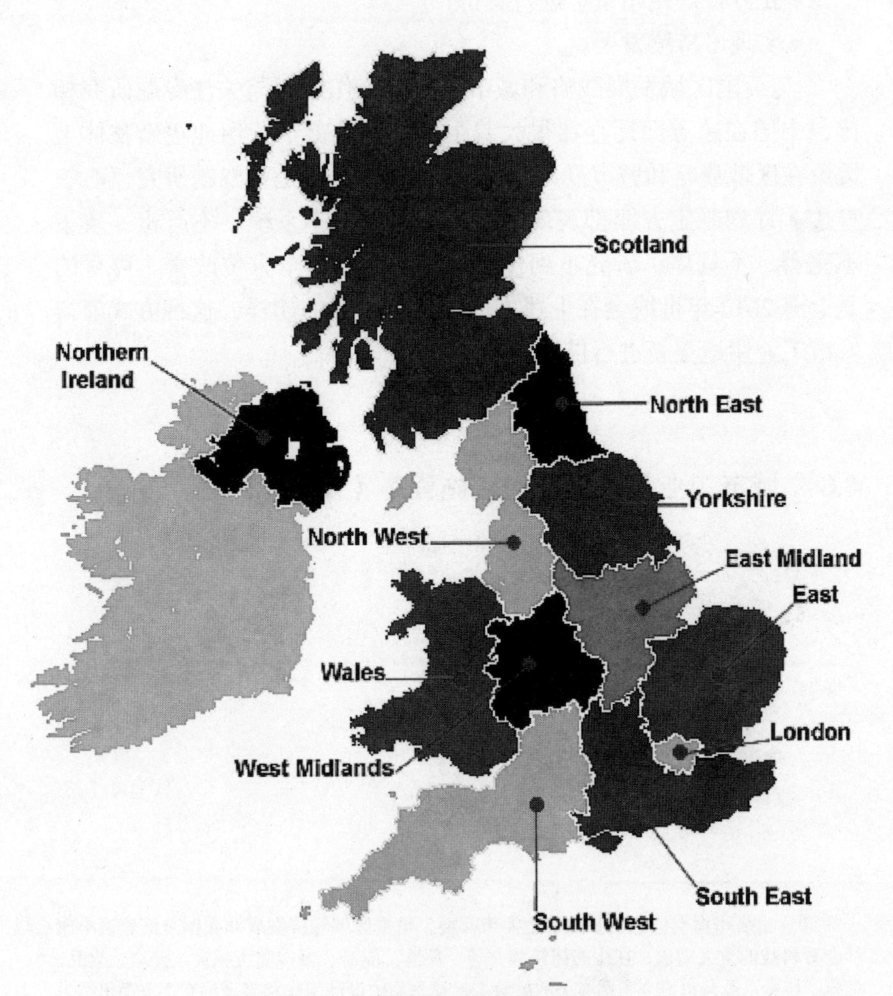

图 4.12　英国区域性发展的划分

资料来源：http://www.dti.gov.uk

域的发展战略，在区域之间建立协调关系。城市发展机构目标是区域经济发展、城市复兴、区域间的竞争、减少区域间的不平衡。主要工作包括：

- 未来的经济发展和区域复兴目标；
- 促进工作的高效性，吸引投资、引进竞争；
- 促进与就业相关的技术培训，增加就业；
- 充分合理使用基金进行支持；
- 实现可持续发展。

与英国区域发展战略和城市复兴的合作组织与关注专题研究相比，中国在这方面还存在很大差距。中国城市工业用地更新整体上无论在区域战略和城市复兴的合作组织方面，还是在专题研究、程式、宣传、计划制定方面都表现出组织不正规、不系统、不严密；政策不完善、不具体；研究不到位、不深入，有待全方位改善。可喜的是上海 2010 年世博会在上述方面做出了很好的榜样，这种方式值得城市工业用地更新进行借鉴[①]。

4.6 城市工业用地更新的实施程序（图 4.13）

① 上海市博会国家科技部和上海市科委，根据区域经济发展和我国全面建设小康社会对科技的重大需求，在生态建筑和交通、环境、能源、城市防灾减灾、安全、食品、信息、科普以及与世博会主题有关的旅游工艺纪念品的设计制作和展示等 9 个方面组织进行了研究。在景观文化、信息化发展、社会发展、城市人口与社会治理、政治文明与法制建设、区域交通、跨省产业整合、人才资源、旅游、教育、生态城市、城市精神、城市发展等方面，举行了全市范围的全民讨论。成立了上海世博会事务协调局主管，上海世博（集团）有限公司为主体，专家市民参与的合作组织，建立了世博网站（www.expo2010china.com）作为宣传、展示和交流的平台。

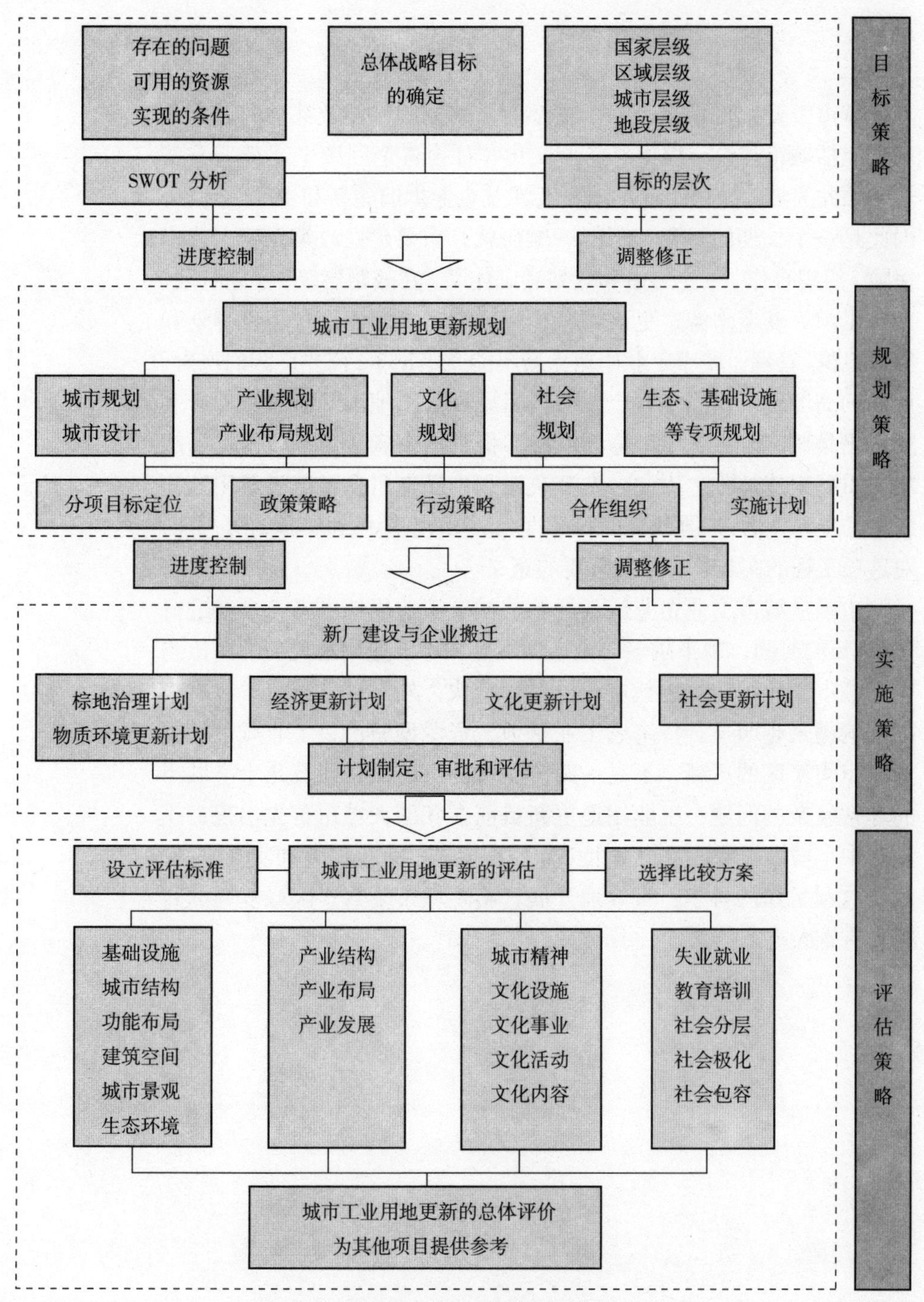

图 4.13　城市工业用地更新的实施程序

资料来源：笔者自绘

小结

城市工业用地更新是一个复杂的系统工程，涉及社会的方方面面，包括城市建设、城市经济、文化和社会各个领域；不能避重就轻，顾此失彼。城市工业用地更新涉及企业拆旧建新和生产的转移，因此是一个长期的过程，不能一蹴而就；需要建立政策保障、技术保障、组织合作、资金筹措和计划制定体系，在战略层级、实施阶段、合作组织、资金来源、更新领域、行动策略等方面进行积极筹划和有效组织、管理。城市工业用地更新不能就事论事，需要广阔的视野、全局的高度；不仅是工业企业搬迁后原厂址土地出让后的房地产开发，更是城市复兴、城市全面发展、提升城市竞争力等城市发展战略的重要组成部分。因此，发挥政府和主管部门在城市工业用地更新中的主导作用，加强研究的科学性、组织的系统性和实施的可行性，对这项工程的实施具有非常重要的意义。

中国从城市工业企业搬迁开始的城市工业用地更新，已经进行了 20 年的时间，越来越多的城市加入到城市工业用地更新的队伍当中。城市工业用地的更新进程也越来越快，规模越来越大，对城市的影响越来越明显。传统老工业基地、资源型城市、工业城市和工业城市集聚区的更新，不是一两座城市的事，而是涉及几十个城市的非常复杂的问题；工业用地更新目前在我国大城市首先出现，正在向中小城市扩展。重视城市工业用地更新的理论研究和实施机制，对于这项工作的科学、有效地开展，实现城市复兴、区域复兴的目标具有重大现实意义。

下篇　工业遗产保护

第5章 工业遗产的内涵价值与研究方法

从1750年左右英国工业革命爆发到现在，已经过去了250多个年头。工业革命在改变人们的生活的同时也改变了城市和乡村的景观，技术的迅猛发展使工业设施随处可见，人们为工业大发展欢欣鼓舞，因为它记载了人类历史重要的一页。然而，20世纪70年代开始的经济转折，使传统工业纷纷倒闭，高新产业逐渐取而代之，原有的煤、矿资源逐渐枯竭；工业设施不断被遗弃和荒废，大量产业工人失业，造成一系列环境和社会问题，人们开始对工业化带来的负面影响进行反思。

随着时间的推移和历史的沉淀，传统工业遗迹越来越具有“化石标本”的意义，传统工业文化逐渐成为工业发达国家历史文化遗产的一部分，价值大大增加。为了挽救这些被遗弃和毁坏的矿山、工厂等，联合国教科文组织把这些工业遗迹以及杰出地表现了当时工程技术水平的运河、铁路、桥梁、其他形式的交通和动力设施，收入了“世界遗产名录”（World Heritage List）。生锈的高炉、破旧的厂房、废弃的设备不再是肮脏的、丑陋的、破败的、消极的；相反，工业遗迹作为近现代城市发展的见证，与那些古代的宫殿、城池和庙宇一样，成为承载人类历史的重要媒介和人类历史遗留的文化景观，是人类工业文明的见证。这些遗迹作为工业生产活动的结果，饱含着技术之美。工业设施建造所应用的材料、造就的场地肌理和结构形式与如画的风景一样打动人心。

到2005年底止，世界遗产名录工业遗产项目数共计43项，涉及年代从公元前2世纪至公元20世纪，长达22个世纪。其中18 ~ 20世纪的项目占70%以上（阙维民，2007），占绝对数量，说明工业遗产具有历史价值特性。2005年10月在中国西安召开的国际古迹遗址理事会（ICOMOS）第15届大会暨学术研讨会上，将2006

年 4 月 18 日国际文化遗产日的主题确定为“产业遗产”（heritage of production），后定名为“工业遗产”（industrial heritage）。这表明世界文化遗产中的工业遗产越来越受到人们的重视，标志着国际工业遗产保护新阶段的开始。

5.1 工业遗产的内涵

工业革命使城市迅猛发展，它不仅改变人们的职业、生活，也改变了城市和乡村的景观。技术的迅猛发展，使得工业设施随处可见。随着时间的进程，原有技术逐渐被新技术所代替，工业设施不断被遗弃和荒废。在过去的 30 年中，随着人们对工业历史在遗产中的重要作用的理解与日俱增，对工业文明——这个人类文明进步的产物开始以“工业考古”（Industrial Archaeology）式的眼光进行挖掘，联合国教科文组织 “世界遗产名录”（World Heritage List）中不仅包括矿山和工厂，还包括杰出地表现了当时工程技术水平的项目：工厂、运河、铁路、桥梁以及其他形式的交通和动力设施。生锈的高炉、废旧的工业厂房、生产设备、机械不再是肮脏的、丑陋的、破败的、消极的；相反，它们是人类历史遗留的文化景观，是人类工业文明的见证。这些工业遗迹作为工业活动的结果，饱含着技术之美。工程技术建造所应用的材料，所造就的场地肌理，所塑造的结构形式与如画的风景一样能够打动人心。

5.1.1 工业遗产的定义

2003 年 7 月，国际工业遗产保护协会（TICCIH）通过的保护工业遗产的《下塔吉尔宪章》中的定义：工业遗产由工业文化的遗留物组成，这些遗留物拥有历史的、技术的、社会的、建筑的或者是科学上的价值。这些遗留物具体由建筑物和机器设备、车间、制造厂和工厂，矿山和处理精炼遗址，仓库和储藏室，能源生产、传送、使用和运输以及所有的地下构造所在的场所组成，与工业相联系的社会活动场所，比如住宅，宗教朝拜地或者是教育机构都包含在工业遗产范畴之内。

- 广义工业遗产：包括工业革命前的手工业、加工业、采矿业等年代相对久远的遗址，也有人认为包括一些史前时期的成规模的石器遗址以及大型水利工程、矿冶遗址等；

- 狭义工业遗产：指18世纪从英国开始的，以采用钢铁等新材料、煤炭和石油等新能源，以机器生产为主要特点的工业革命后的工业遗存。

工业遗产是世界文化遗产的重要组成部分，工业遗产具有与文化遗产相同的内容，也有与文化遗产不同的特征。工业遗产保护是采取与文化遗产相同的办法，还是另起炉灶成立新的保护体系？笔者的回答是：保护体系不变，评价标准和价值内涵根据工业遗产的特点作相应调整，建立不同于其他文化遗产的评价体系。

5.1.2 工业遗产的类型

5.1.2.1 工业遗产的构成

1. 物质资源：

（1）工业生产的物质要素：包括建筑（厂房、库房）、构筑物（水池、水塔、烟囱、储柜、储罐、煤仓、传输、管廊）、场地、设施设备、产品、原料、废弃物，作为工业生产状态和生产变化的见证。

（2）工业生产的自然要素：包括山、水、树木、动物，表明工业生产的环境和与自然的关系，如北京首钢与石景山、永定河的关系。德国鲁尔工业遗产文化之旅，将矿山、工厂、工人居住区、企业主别墅门前和周边、工业企业投资建设的花园和公园，作为工业遗产的重要组成部分，进行公开展示，显示当时的工业如何注重企业形象，对工人的生活和休闲需要如何关心；同时鲁尔还把工业生产厂区曾经污染的环境如何实现生态恢复，作为鲁尔工业遗产的展示部分。

（3）工业生产的文化要素，包括报纸橱窗、雕塑壁画、奖状奖杯、影像照片、服装工具、劳动保护、标语口号、印刷品、网站建设等，表明与工业生产密切相关的软环境。

2. 非物质资源：

（1）历史相关：厂史厂志、人物事迹、机构组织。

（2）生产相关：工艺流程、科研成果、产品产量。

（3）管理相关：规章制度、企业精神、企业文化。

历史文化、企业精神、管理模式、技术创新、领导模范等；企业成立和演变的过程和历史背景，选址的依据，工业生产相关的产品、产值、产量、规模，以及在国民经济中的作用。在解决就业、促进社会发展、改变人民生活等方面的作用。

5.1.2.2 工业遗产的类型

1. 工业：

• 古代工业：冶炼、陶瓷、酿酒、纺织、印刷、制纸等；

• 现代工业：以煤、石油、电力等现代原料为能源的工业生产，如江苏南通大生纱厂、青岛啤酒厂、黄崖洞兵工厂旧址、青海核武器研制基地旧址、酒泉卫星发射中心导弹卫星发射场。

2. 交通运输：

• 运河：灵渠、红旗渠等，以及河道上的交通工具（各种船只）、船闸、桥梁、码头等；

• 古道：驿站、交通工具（各种车辆）；

• 铁路：站台建筑、轨道、车辆；如云南省个旧鸡街火车站、中东铁路、京张铁路、青藏铁路；

• 公路桥梁：杭州钱塘江大桥、史迪威公路、丝绸之路、南丝绸之路等；

• 能源设施：大庆油田第一口油井——松基三井、石龙坝水电站等；

• 管道或传送设施：西气东输工程。

3. 采矿设施：盐矿、铁矿、有色金属矿等（河南省灵宝秦岭古金矿遗址、湖北铜录山古铜矿遗址、江西瑞昌铜岭古铜矿、银矿遗址、江西德兴古铜矿）、湖北黄石汉冶萍煤铁厂矿旧址等。

4. 水利设施：如南水北调工程、四川都江堰、浙江丽水市通济堰、宁波余姚撞钟山石堰、宁波市鄞江镇它山堰等。

5. 能源设施：云南石龙坝水电站、发电厂、自来水厂、煤气厂等。

6. 其他工程设施：盐场、水池、油罐等。

5.1.2.3 工业遗产的行业范围

工业遗产涉及的产业门类相当广泛，有的非常明确，是典型的工业，有的似乎不那么明确，与其他产业的界限比较模糊。工业遗产涉及的主要行业包括以下方面。

1. 采矿业：主要包括铁矿采选业、天然原油和天然气开采业、褐煤的开采洗选业、烟煤和无烟煤的开采洗选业、采盐业、化学矿采选业、土砂石开采业、石棉及其他非金属矿采选业、非金属矿采选业。

2. 制造业：包括01农副食品加工业、02食品制造业、03饮料制造业、04烟草制品业、05纺织业、06纺织服装、鞋、帽制造业、07皮革、毛皮、羽毛（绒）及其制品业、08木材加工及木、竹、藤、棕、草制品业、09家具制造业、10造纸及纸制品业、11印刷业和记录媒介的复制、12文教体育用品制造业、13石油加工、炼焦及核燃料加工业、14化学原料及化学制品制造业、15医药制造业、16化学纤维制造业、17橡胶制品业、18塑料制品业、19非金属矿物制品业、20黑色金属冶炼及压延加工业、21有色金属冶炼及压延加工业、22金属制品业、23通用设备制造业、24专用设备制造业、25交通运输设备制造业、26电气机械及器材制造业、27通信设备、计算机及其他电子设备制造业、28仪器仪表及文化、办公用机械制造业、29工艺品及其他制造业、30废弃资源和废旧材料回收加工业共30种行业。

3. 电力、燃气及水的生产和供应业：包括污水处理及其再生利用业、自来水的生产和供应业、燃气生产和供应业、热力生产和供应业、电力供应业、电力生产业。

4. 建筑业：桥梁隧道建设、工业建筑、混凝土工程承包、电力工程承包、高速路和街道建设、下水道工程建设等。

5. 交通运输：包括铁路、公路、水路、航空和管道五种方式。

6. 邮电通信业：包括邮政和电信两方面内容。

以上六种产业主要针对工业本身而言，为工业生产配套，与生产厂区混合或毗邻的办公、居住也在工业遗产研究范围内，如德国鲁尔工业区的工人住宅、沈阳工人村、长春一汽工人住宅区等。而作为工业生产与城市生活衔接，与城市功能密切相关联的金融、保险、商业、教育等设施，视具体情况而定。如天津将开平矿务局办公楼、怡和洋行作为城市历史风貌建筑进行保护；而德国鲁尔则将德国工业史上的重要人物——克虏伯的别墅，纳入到鲁尔工业遗产文化之旅当中。

5.2 工业遗产的价值

影响工业遗产价值判断的因素多种多样，伦理观、社会价值观、经济学观点、政治意识、意识形态甚至个人经历，都会对相关的判断造成影响。基于不同的立场，对工业遗产价值的判断也不一样：文物保护者和考古学家重视遗产的解释学功能，自然科学家关心遗产传递的遗传信息，而遗产经济学的研究者主要从文化和经济两个方面，对遗产的价值进行论述，建筑师和规划师则注重遗产的美学价值和历史价值。

首先工业遗产是文化遗产的一部分，应该纳入到文化遗产的认定、研究、管理体系当中。其次，工业遗产与通常意义上的文化遗产相比具有特殊性,不能采取统一的尺度和模式。我国对文物以历史、科学、艺术价值为判断标准，但这并不能涵盖工业遗产价值的全部和具有的价值特殊性。笔者根据工业遗产的特性认为工业遗产的价值构成应包括以下方面：

5.2.1 历史价值

具有遗产价值的工业资源是历史长河中同类物品的幸存者，是历史的遗存物，能够突破时间和空间的限制，给历史以质感，还原历史并成为历史的形象载体，看到人们曾经对历史作出的贡献。在工业遗产的历史研究中，以历史事实和历史时序作为价值判断的原则，通过工业遗产的保留和保护，实现解释和印证历史事件、传递历史信息的目的。早期的或者是开创性的遗产资源拥有特殊的历史价值。比如首钢历史价值体现在如下方面：

1. 始建于1919年；（武汉汉冶萍钢铁厂1890年，鞍山钢铁厂1918年,首钢为全国第三）历经官商合办龙烟铁矿时期(1919~1938)；日伪北支那制铁株式会社石景山铸铁所时期（1938~1945）；国民党政府石景山炼铁厂时期（1945~1949）；解放后石景山钢铁厂时期（1949~1958）；扩建后大规模发展的首钢钢铁公司和首钢集团时期（1958年至今）。

2. 1958年建起了我国第一座侧吹转炉，结束了首钢有铁无钢的历史。

3. 1964年建成我国第一座30吨氧气顶吹转炉，揭开炼钢生产新的一页。

4. 1978年钢产量达到179万吨，成为全国十大钢铁企业之一。

5. 1994年首钢钢产量达到824万吨，列当年全国第一位。

建设部2004年3月下发《关于加强对城市优秀近现代建筑规划保护的指导意见》中指出：城市优秀近现代建筑一般是指从19世纪中期至20世纪50年代建设的，能够反映城市发展历史、具有较高历史文化价值的建筑物和构筑物；一般认为优秀近现代建筑截止时间是1958年。

上海《历史文化风貌区和优秀历史建筑保护条例》中提出：建成三十年以上,并有下列情形之一的建筑,可以确定为优秀历史建筑:

（1）建筑样式、施工工艺和工程技术具有建筑艺术特色和科学研究价值。

（2）反映上海地域建筑历史文化特点。

（3）著名建筑师的代表作品。

（4）在我国产业发展史上具有代表性的作坊、商铺、厂房和仓库。

（5）其他具有历史文化意义的优秀历史建筑。

2004年11月颁布的《杭州市历史文化街区和历史建筑保护办法》规定：建成50年以上，具有历史、科学、艺术价值，体现城市传统风貌和地方特色，或具有重要的纪念意义、教育意义，且尚未被公布为文物保护单位或文物保护点的建筑物，可以确定为优秀历史建筑。建成不满50年的建筑，具有特别的历史、科学、艺术价值或具有非常重要纪念意义、教育意义的，经批准也可被公布为历史建筑。

《北京优秀近现代建筑保护名录（第一批）》中，将优秀近现代建筑最终确定为北京市行政辖区内自19世纪中期至20世纪70年代中后期(即1840年第一次鸦片战争开始至1976年文革结束)建造的，现状遗存较为完整的，能够反映北京近现代城市发展历史，具有较高历史、艺术和科学价值的建筑物（群）和历史遗迹，但不包括文物保护单位及文物普查登记单位。

我们可以看出，各城市在确定优秀近现代建筑和优秀历史建筑过程中，对于建造年代的标准并不统一，“年龄”大小并不绝对，具有相对性。与文物具有历史久远的特性不同，工业遗产与优秀近现代建筑和优秀历史建筑一样，具有“低龄化”特征，甚至比后两者还要“年轻”；有些工业遗产并不是在完成生产功能的历史使命之后才成为遗产，它们还处在生产和使用当中就被认定具有遗产价值，是“活着”的遗产。比如首钢生产活动要持续到2010年，其工业资源的评价、工业遗产的认定和保护工作已经开始。如果对工业遗产的认识没有“先见之明”，这些有价值的工业资源就难免逃脱惨遭拆除的厄运。因此我们要及时发现工业遗产，善于发现这些遗产在文化传承、科学技术等各方面的价值，妥善地把它们保护起来。我们已经为拆除了太多的文物而扼腕叹息，对于工业遗产，我们不能再犯同样的错误！

5.2.2 文化价值

1. 文化价值：

文化是人类有目的的创造，文化价值因主体和判断标准的多元性，而具有多变性、相对性和丰富性。文化价值包括了与人们生活密切相关的物质和非物质内容。工业文明是人类文明进程中的重要阶段，工业遗产作为工业文明重要的物质载体与实物见证，已经成为文化遗产的重要组成部分，对于完整地认识历史演进和文化传承，具有重要的意义。工业遗产资源的文化价值存在于企业精神、企业文化、企业理念中，存在于企业的声像、文档和工业记录中，存在于职工的文章诗句和生活日记中，也存在于人们的记忆、情感和与工业生产相关的生活习惯中；风貌特色和地区特色是工业遗产文化价值的重要物质体现。以首钢为例，文化价值体现在：

(1) 首钢的企业精神：自强开放、务实创新、诚信敬业。

(2) 首钢的企业理念包括：发展理念、机遇理念、共存理念、责任理念、人才理念、环保理念、质量理念、生产理念、营销理念、服务理念。

(3) 首钢的企业标志：功碑阁、第一座转炉雕塑、“龙”字雕塑、雄鹰雕塑、百米长卷壁画。

人们经常会问：“城市为什么要保护工业遗产？”大家都知道现在我们国家出现了“收藏热”，举国上下都有收藏的意识，“盛世收藏”这是我们国家长期繁荣稳定的结果。保护工业遗产同保护文物一样，就是保护国家和城市的文化遗产，就是收藏城市的“古董”，是我们特别值得炫耀的财富。欧洲正在努力把众多的工业遗存转化为工业遗产，大搞“遗产经济”，从第7章介绍的“欧洲工业遗产之路”中就可以看得非常清楚。因为他们明白，这是使这些废弃的、无用的工业遗存转化为文化资源，实现资源的可持续发展，继续发挥这些资源的经济功能和文化功能最为有效的方式，这是工业遗产保护最大的意义。欧洲国家对工业遗产的保护已经为我们做出了榜样，他们善待历史和尊重文化的做法，的确值得我们学习。在人家视这些资源为宝贝的时候，我们却在“不遗余力”“大刀阔斧”地将这些资源“推倒重来”，这与中央倡导的可持续发展、科学发展、节约社会有很大的差距！

2. 教育价值：

今天在北京、上海这样以国际化大都市为发展目标的城市，城市中心区开始向后工业化时代迈进，这是时代发展的步伐。人们越来越远离那些传统的制造业，整天与高科技、信息化、金融、电子打交道，“白领”代替了“蓝领”。但是我们国家产业的发展不可能跨越式发展，高科技不能没有传统制造业的基础；同时社会的发展对技术的依赖不仅没有减少，反而更加强烈。没有那些初始的，甚至被认为是“原始的”工业，就没有对比，就不能体现今天的科技的进步和建设的成就。因此保护工业遗产，保护好工业发展历史进程中那几个值得纪念的“大脚印”，使我们记住“工人阶级”的伟大和劳动的光荣，记住那个为实现强国梦想几代人持之以恒、不懈努力的时代，记住中国的工业化过程中那些屈辱，更有“可歌可泣”的事件和人物等等。这些保留下来的工业遗产就是城市发展的“老照片”、“回忆录”，使我们缅怀过去，教育后人，更好地面向未来。

5.2.3　社会价值

企业发展对整个社会经济生活产生着影响，对社会在经济发展、经营管理、解决就业等方面作出了贡献。人们在生产活动中既体现自我价值、获得应有的收入，又对社会作了贡献。工业生产是人们生活的重要组成部分，记录这种活动，反映人们在生产活动中发挥的作用，以及政治和社会对生产的影响，这正是工业遗产社会价值的体现。工业遗产具有认识作用、教育作用和公证作用。

1. 社会价值：

工业企业是我们国家、城市政治、经济、文化、社会发展状况的缩影，社会价值是工业遗产价值丰富性的重要体现。1953 年到 1956 年，中国对农业、手工业和私营工商业进行了社会主义改造，在中国确立了社会主义制度。从那时开始，中国的工业企业几乎全部是国有企业。工业企业是社会的缩影，政企不分，企业办社会是中国工业企业的一大特色。工厂里不仅有生产的车间，还有哺乳室、幼儿园、食堂、浴室、宿舍、礼堂和花园，有的企业还在风景区建设了“工人疗养院”，工人把生活的一切都交给了企业，企业则代替政府管理工人。工业企业大院式的整体规划完全反映了当时的社会状况。

从1979年开始，国家对国有企业进行了一系列“放权让利”的改革。以首钢为例可以分析出改革开放后企业在经营管理等方面发生的变化。首钢被列为第一批国家经济体制改革试点单位，从1981年到1995年实行上缴利润递增包干，在当时的历史条件下，承包制突破了计划经济体制的束缚，扩大了企业经营自主权，有力地促进了首钢的发展。除钢铁生产外，首钢还兼营采矿、机械、电子、建筑、房地产、服务业、海外贸易等多种行业，成为跨地区、跨所有制、跨国经营的大型企业集团，为社会发展作出了巨大贡献。1979年到2003年，首钢集团累计向国家上交利税费358亿元；资产总额从21.45亿元增加到626亿元，增长28.1倍；销售收入从15.55亿元增加到479亿元，增长29.8倍。2003年首钢集团实现利润10.3亿元，社会贡献总额82.5亿元，工业增加值70亿元；首钢从1995年开始实行集团化改革，将钢铁主流程以外的单位分立为子公司，建立母子公司管理体制和公司法人治理结构。推进投资主体多元化，1999年9月由钢铁主流程优质资产组建为北京首钢股份有限公司，2000年8月钢铁主流程中非上市公司资产和特钢公司生产部分实施债转股，同华融、东方、信达三家资产公司共同组建了北京首钢新钢有限责任公司。积极推进劳动、分配、干部人事制度改革；大力推进主辅分离、辅业改制分流工作；通过集团内部企业的托管、兼并、联合等方式，实现优质资产向优势企业和优秀管理者转移，实现资源优化配置；加快子公司投资主体多元化，实行新项目、新体制、新机制；大力推进企业管理信息化建设，2003年7月钢铁主流程ERP管理系统正式上线运行，标志首钢管理思想、管理模式、管理手段创新进入历史性新阶段。积极推进减员增效工作，集团职工人数从1995年的24.64万减少到2003年的13.51万。工业企业在经济发展、人员就业、税收贡献、社会进步等方面作出了巨大贡献，首钢的发展历程成为北京市工业发展的代表，全面展现了工业发展的历史，同时也反映了时代和社会发展的历史进程。

在相当长的时间当中，工人阶级在社会当中的地位无比高尚，工作稳定，待遇较高，处于社会的上层。而当市场经济蓬勃发展以后，社会给个人发展提供了巨大的机会。工人的社会地位开始动摇，随着传统工业的衰败，大量工人下岗，生活沦落到十分困难的境地，工人阶层成为社会的底层，甚至成为贫困人群；工人不再是职业的骄傲，反而变成了难以启齿，不愿示人的“隐私”。工业企业存在于社会当中，是社会的产物；工业企业的所有这些改变都是社会发展的结果，强烈地反映出我们国家、城市一定历史阶段中，在政治、经济、文化、人民生活和思想方式等方面发生的种种演变；每个企业都具有样本的价值，工业企业发生的所有变化，整体上构成了当今社会生活的画面和缩影。

2. 人性化价值：

工业生产给环境造成严重污染，既作用于环境也作用于社会，引起人们对工业生产的恐惧和厌恶，人们一提到工业，就会立刻想到烟尘滚滚、污水横流、气味难闻，甚至有些岗位是高度危险的。为此各行各业的工业企业，根据生产的特点，建立了相应的劳动保护制度，采取多种劳动保护措施，保护工人的身体健康和生命安全。德国鲁尔有一家专门展示工业生产劳动保护的博物馆。

针对工业生产造成的环境污染，工业企业采取了多种治理措施，体现了企业对社会的责任。以首钢为例，1995年以来首钢累计投入15.54亿元，先后完成环境治理项目289项，使污染物排放量大幅度降低，2003年二氧化硫、烟尘、粉尘和无组织粉尘排放量，分别比1995年降低74.22%、85.98%、73.43%和83.53%。在搞好自身环境治理的同时，大力发展环保产业。利用焦炉系统处理城市废塑料；利用高新技术对钢铁固废资源进行深加工；利用日本绿色缓建项目建设的具有国际先进水平的干熄焦工程；用新技术建设了污水处理厂；在特钢建设报废机动车拆解项目，与北京环保企业合作开发汽车环保产品、“噪声与震动控制”产品和服务业务；探讨引进世界领先的地源热泵技术这一可再生的能源，为室内供暖和制冷等。还与国外企业合作开发处于国际前沿的熔融还原技术，有利于实现钢铁清洁化生产的根本变革；利用二次能源为首钢周边居民供暖；在门头沟山区二十多年义务植树；美化北京百里长街，建设大型文化广场，实施亮丽工程等，为改善社会环境不断作出新的贡献等等，这些都是社会价值的体现。

3. 情感价值:

《关于工业遗产的下塔吉尔宪章》提出:"将工业遗址改造成具有新的使用价值使其安全保存，这种做法是可以接受的，而遗址具有特殊历史意义的情形除外。新的使用应该尊重重要的物质存在，维持建筑最初的运行方式，尽可能地与先前的或者是主要的使用方式协调一致。""在曾经的产业衰败或者是衰退地区的经济转型过程中，工业遗产能够发挥重要作用。再利用的连续性对社区居民的心理稳定给予了某种暗示，特别是在当他们长期稳定的工作突然丧失的时候。"因此工业遗产的保护具有稳定职工心理，保护职工情感的作用。

我们曾经采访过北京焦化厂老职工李桂树，他 17 岁进厂参加建厂，到 55 岁退休，见证了焦化厂发展的整个历程，凝聚了他一辈子的辛勤，他的老伴儿也在焦化厂工作。一家两代，甚至三代；一家两口，甚至四五口人在同一工业企业工作的非常普遍；家庭的存在与幸福同企业的存在与发展密切相连，同呼吸共命运。他们视厂为家，把整日相伴的机械设备或者工具，称为"老伙计"；他们对工业企业的情感，是真切的、深厚的和强烈的。

4. 创新价值:

工业企业在厂区规划、工业建筑设计过程中，采取的新理念、新方法，取得的新成果，以及所具有的行业和社会推广价值，我们称之为"创新价值"。另外，工业遗产再利用无论是国内还是国外，首先都是由建筑师、艺术家、文化工作者、社会工作者发现和认识到它们的价值，通过他们的呼吁，得到社会的广泛关注。在政府和城市复兴、文化等基金的资助下，建筑师、音乐家、表演艺术家、画家、影视艺术家、软件、广告、画廊等文化创意产业工作者通过一系列创新设计，进行示范性再利用实验；在再利用工业遗产资源的同时，使衰败的城市或地区重新找回自信，恢复活力，实现复兴，提升城市的文化和艺术品位。

5.2.4 科学价值

1. 产业价值:

产业价值体现于工业生产中世代相传的工艺做法，具有特色的工艺传统、现代科学的工艺流程以及科学创新等；包含于许多古老或者是陈旧的工业流程中的人类技能，具有重要的产业价值，其损失将是不可挽回的。这种技能需要认真记录并且传播给年轻的子孙后代。尤其是那些运用科学发展成果和体现科学进步需要，在产业发展中具有产业史意义的技术、工艺、设备、材料，都具有重要的科学价值，值得保护。首钢相继进行了一系列建设和技术改造，二号高炉综合采用37项国内外先进技术，在我国最早采用高炉喷吹煤技术，成为我国第一座现代化高炉。

2. 技术价值：

主要表现在建设工程中建筑材料、建筑结构、设计方法、施工工艺的独创性、先进性和合理性，在发展过程中不断创新所表现出来的技术价值。首钢工业区厂房等工业建筑从简易工棚到砖混结构木屋架结构；从钢筋混凝土框架结构到钢筋混凝土排架柱、钢管混凝土格构柱钢结构屋架结构；所有的结构形式都体现了冶金工业建筑在材料和结构技术上的不断进步，甚至是具有里程碑式的意义和价值。首钢2号高炉钢管混凝土结构的创新形式的应用，为钢管混凝土规范的编制奠定了实践基础，并在其后的工业厂房建筑中大量运用。

5.2.5 艺术价值

德国工业遗产中保护了大量具有建筑艺术价值的“包豪斯”风格的工业建筑和建筑师（Fritz Schupp和Martin Kremmer）；涌现出了一批专门为大型工业企业进行建筑设计的，有代表性的建筑师（西门子公司的建筑师Hans C. Herlein和F. Schumacher；AEG公司的Franz Schwechten和Paul Tropp[①]等等）。工业遗产的艺术价值主要体现在：

1. 建构筑物体现了某一历史时期建筑艺术发展史的风格、流派、特征；

2. 著名建筑师的作品；

3. 工业建构筑物、设施设备所表现出来的鲜明的产业特征、艺

---

① 左琰．德国柏林工业建筑遗产的保护与再生．南京：东南大学出版社，2007.1：68~69

术表现力、感染力和审美价值；

4. 规划的整体性与工艺流程的关联性，以及表现出的时代先进性；

5. 建筑体量、色彩、材料、技术对城市空间、景观和建筑环境产生的作用；

6. 以上内容所表现出来的演变和转化。

5.2.6　经济价值

1. 区位价值：

我国工业用地的布局具有分散与集中并存的特征，有些原先就处在城市中心区，有些规划在城市周边地区。由于近年来我国城市建设高速发展，原先规划在城市周边的工业区逐渐成为城市的中心区，区位优势使得这些工业用地的土地价值逐渐提升，北京吉普车厂、清河毛纺厂、化工三厂等工业土地挂牌拍卖，房地产商虎视眈眈、势在必得，原因是这些工业用地的区位价值非常突出，地价再高开发商也愿意承担。但对于区域位置较偏，远在远郊区县甚至山区的工业用地，其区位价值就相对比较低，即使废弃多年也无人问津，例如位于北京房山山区停产关闭的水泥厂、煤矿、石灰矿、采石场的矿区用地等。

2. 再利用价值：

再利用价值存在两个方面：实体再利用和参与体验利用。工业遗产具有“低龄化”特征，保护和再利用工业遗产建筑可以节省大量的拆除成本，避免因产生大量建筑垃圾所造成的对自然环境的破坏。工业遗产建筑的物质寿命一般比其功能寿命长，在工业生产功能退出后，转换使用功能，发挥工业遗产建筑的再利用价值，可以避免资源的浪费。工业建筑大都结构坚固，往往具有大跨度、大空间、高层高的特点，其建筑内部空间具有使用的灵活性；对工业建筑进行改造再利用比新建可省去主体结构及部分可利用的基础设施所花的资金，而且建设周期较短。因此，工业遗产建筑的实体再利用具有十分突出的经济价值。

在保留了这些工业遗存和当时生产状态的同时，开展工业旅游、工业遗址旅游、工业遗产旅游，使参观者在游览过程中，通过生产场景的再现和艺术化处理（比如灯光、雕塑等），得到与现实生活完全不同的特殊体验，最终转化为巨大的经济效益。

5.3 工业考古——工业遗产研究的发展过程

5.3.1 工业遗产研究的源起

"工业考古"的概念最早是由1955年英国伯明翰大学迈克尔·里克斯(Michael Rix)在一篇文章中提出，是指研究工业的场址、工艺、设施。刚开始时，工业考古是那些关注英国早期工业革命的痴狂者在业余时间去做的事情，而如今已经成为全世界各大学和博物馆的学者们倾注全部心力研究的显学，时间也延展到史前和当下。工业革命是在社会和经济快速发展、从家庭作坊式的手工业生产到工厂化大规模生产转化的过程中应运而生的，很难有充分的理由说清楚工业革命确切的起源地，但铁桥峡谷(Ironbridge Gorge in Shropshire)无疑可以说是英国工业革命的宣言！因此铁桥峡谷也就成了工业考古的开始。

工业考古作为特殊考古，是考古学的一个分支。研究从史前时代至近代的手工业和工业生产的遗迹、遗物，重点放在近代。运用考古学的各种方法对工业遗存进行调查、陈列、保护。目前，工业考古在美国、日本等国家开展较好。工业考古涉及考古学的三大分支——史前考古、历史考古和田野考古；涉及自然科学（地理学、地质学、气象学、生态学等学科）、工程技术科学（遗址的考察、发掘、测量、制图等）、人文社会科学（民族学、民俗学、语言学、人文地理学、社会学、经济学、政治学等）。"工业考古是一种多学科交叉的综合方法，研究由工业进程产生的有关物质与非物质的所有证据、材料、档案、人工制品、地层学、结构、人类聚落和自然与城市景观。使用这些研究方法，有利于不断地认识工业的过去与今天。"

5.3.2 工业遗产研究的发展

20世纪60年代以来，人们对工业文明开始以"工业考古"(Industrial Archaeology)式的眼光进行挖掘。西方主要工业发达国家的学术界纷纷成立工业考古组织，研究和保护工业遗产。1968年，英国的伦敦工业考古学会(The Great London Industrial Archaeology Society，GLIAS)成立，目的是记录伦敦工业历史遗存，建议地方政府保护与维护具有历史价值的工业建筑与机械，并建有数据库网页[①]；20世纪70年代初，英国工业遗产保护的国家组织——英国工业考古学会（The Association for Industrial Archaeology，AIA）成立，负责研究、记录、保护和展现国家工业遗产的巨大变化，包括工业建筑、采矿、遗产旅游、能源技术、工业建筑的适宜性再利用、交通的历史等等都是工业考古的主题，1976年主编发行了《工业考古评论》（Industrial Archaeology Review）[②]；1972年英国"工业考古记录"（I. A. Recordings）自愿者组织成立，主要用电影与录像记录往日与今日工业，并于1982年成立了全球第一家网站——"工业考古记录"[③]；1971年10月，美国工业考古学会（Society for Industrial Archaeology，SIA）成立，主编发行了《工业考古杂志》（IA Journal）；1968年澳大利亚的"工业考古委员会"（Industrial Archaeology Committee，IAC）成立。

5.3.3 工业遗产研究的成果

5.3.3.1 制定标准

1991年英国伦敦工业考古学会决定建立国家标准，收集工业考古的信息。1993年出版了工业场址记录索引（Index Record for Industrial Sites，IRIS），建立了工业考古场址和表征描述的标准和术语。

5.3.3.2 建立数据库

1998年英国伦敦工业考古学会网站建立了数据库，使工业考古成果统一到工业场址记录索引（IRIS）的标准上，并实现了成果的电子化。数据库的作用主要是发布工业遗产研究的最新成果和工业遗产的最新消息，允许会员实时更新内容，并向公众开放。数据库包括场址、照片、文章、传记和网站五个条目，主要包括如下内容:（1）按照工业场址记录索引标准（IRIS）记录场址信息的方法;（2）工业场址记录索引（IRIS）涉及的条目;（3）大伦敦工业考古2016年前需要研究的条目;（4）100余个工业场址的文字、照片信息；（5）470余篇关于案例和术语研究的文章;（6）超过200

---

① http://www.glias.org.uk

② http://www.industrial-archaeology.org.uk/arevind.htm

③ http://www.iarecordings.org/

个相关网址链接；（7）100余个与工业考古相关的个人传记和企业历史；（8）工业考古研究更快捷、更容易、更有效的工具；（9）快速通过数据库进行研究；（10）帮助研究者按照区域进行相关研究，或者在数据库中找到相近的案例；（11）信息同步；（12）报告摘要，方便用户打印信息。

5.3.3.3 杂志、网站和自愿者组织：

英国《工业考古评论》和美国《工业考古杂志》是工业考古的专业出版物。英国的伦敦工业考古学会网站2008年4月的新闻中登载了Ilford电车库将被拆除的消息。这个车库源于始建于1840年的马库，1900年被改为电车库，1939年经过第二次改造，这个车库可以容纳43辆有轨电车，并具有修车的功能。1960年随着其他交通方式的发展，车库的功能开始退化，并最终失去了作用。电车公司决定将车库用地卖掉，作为住宅开发建设，并许诺将以陶瓦为特征的车库给予妥善的处理。通过网站，向了解这个车库历史的人们寻求相关信息，引起公众的关注。

英国“工业考古记录”自愿者组织于1982年成立的全球第一家“工业考古记录”网站，内容主要有：砖、瓦、水管；市政工程（运河与隧道）； 码头和港口；钢铁；锁和钥匙制作（保险柜）；冶金（马具、锉）；磨房；矿山；金属矿；非金属矿；铁路；蒸汽能源；石材和制陶；纺织工业；交通和桥梁；城市环境；水工业；水能源；水运成就与工艺；其他（酿酒、制桶、摆渡、石灰、制砂、玻璃、起重机、岩石钻探等等）。颇像我国为拯救非物质文化遗产录制的影像资料。内容之丰富，涉及领域之广泛，的确令人赞叹。更难能可贵的是，“工业考古记录”还提供了640个其他工业考古网站的链接，有大学、博物馆和不同工业领域的网站信息。

5.3.4 工业遗产的保护组织

联合国教科文组织（UNESCO）及其领导下的国际古迹遗址理事会（ICOMOS）①是世界遗产的国际权威机构。国外在工业遗产

① ICOMOS由世界各国文化遗产专业人士组成，是古迹遗址保护和修复领域惟一的国际非政府组织。该组织成员包括有关的建筑师，考古学家，艺术史学者，工程师，历史学家，市镇规划师，借助于这种跨学科的学术交流，他们共同为保护建筑物、古镇、文化景观、考古遗址等各种类型的文化遗产完善标准，改进技术。

研究历程中，欧洲联盟（European Union）与欧洲理事会（Council of Europe）的文化政策对于文化遗产保存与维护事务的影响其实也非常关键，这其中也包括了工业遗产的保护；1985年欧洲理事会以“工业遗产,何种政策？”,1989年以“遗产与成功的城镇复兴”为主题召开的国际会议以及国际工业遗产保护委员会的历届大会上，涌现出了相当多的有关工业遗产的研究论文、专题报告。在这两个委员会的组织下，工业遗产研究获得了很大的发展。如果说前面两个组织把更多的关注点放在欧洲的话，那么，1978年在瑞典成立的国际工业遗产保护委员会（The International Committee for the Conservation of the Industrial Heritage, TICCIH）则对全世界范围的工业遗产保护起到了更加关键的推动作用。TICCIH是一个世界性的，促进工业遗产保护、维护、调查、记录、研究和阐释的，ICOMOS的专业咨询机构。旗下有采矿、煤炭、交通和纺织4个专业委员会。每年出版4期公告，介绍成员国在工业遗产保护方面的进展情况，组织召开国际性的工业遗产保护研讨会，通过国际交流和国际合作推动工业遗产保护的实践。

5.3.5 工业遗产的保护文件

5.3.5.1 国际性文件

1. 1972年联合国教科文组织通过《保护世界文化和自然遗产公约》，“鼓励对在世界范围内、对人类有杰出/独特价值（Valeur exceptionnelle pour l'humanité）的文化和自然遗产进行鉴别、保护和干预。”世界遗产具有“出类拔萃”和“独一无二”的特征。

2. 1987年ICOMOS通过的《保护历史性城市和城市化地段的宪章》（华盛顿宪章）指出，应该予以保护的价值是城市的历史特色以及形象地表现着那个特色的物质的和精神的因素的总体，尤其是：

- 由街道网和地块划分决定的城市形式；
- 城市的建造房子的部分、空地和绿地之间的关系；
- 由结构、体积、风格、尺度、材料、色彩和装饰所决定的建筑物的形式和面貌（内部和外部）；
- 城市与它的自然的和人造的环境的关系；
- 城市在历史中形成的功能使命。

从这些历史文件的具体内容来看，文化遗产的保护经历了由保护可供人们欣赏的艺术品，到保护各种作为社会、文化发展的历史建筑与环境，再进而保护与人们当前生活休戚相关的历史地区乃至整个城市的发展过程；保护内容由物质实体发展到非物质形态的城市传统文化，保护领域越来越深广、复杂。

3. 2003年7月，国际工业遗产保护委员会（TICCIH）在俄罗斯北乌拉尔市下塔吉尔镇召开会议，通过了保护工业遗产的《关于工业遗产的下塔吉尔宪章》(The Nizhny Tagil Charter For The Industrial Heritage)，这个宪章是目前为止世界公认和遵循的、最为权威的工业遗产保护文件。它指出工业活动的营造物和建筑物，曾经使用过的生产流程和设备，所在的城镇和外部环境，以及所有其他有形的和无形的显示物都意义重大。它们应该被研究，它们的历史应该被讲述，它们的意义和内涵需要深究并且使每个人都明了，最具典型意义的实例应该给予鉴定、保存和维护。对工业遗产的定义、价值、认定、记录和研究都给出了指导性的意见，并提出做好工业遗产的保护要注重健全法律体系、探讨保护的技术措施、搞好相关的教育和培训等工作。

5.3.5.2 我国历史文化保护相关文件

1.《中华人民共和国文物保护法》

2.《中华人民共和国文物保护法实施条例》

3.《城市紫线管理办法》

4.《关于加强对城市优秀近现代建筑规划保护工作的指导意见》

2006年4月18日“国际古迹遗址日”的主题为工业遗产，首届中国工业遗产保护论坛在无锡召开，通过了有关工业遗产保护的文件《无锡建议》。与会的专家学者认为，城市建设进入高速发展时期，一些尚未被界定为文物、未受到重视的工业建筑物和相关遗存没有得到有效保护，正急速从现代城市里消失。呼吁全社会提高对工业遗产价值的认识，尽快开展工业遗产的普查和认定评估工作，编制工业遗产保护专项规划，并纳入城市总体规划。2006年5月，国家文物局向各省区市文物和文化部门发出了《关于加强工业遗产保护的通知》，指出“工业遗产保护是我国文化遗产保护事业中具有重要性和紧迫性的新课题”。

5.4 工业遗产的研究方法

5.4.1 历史学研究

历史学研究的目的是考察人类文明和社会发展的历史过程，重点研究近代城市发展历史。中国近代工业发展有几个重要历史阶段：清末洋务运动时期官办、官商合办工业；清末民初的民族资本家、实业家主办的工业；中国步入半封建半殖民地时期的外商办工业（日、德、俄、法、英等国）；中华人民共和国成立之后的恢复建设时期、一五二五时期、三线建设时期、改革开放时期的工业等。

地方志研究是工业遗产历史学研究的重要内容，由各省、市、区、县地方志编纂委员会编纂地方志，主要内容中包括工业部分，这与工业遗产研究之间联系最为密切，地方志可以与工业志对照使用，可以明确工业发展的历史进程，由此确定工业遗产的历史价值。

5.4.2 产业技术史研究

5.4.2.1 中国工业史研究

我国的近代工业起步较晚，但我国手工业的存在已有两千余年的发展繁荣历程。根据《下塔吉尔宪章》对工业遗产的定义，工业遗产“主要相关的历史时期从 18 世纪下半叶的工业革命起至今，也探讨其更早的前工业时期与原始工业之根”，因此古代工业也是工业遗产研究所必须涉及的重要内容之一。对中国古代工业的研究必须以对中国古代工艺（主要包括印刷、造纸、陶瓷、冶炼、纺织、工程等）发展过程的研究为基础。但我国古代手工业通常包括在商业之内，古代有名的“企业家”被看作是“因通商贾之利”而致富，历代《食货志》均未给手工业发展情况设立专篇予以表述，因此中国古代工业发展史的书写一直处于空白状态。

我国历史发展由于以农业生产为主的封建社会十分漫长，近代又具有半封建半殖民地的发展特点；近代工业的发展到解放前夕，尚未形成完整体系，一直没有编写工业专史。经济志在旧方志中被称为食货志，民国时期称为实业志。由于经济不发达，经济志在旧方志中所占的比重很小。随着新中国经济的不断发展和生产力的不断提高，新方志中，经济工作才成为记述的重点之一。祝慈寿先生的《中国古代工业史》、《中国近代工业史》和《中国现代工业史》三册史书是系统掌握中国工业发展的重要脉络。

中国近代工业和技术是在一个特殊的国际和国内环境下起步的，清政府真正下决心投资的主要是在各地兴办“机械局”和“造船厂”，制造军用枪炮、弹药和轮船。为了给这些军工厂提供原材料，才开办了矿冶业，采用电报，修筑铁路。但引进技术在规模上很有限，一味模仿效法，消化吸收不彻底，技术和设备还要依赖外国人，难以形成自己的工业体系，新式工业主要分布在少数通商口岸，工业布局极不均衡。中国近代工业还经历了民国时期、抗日战争时期；新中国成立后，中国工业体系完全转向苏联的计划经济体制，经历了国民经济恢复时期、一五二五建设时期、三线建设时期、文化大革命时期、改革开放等几个大的历史阶段，在每个历史阶段工业发展都有重要的历史特征，在不同历史时期的不同区域，也有着不同的产业布局和产业发展主导思想。这些都是工业遗产研究不可或缺的重要内容。

5.4.2.2　地方工业史研究

地方工业史，如《云南工业史》、《湖北工业史》、《苏北近代工业史》、《四川近代工业史》、《江苏近代民族工业史》等等；城市工业史，如《上海近代工业史》等，它们是研究地方工业遗产的重要史料依据。地方志编纂中，有专门编写工业卷的，如北京地方志：按照国民经济产业分类划分，包括黑色冶金、有色金属、煤炭、煤炭流通、电力、建材、化学、石油化学、机械、农机、汽车、机车车辆、电子、仪器仪表、一轻、二轻、纺织、工艺美术、种植业、医药、印刷等，与工业遗产研究的联系密切。各地方经济发展由于资源和传统等原因，具有各自独立的发展特点，因此针对主要产业的发展历史进行的专门研究，即地方主要工业门类研究，这是城市和地方工业遗产研究的必读资料。

5.4.2.3　专业工业史研究

《中国近代纺织史》、《中国近代化学工业史》、《清代的矿业》、《冶金史》、《中国冶金史论文集》、《云南冶金史》、《中国近代面粉工业史》等等，均从专业角度，较详细地论述了在一定历史时期、一定区域内产业的发展历程，包括相关管理、政策、技术、人员、产量等，对于我们在产业门类专业上认识工业遗产价值，具有重要参考价值。

5.4.2.4 工业年鉴研究

由省市经济管理部门或研究机构编辑出版的《工业年鉴》、《工业统计资料》。对于了解工业企业发展、产品、产量、组织、建设、科研、人物、法规政策文件等，对于评判工业遗产的非物质遗产价值，均具有重要的参考价值。比如锐意进取的改革者、作出突出贡献的专家、自学成材的标兵、“五一”劳动奖章获得者、劳动模范等等。《吉林工业史鉴》于2004年10月出版，主编李锦斌，由吉林省地方志编委会撰写编辑，吉林人民出版社出版。全书分5篇，回顾从清朝中晚期吉林近代工业的出现直至现代的吉林工业发展情况；分析吉林工业的现状，对近年来吉林工业的优势与问题进行客观的阐述。

5.4.2.5 企业厂史研究

包括企业厂史、厂志、博物馆、荣誉室等内容。大型国有企业，经过多年发展，多设有厂史编写小组或委员会，既用于记载又用于宣传，还可能形成正式出版物；如首钢总公司史志年鉴编委会编纂的《首钢年鉴》、《首钢日报》、《首钢日报》(网络版)；北京炼焦化学厂《北焦40年厂史资料汇编》，书中包括大事记、大事简介、机构演变、人物录、荣誉录、成就录等内容，还包括生产工艺流程、历史照片等资料。这些内容对了解重点工业企业的建设、设施设备、技术创新、产品产量等演进过程，全面了解企业的发展历程，都具有十分重要的意义。

5.4.2.6 历史人物研究

历史人物研究是发现工业遗产的重要途径。同德国的克虏伯一样，中国近代工业的产生和发展与中国近代历史上重要的历史人物具有密切的联系。这些重要人物包括：

1．李鸿章

1863年李鸿章雇佣英国人马格里会同直隶州知州刘佐禹，首先在松江创办了一个洋炮局，此后又命韩殿甲、丁日昌在上海创办了两个洋炮局,合称“上海炸弹三局”。1864年松江局迁到苏州，改为苏州机器局。1865年在署理两江总督任上，鉴于原设三局设备不全，在曾国藩支持下，收购了上海虹口美商旗记铁厂，与韩殿甲、丁日昌的两局合并，扩建为江南制造局（今上海江南造船厂）。与此同时，苏州机器局亦随李鸿章迁往南京，扩建为金陵机器局（今南京晨光机器厂）。1870年调任直隶总督，接管原由崇厚创办的天津机器局，并扩大生产规模。中国近代早期的四大军工企业中，李鸿章一人就创办了三个（另一个是左宗棠、沈葆桢创办的福州船政局）。李鸿章先后创办了河北磁州煤铁矿（1875年）、江西兴国煤矿（1876年）、湖北广济煤矿（1876年）、开平矿务局（1877年）、上海机器织布局（1878年）、山东峄县煤矿（1880年）、天津电报总局（1880年）、唐胥铁路（1881年）、上海电报总局（1884年）、津沽铁路（1887年）、漠河金矿（1887年）、热河四道沟铜矿及三山铅银矿（1887年）、上海华盛纺织总厂（1894年）等一系列民用企业，涉及矿业、铁路、纺织、电信等各行各业。在经营方针上，也逐渐由官督商办转向官商合办，从客观上促进了近代资本主义在中国的发展。

2. 张之洞

1884年，张之洞任两广总督，在广东筹建官办新式企业，设立枪弹厂、铁厂、枪炮厂、铸钱厂、机器织布局、矿务局等；1889年，调任湖广总督。他将在广东向外国订购的机器移设湖北，建立湖北铁路局、湖北枪炮厂、湖北纺织官局（包括织布、纺纱、缫丝、制麻四局）。并开办大冶铁矿、内河船运和电信事业，力促兴筑芦汉、粤汉、川汉等铁路。

其他重要历史人物还包括曾国藩、左宗棠等，重要的实业家范旭东、张謇、卢作孚等，重要的科学家侯德榜（制碱），重要的工程师詹天佑（京张铁路）、茅以升、梅旸春（钱塘江大桥）、徐建寅（造船）等，他们对中国近代工业发展起到了重要历史作用。对天津碱厂（前身是永利制碱厂）工业遗产的研究，就离不开对范旭东和侯德榜的研究，离不开对他们发明的制碱工艺的研究。

在本书第7章中介绍的“欧洲工业遗产之路”网站中，对欧洲工业发展曾经作出过重大贡献的人物介绍就在其中；既有把传统纺织工业引向时尚的年轻人——1962年才出生的沙米·阿曼德（Shami Ahmed）——风靡英国的Joe Bloggs牛仔裤品牌创始人；也有众所周知的、德国工业帝国的缔造者和统治者——克虏伯家族；还有工业文化的传播者——奥斯卡·冯·米勒（Oskar von

Miller，1882年他就举办了德国首次电气展览，1903年在慕尼黑创办了德国博物馆）。因此我们研究这些历史人物不仅是为了从他们个人的成长经历中了解工业发展的历史，更重要的是为了纪念他们，因为他们是工业历史的奠基人和有力推动者。

5.4.3 建筑史研究

由于我国没有专门针对工业建筑的历史研究，对工业建筑的介绍、总结、描述散见于各种学术刊物的文章当中。中国工业建筑发展经历了新中国成立之初的学苏时期、“文革”动乱时期、改革开放时期三个重要阶段。工业建筑中推广标准化、定型化，自行设计出大跨度钢筋混凝土屋架、鱼腹式吊车梁、下沉式天窗、大型预制墙板、构件自防水屋面板等新型体系（费麟，2004），取得了工业建筑设计的许多成就。工业建筑发展史上,还经历过大搞群众运动、追求速度、追求新奇、不顾质量、不顾国情的时期，“四不用”（不用砖、不用水泥、不用钢筋、不用木材）楼房称为“先进技术”，竹筋混凝土也曾被当作先进技术在某些农村公社建房中使用……在三线建设中提出“山、散、洞”（靠山、隐蔽分散、进洞），“先生产，后生活”，提倡“低标准、干打垒”（费麟，2004）贯穿中国现代建筑发展史的许多重要事件都在工业建筑中有突出的体现。在可能条件下保留一些有代表性的工业建筑，反映中国现代建筑发展史的重要内容，是十分必要的。

5.4.4 工业建筑研究

中国建筑工业出版社1994年出版《建筑设计资料集5》（第二版）对工业建筑的结构形式、轮廓尺寸、仓储建筑形式、起重运输机械作了详细介绍。从工业建筑和设施设备的设计角度为工业遗存调查研究提供可以参考的资料。《工业建筑》杂志，是一个工业建筑设计、工业建筑更新再利用建筑设计、工业厂址更新和开发利用规划设计的交流平台。在最近的文章中涉及广州水泥厂厂区、天津拖拉机厂更新改造，上海大众汽车三厂主体建筑、多层织机厂房的建筑设计，以及工业厂房的改造再利用相关内容，是我们了解工业建筑设计和旧厂址更新改造再利用的一个重要渠道。另外我国建筑设计单位在计划经济时代按照工业门类进行划分，有轻工业设计院、机械设计院、纺织设计院、钢铁设计院、煤炭设计院、航空航天设计院、水利设计院等，这些工业设计院的图纸档案、标准图集、技术规范等图纸文字资料，也是我们进行工业遗产保护，特别是工业建筑再利用必须掌握的技术资料。

5.4.5　生产技术研究

工业遗产研究首先要研究工业技术的发展历史，生产技术经历了从初级到高级的发展过程，生产设备是生产技术应用的结果。没有对生产技术的研究就难以确定工业遗产的产业价值。比如首钢国内首先应用的氧气顶吹转炉技术，北京焦化厂建成的国内第一座6米高焦炉等等。对工业遗产进行技术研究，应该有对相关工业技术有全面了解的专家参与，特别是对工业技术发展史有专门研究的专家参与，否则就难以判断某项生产技术的先进性和在技术发展过程中的历史地位，其结果是难以判定产业价值的大小。所以借鉴科学技术史的研究成果，邀请科学技术史的专家参与工业遗产的研究是非常重要的。

工业遗产研究还离不开对生产工艺的研究，了解生产的原材料、生产过程、生产设备和工艺流程，还包括生产过程中的环境质量、环保措施；比如对焦化厂的研究，不仅要了解选煤、配煤、装煤、推焦、熄焦、筛焦的炼焦小范围的工艺流程，还要了解炼焦、制气、煤化工这个大范围的工艺流程。

对生产设备，尤其是大型设施，如钢铁厂的高炉、焦化厂的焦炉、化工厂的储罐以及水塔、水池、坑道、烟囱、冷却塔、架空管廊等都需要了解它们的结构和材料，为这些设施设备的保护、改造再利用奠定基础，提供技术支撑。比如对焦炉的保护和再利用首先要了解不同型号焦炉内部燃烧室、炭化室和蓄热室的结构，耐火砖的砌法等等（图5.1）。还要发现各类工业建筑中的独特做法，如棉纺织厂的地面做法，在混凝土中加入锯末等材料，既要防尘，又要脚感舒适，因为纺织女工在纺机之间每天要走20公里。

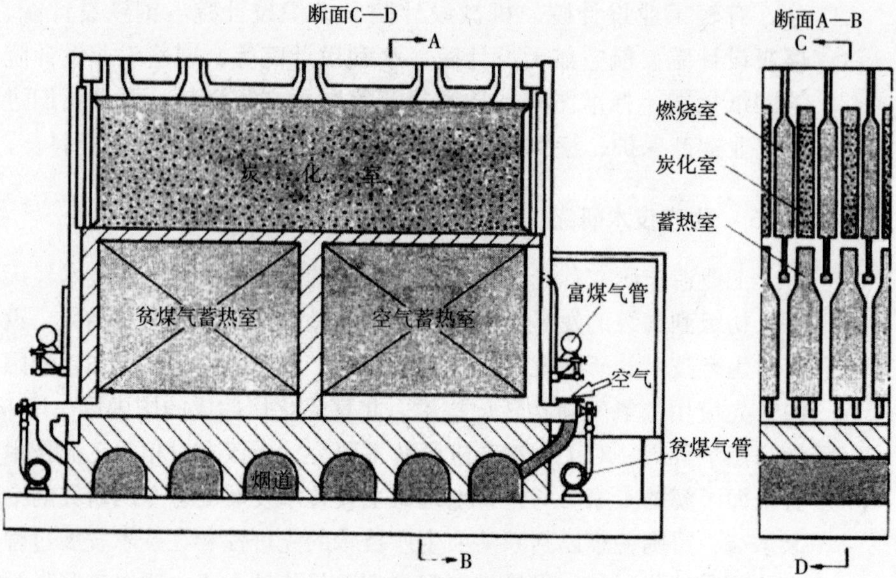

图 5.1 焦炉剖面图

资料来源：北京焦化厂资料

小结

本章阐述了工业遗产的内涵，包括工业遗产的定义、类型、构成，对工业遗产的价值进行了详细分析。工业考古作为工业遗产研究的重要方法，本章介绍了工业考古研究方法的主要内容，通过工业遗产研究可以推动人们的保护意识。博物馆形式，特别是科学、技术、铁路博物馆保护了大量的工业文物，吸引了部分具有特殊兴趣的人们的旅行和观光，使工业遗产旅游得到了最初的发展。一方面，随着人们对工业遗产的认识逐渐深入，保留和保护工业遗产正在成为共识。另一方面，反对的呼声依然强烈，认为这些工业遗存肮脏丑陋、毫无价值，是社会发展和城市建设的障碍。正如英国工业考古学者克拉克[①]指出："保存是不可能的，

---

① Buchanan, A., 2005, Industrial Archaeology: Past, Present and Prospective, Industrial Archaeology Review, XXVII:1, The Association for Industrial Archaeology, Leeds: Maney Publishing, P. 19~21

除非我们能真切地了解工业遗存当中到底有什么，有什么重要的和为什么重要，以及它今天的存在和过去的关系。”因此，对工业遗存进行工业考古研究，是回答为什么保留、保留哪些、保留它们有什么价值、怎么通过保留实现保护等一系列问题的基础，是工业遗产保护的重中之重。

第6章 工业遗产的田野考察与保护管理

工业遗产的保护首先要对工业遗产进行田野考察，包括工业遗产的发现、认定、记录和评价四个方面。做好工业遗产的保护管理工作，是落实对工业遗产保护的前提。

6.1 工业遗产的发现

6.1.1 普查

工业遗产的发现是通过工业资源普查完成的。英国的工业遗产普查由公共工程部（Ministry of Public Buildings and Works）主持，1966年以后由英国考古委员会接管。我国第三次文物普查工作正在进行，其中工业遗产是这次文物普查的重点。随着工业企业搬迁的不断深入，产业结构调整的不断深化，大量工业资源的存在和使用状况发生了巨大变化。另一方面，随着城市建设的不断加速，大量工业用地转变使用性质，大量有价值的工业建构筑物被拆除，因此特别有必要对北京的工业遗存进行全面普查，摸清家底。

6.1.2 组织

工业遗产的调查工作首先要建立合理与健全的组织，协调各方面的关系。以北京为例：由于工业企业的产权非常复杂，包括中央企业、军工企业、北京市属、区属企业、民营企业等多种类型。当前产权管理状况又分为国资委、国土局、企业集团和控股公司、企业等多种方式。每个企业还有自己的特点，包括房屋出租、场地出租、合作经营、合作开发等，有的企业还存在产权纠纷。在这么复杂的情况下，组织工业资源的调查是非常困难的事情，需要协调方方面面的关系。2007~2008 年，北京市工业促进局组织北京市工业技术开发中心、清华大学建筑学院，进行了北京城市中心区工业资源的普查工作。工业促进局牵头，北京市工业技术开发中心负责协调各部门和联系企业，清华大学建筑学院负责普查。

6.1.3　程序

1. 制定问卷：

由研究单位根据需要了解的内容制定问卷，保证问卷简单、通俗易懂，让企业能够准确填写，避免由于问题过难或过于模糊，企业弄不清楚怎么填，敷衍了事；

2. 下发问卷：

工业促进局根据工业企业行业划分，通过对十余个企业集团或控股公司（包括首钢集团、金隅集团、医药集团、一轻控股、电子控股、京仪控股、纺织控股等）下发问卷；

3. 培训说明：

北京市工业技术开发中心负责向企业进行问卷填写培训和说明；

4. 提交问卷：

企业向北京市工业技术开发中心提交问卷，由北京市工业技术开发中心负责录入、整理、分析。

6.1.4　内容

包括工业企业的基本信息，包括建厂背景、发展历程、重要事件、重要任务、主要产品、生产工艺、科技创新以及现存的主要工业建筑的规模和使用状况。对于工业资源特别丰富的企业，重要建构筑物和设施设备需要设立附表。

6.2　工业遗产的认定

6.2.1　现场调查

1. 培训：工业遗产无论对文物普查人员，还是对其他专业人员来说，都是个新鲜事物，需要对现场调查人员进行专业培训。

现场调查小组的构成应包括研究人员、企业人员、专业记录拍照录像人员；

2. 准备：根据工业资源普查书面问卷调查的结果，以及工业考古研究的历史研究、产业技术史研究、建筑史研究和建筑研究，确定具有历史文化价值和科学技术价值的工业企业，进行针对性现场调查。调查前准备好现状图、规划图；

3. 调查：现场走访工业企业，在现状图上标注地理位置、用地边线、主要建筑等，对照普查内容，确认并丰富工业企业资料，重点调查工业企业中的建构筑物和设施设备等物质遗产内容，进行初步价值判断。由于大量的工业建筑和设施都是近现代建设的，有图纸等文件记述；对于没有图纸文件记载的，确有遗产价值的工业遗存，需要进行必要的测绘；

4. 收集：收集整理非物质文化遗产内容，包括厂史厂志、科研成果、宣传资料、技术档案（包括建筑、设备、技术的图纸文件档案等）、影像资料等。听取企业人员（特别是老职工、老领导、老劳模）的现场介绍，加深印象丰富内容。对重点场所、建筑、构筑物、设施设备、生产过程、人物访谈进行拍照、录像和记录。

6.2.2　专家评议

1. 成立专家组：成立由城市规划、建筑设计、历史文化、行业管理、文物管理、产权单位的专家、学者和领导以及历史亲历或见证者、关心工业遗产的公众共同组成的专家组；

2. 召开评审会：由专家组对调查和研究单位制定的调查研究方案和提交的调查研究结果进行评审，提出修改意见；

3. 举行听证会：对研究、调查和专家评审的结果，进行公开听证，听取来自企业职工、产权所有者、市民、专家学者、相关管理部门、新闻媒体等各方面的意见，进行公开讨论，展开面对面的交流。

6.2.3　批准公布

1. 政府批准：在深入研究、广泛听取各方面意见的基础上，由政府认定确实具有价值的工业遗产名单；

2. 社会公布：将工业遗产名单向社会公布。

6.3 工业遗产的记录

6.3.1 信息表

根据普查和认定的结果，完善有价值工业遗产的记录，形成信息卡，长期保留，实时更新。内容包括企业的基本信息、发展过程、生产工艺、总平面图和主要建构筑物、设施设备的位置、规模和现状照片等。

6.3.2 数据库

根据工业资源的普查记录和信息表记录，建立工业遗产的电子信息数据库，实时更新工业遗产的保护、再利用状况，通过相关网站向公众公开展示，形成互动机制，通过论坛监督工业资源的使用状况。北京工业资源展示数据库正在建设中，初步计划数据库可以通过企业、地理位置、工业建筑规模、结构形式、历史年代进行分类索引查询，并将所有工业资源分为工业服务型资源、工业转化型资源和工业再利用型资源三类。内容包括企业概况、历史沿革、品牌产品、成果展示、资源展示、视频展示（录像和照片）等。一方面展示有价值的工业遗存，另一方面为工业遗存再利用，利用工业资源发展文化创意产业寻找市场机会。

6.3.3 杂志、网站和论坛

目前我国还没有工业遗产研究的专业杂志、网站和论坛组织，这是十分必要和迫切的。建立这些媒介的目的是形成群众监督、群策群力、公众参与的平台，让更多公众关注，使有价值工业遗存的信息（包括文字和照片）能够通过这些有效的途径传递上来，作为专家评议工业遗产的基础，在更加广泛的范围内去发现工业遗产的存在。对工业遗产保护进行监督，对工业遗产的保护和再利用方式进行讨论。

伦敦工业遗产网[1]登载了一位名叫彼得 · 马歇尔（Peter Marshall）的摄影师的作品，马歇尔也是一位工业考古爱好者，从 1973 年开始，35 年来坚持为伦敦工业遗迹拍摄照片，目睹了伦敦水运交通方式的

---

① http://www.cix.co.uk/~petermarshall/intro.html

退化，工业遗迹的消失。在开始拍摄时，那些工厂还在生产，而现在许多工厂早已不在。这种方式为工业遗产“自下而上”的发现和保护，创造了良好的平台。同时也说明工业遗产的保护不仅仅是在中国举步维艰，在英国也不是件容易的事情，工业遗产的大量消失是一个普遍现象。

6.4 工业遗产的评价

6.4.1 工业遗产评价原则

1. 价值的相对性

在全国重点文物保护单位中既有古遗址古墓葬古建筑，也有近现代重要史迹及代表性建筑，遗产价值的评价是相对的。因此工业遗产价值的评价也是相对的，这个相对性表现在城市与城市之间，行业与行业之间。天津作为我国近代洋务运动的北方中心，不但兴办了军事工业，同时也兴办了一批民用工业，如采矿、冶炼、纺织以及中国最早的铁路、电信、邮政和大规模航运，设立了轮船招商局、开平矿务局、华洋书信馆（天津邮政总局前身）、天津电报总局，近代工业遗产异常丰富。北京除少数近代工业以外，工业遗产以解放后“一五”和“二五”时期的现代工业遗产为主，天津和北京在工业遗产类型和年代上都有不同。因此借鉴优秀近现代建筑保护的方法，根据各个城市的工业发展特点，应该以城市为单位建立符合城市特色的工业遗产的标准。

同时我国工业各行业发展不平衡，传统手工业早于现代工业，传统制造业早于高科技产业，不同行业的工业遗存，有着不同的意义和价值；不同行业对城市建设、人民生活等社会的贡献也是不同的；一个行业内也存在着不同的发展阶段，有着不同的代表和纪念物。因此，工业遗产在不同行业间的价值存在相对性。赵州桥和钱塘江大桥同是桥梁工程，一个是古代，一个是现代，是同一行业在不同历史时期的代表，都是全国重点文物保护单位，具有同样的价值。因此在评价工业遗产过程中，既要考虑以城市为单位进行研究，也要以行业为单位进行综合研究；既要考虑这个行业在这个城市的发展历史，也要考虑这个行业在全国范围甚至世界范围的发展历史中的作用和地位。

2. 价值的综合性

需要阐述的是，工业遗产的价值评价是综合的，不是只考虑单项价值。工业建筑本身的价值可能并不是直接反映建筑的技术和艺术价值，而是反映出另外的价值，比如社会价值。英国工业考古学家卡来丁[①]对于英国德比（Derby）早期纺织厂的调查，厂区的布局对劳工采取严密的控制和管理，建筑内部呈现特别狭长比例，短进深增加更多的采光，长条型平面方便根据工艺水平传输。劳工是在一个被良好控制的空间里进行工作，他们不需要有人口头命令，工厂各层空间布局让管理人员非常容易监督，可以确保没人偷懒造成雇主的损失。这个案例的建筑空间表现出了当时的社会关系，这比工厂的技术或建筑本身的美学更具保存价值。

3. 价值的科学性

在工业遗产价值评价中经常遇到这样的问题，就是殖民工业的价值如何评价？如英商、日商在华兴建企业的价值；甚至在我国改革开放后，技术或资金引进的二手设备，这个价值如何评价？有的专家认为这没有价值，不是自力更生、发明创造和自主知识产权；而有的专家认为这是社会历史发展的见证，反映了当时的状况，是有价值的。

为了解决这个问题，我们找到一个类似的案例。南非面对英国殖民时期的工业遗产也有过争论，南非工业考古学家戴维 · 华斯[②]认为：工业考古和大英帝国紧紧地连在一起，叙述着 18 世纪辉煌的工业革命以及 19 世纪维多利亚帝国……在许多角度来看，英国殖民者在南非推动的工业化历史，对南非的许多人来说，是很难愿意把它当成一个荣耀。但这些工业遗产应该被保存的理由是，这个国家确实有一些那个时期的工业是今天历史非常重要的部分。比如德兰斯瓦尔（Transvaal）的矿业，它永远改变了当地许多非洲人的家庭生活和存在的社会，甚至整个地区……因此，这些工业遗产应该被

① Mellor, I., 2005, Space, Society, and the Textile Mill, Industrial Archaeology Review, XXVII:1, The Association for Industrial Archaeology, Leeds: Maney Publishing, P.49~56

② Worth, D., 2000, Report on attendance at: The Millenium Congress of International Committee for the Conservation of the Industrial Heritage, London, 30/Aug.–2/Sep

保存。很难想像这些地标被拆除后的结果，除了作为地区象征性的意义，同时人们也可以在这些工业遗产中找到教育、经济、休憩、美感及社会价值。

中国近代工业始于清末的“洋务运动”和民族资本家、实业家的崛起，大批官办、商办、官商合办企业兴起；随着中国进入半封建半殖民地社会，大批外商在华兴办企业，如青岛啤酒厂和中东铁路建筑群；解放后，中国工业还经历了前苏联和东欧社会主义国家援建时期，如北京的718联合厂和京棉二厂等工业建筑，沈阳、长春的工人村等生活设施；经历了改革开放技术引进时期，如首钢在不同历史时期进口的二手设备。虽然这些技术、设施设备、厂房建筑、生活设施不是中国的自我发明，但他们记载了中国工业从无到有、发展壮大、产业升级的历史过程，没有那个时期的“拿来”，就没有首钢今天的成就。因此，首钢那个时期的经历和遗存，也应该具有重要的工业遗产价值。因此，在判断工业遗产价值时应该避免带有过分强烈的民族情绪，需要进行理性和科学的价值判断。

4．价值的全面性

工业遗产应保留工业遗存中“优秀”的部分，还是“代表”的部分？一般认为是前者，对于工业生产带来的负面的诸如对环境造成的污染（包括噪声、地下水、土壤、空气等）、破坏（对生态环境、社会环境、人的身体健康等）往往进行回避，而这些恰恰又是工业生产中具有“代表”性的内容。因此作为完整的工业遗产应该保留遗产的“原生态”，既包括其中“优秀”的部分，也包括那些“灾害”或者“破坏”性的东西。比如在工业遗产保护中保留部分被污染的土壤和地下水样本，展示工业生产的破坏性，针对污染进行各种试验，展示各种治理方法的效果和实践；模仿工业生产时的噪声污染（短时间），模仿工业生产时的空气污染（非污染物质的替代品），使参观者感同身受，将会使参观者对工业遗产有更加全面的认识。三线建设中“靠山、进山、钻山”带来的对自然环境和生态的破坏，以及给建设者、生产者带来的一系列社会问题，这种由于政治原因造成的工业畸形发展，也应该成为工业遗产的重要组成部分。

6.4.2　工业遗产评价体系

6.4.2.1　评价体系建立的目的

工业遗产评价体系建立的目的是用一套量化的方法，对工业遗产各方面表现出来的价值进行评价，量化评价的结果作为最终评价其遗产价值的依据。这种量化的评价标准有以下优点：

（1）有利于保证价值评价的客观性；

（2）易于掌握，方便不同背景的人使用；

（3）适用于不同地区（可以根据当地工业资源特征，对本评价体系进行适当调整）、不同类型工业遗产进行评价（包括对不同行业工业企业遗产价值的评价，以及对单体建筑物、构筑物、设施设备遗产价值的评价）。

6.4.2.2　应用的对象

评价办法用于评价现存工业资源的工业遗产价值，应用对象既针对工业企业，又针对工业企业内部的建构筑物、设施设备等遗产构成要素。由于工业企业的数量比较多，涉及多个行业，对工业资源遗产价值的评价，具体做法应建立如下层次：

（1）首先对各行业的工业企业进行整体评价，选出有遗产价值的企业；

（2）其次对工业企业所属的建筑、设施和设备进行综合遗产价值评价；

（3）最后根据上述量化的价值评价，由各领域专家组成的专家委员会进行综合比较和科学评价，提出工业遗产的名录。经过报送政府相关主管部门、社会公示、市政府批准等程序，向社会公布。

6.4.2.3　评价的内容

评价内容分为两大部分：

第一部分是历史赋予工业遗产的价值，即在工业遗产产生、发展过程中形成的价值，主要包括历史价值、科学技术价值、社会文化价值、艺术审美价值和经济利用价值；五项价值平均对待，每项价值 20 分；每项价值分为 2 个分项，每个分项价值 10 分。评价既关注物质构成的价值，也关注非物质构成的价值。本评价办法既可用于评价工业企业整体，又可用于评价工业企业所属的建构筑物和设施设备等物质实体。

第二部分是工业遗产现状及保护、再利用相关的价值，主要包括区域位置、建筑质量、利用价值、技术可能性；四项价值平均对待，每项价值 25 分；每项价值分为 2 个分项，前一个分项价值高于后一个分项价值，前一个分项价值 15 分，后一个分项价值 10 分。本评价办法主要用于评价工业企业所属的建构筑物和设施设备等物质实体。

在对工业遗产进行具体价值评价的过程中，首先根据第一部分的评价来判断其遗产价值，这一部分的评价结果是工业遗产本身具有的绝对价值。在第一部分评价确定工业遗产的基础上，在讨论工业遗产保护与再利用的方案或制定工业遗产的保护规划时，应根据第二部分的评价办法进行追加评价。追加评价的结果不影响第一部分评价对工业遗产价值作出的判断，只作为保护与再利用方案的选择和决策参考使用。

6.4.3　工业遗产评价标准

6.4.3.1　历史赋予工业遗产的价值

1. 历史价值

（1）时间的久远

时间的久远赋予工业遗产珍贵的历史价值，使之成为认识地方早期工业文明的历史纪念物，是记录一个时代经济、社会、工程技术发展水平等方面的实物载体，时间的久远，或某个时间段内的工业企业特殊的历史成因，使得工业遗产具有稀缺性。

（2）与重大历史事件或伟大的历史人物的联系

企业或工业遗存如果与重大历史事件或伟大的历史人物有重要联系，将会具有特殊的历史价值。重要的历史人物包括党和国家的领导人、外国国家元首和贵宾；参与设计建造的著名建筑师、工程师；工业企业长期经营生产过程中的主要领导、劳模、技术标兵、科学家等。

2. 科学技术价值

（1）行业的开创性、生产工艺的先进性

企业的建立在世界、全国或地区（城市）范围内的某一工业门类中具有开创性，或某项技术、设施设备的应用在同行业中具有开创性，这些企业和建筑、设施设备将具有特殊的遗产价值。

工业生产活动对生产工具、设施设备、工艺流程等方面进行的创新型设计，使生产过程得到改进，效率提高，产量增加；应用先进技术，实现技术变革，代表了技术的发展方向，在一定区域的全行业内部进行推广，取得广泛的社会效应；这些将使工业遗产具有一定的科学技术价值。

无论是在实物中，还是在文字档案中，或是存在于无形的记录中，如在人们的记忆与习俗中，这些价值都会留下痕迹，得到体现。特殊生产过程的工艺、技术，因其濒临消亡，使其具有特别的稀缺性价值。

（2）工程技术的独特性和先进性

在工业遗产的生产基地选址规划，建筑物和构造物的设计、施工建设、机械设备的调试安装工程方面，工业建筑、构筑物、大型设备本身应用了当时的新材料、新结构、新技术，使工业遗产在工程方面具有科学技术价值。如钢结构、薄壳结构、无梁楼盖等新型结构形式在工业建筑中的应用，洁净车间、抗震技术、特殊材料和做法在工业建筑中的应用等。

3. 社会文化价值

（1）社会责任与社会情感

工业遗产见证了人类社会巨大变革时期的日常生活，同时对于引领和改善我们的社会生活也起到了重要作用。工业遗产真实地记录了国家和地区政治、经济、建设的路线、方针、政策和实践，在“企业办社会”思想指导下，工业企业成为社会的缩影。公众已经将社会责任视做衡量企业价值的标准。改革开放后，中国企业管理脉络，大致可以分为三个阶段：

启蒙时代（1978~1991年）：在这个时代中，企业关心的是产品，在管理上开始追求质量，这个时代又可称为“质量时代”。

模仿时代（1992~2000年）：在这个时代中，跨国公司开始全面进入中国，中国企业也开始全面学习国外管理经验，而此时企业更为关注的是如何把产品卖出去，这个时代又称为“营销时代”。

创新时代（2001年至今）：随着2001年中国加入WTO，中国企业面临着更为严峻的国际化竞争，在这个时代，做正确的事似乎比正确地做事更为重要，这个时代又可称“战略时代”。

工业遗产将清晰地记载各个历史时期工业企业的社会责任，以及在全球经济一体化背景下中国工业发展的历史进程。工业遗产还清晰地记录了普通劳动群众难以忘怀的人生，成为社会认同感和归属感的基础，构成不可忽视的社会影响。企业发展对整个社会经济生活的影响和作用，对社会在经济发展、城市建设、生活水平、人员就业等方面的贡献等，作为当地历史发展中重要的一部分，对于当地人民，具有特殊的社会情感价值。对其进行保护与再利用，可以稳定那些突然失业的人们的心理。

（2）企业文化

企业文化是工业遗产价值中包含的非物质遗产部分，包括企业在经营管理、科技创新、劳动保护等方面通过不懈努力摸索出的经验和教训（例如邯钢经验），在产品、产量、品牌、质量等方面作出的成绩，对当时社会的贡献，以及流传下来的企业文化、企业精神、企业理念等。因此，反映时代特征的工业遗产，能够振奋我们的民族精神，传承产业工人的优秀品德。工业遗产中蕴含着务实创新、包容并蓄；励精图治、锐意进取；精益求精、注重诚信等工业生产中铸就的特有品质，为社会添注一种永不衰竭的精神气质。这些无形遗产具有社会价值与教育价值。

20 世纪 20 年代，一些国有企业和民族资本企业开始陆续学习西方，实行一系列科学管理制度。例如，在“国营”铁路企业中推行的列车安全运行制度，事故处理规则，客、货运规则，养路分等、分级规范，“独立会计”（即独自核算、自计盈亏）守则、各级负责人员职责细目，业务垂直领导与集中统一指挥体制，以及技术业务人员的培训、考核、晋级规定，运价审核程序等一套做法，对建立铁路营运秩序、减少行车事故等都起到一定的作用。

改革开放前，我国照搬前苏联的经验和理论，建立了一套高度集中的计划经济管理体制。企业缺乏经营自主权，没有经济责任，管理只是一种封闭的生产型管理。1960 年《鞍钢宪法》提出了“两参一改三结合”的管理方法，1961 年的《工业七十条》成为新中国第一个工业企业管理试行条例。大庆是计划经济时期经营管理思想的典型。改革开放后，中国制定了以市场换技术、换管理经验的开放方针，形成了自 1993 年以来的第一波跨国公司投资热潮。但是在技术层面的学习并没有取得很好的效果，跨国公司在向中国转移尖端技术方面仍然保持着警惕；今天，中国企业终于从学习西方技术过渡到对西方管理思想的全面借鉴，企业家需要具有“全球视野”和“创新意识”，一场更加全面和深入的改造运动正在更多的中国企业里兴起。

4. 艺术审美价值

（1）建筑工程美学

因工业遗产的建筑、构筑物、大型设施设备体现了某一历史时期建筑艺术发展的风格、流派、特征，其形式、体量、色彩、材料等方面表现出来的艺术表现力、感染力具有工程美学的审美价值。机械美学、后现代美学则成为工业遗产建筑工程美学的理论基础。

（2）产业风貌特征

因工业遗产在厂区规划，或工业建构筑物、设施设备群体集合表现出的产业特征和工艺流程，形成的独特产业风貌，对城市景观和建筑环境产生的艺术作用，具有重要的景观与美学价值。这使工业遗产成为地区的识别性标志，也带给生活在这里的人们强烈的认同感及归属感。

5. 经济利用价值

（1）结构可利用性

工业遗产的建、构筑物一般都相当坚固，结构寿命超过其功能使用年限，这使工业遗产具有“低龄化”特征，保护和利用工业遗产可以节省大量的拆迁及建设成本，避免因产生大量建筑垃圾而造成的对自然环境的破坏。在工业生产功能退出后，转换使用功能，发挥工业遗产建筑的再利用价值，可以避免资源的浪费。

（2）空间可利用性

工业建筑往往具有大跨度、大空间、高层高的特点，其建筑内部空间具有使用的灵活性；对工业建筑进行改造再利用比新建可省去主体结构及部分可利用基础设施的建设成本，而且建设周期较短。因此，工业遗产建筑的实体再利用具有十分突出的经济价值。工业构筑物、设施设备（如炼铁高炉、焦炉、煤仓、煤气柜、油罐、水塔等设施）都可以进行结构和空间的再利用，方式多种多样、别出心裁、别具匠心，具有极强的艺术表现力和巨大的经济价值。

在保留了这些工业遗存和当时生产状态的同时，开展工业旅游、工业遗址旅游、工业遗产旅游，使参观者在游览过程中，通过生产场景的再现和艺术化处理（比如灯光、雕塑等），得到与现实生活完全不同的特殊体验，最终也可转化为巨大的经济效益。

6.4.3.2 现状、保护和再利用的价值

1. 区域位置

（1）区位优势

工业遗产在城市中所处区域位置，是处在城市中心区、市郊还是偏远地区；与邻近主要城市功能的关系，是商业区、文化区还是住宅区；这是决定工业遗产再利用难易程度和再利用效果和影响的一项重要因素。区域位置越具有优势的工业遗产，再利用的可能性就越大；周边城市功能和人员条件越具有优势的工业遗产，功能置换后的经营效果越好且社会影响越大。

（2）交通条件

工业遗产所在区域位置的交通可达性、方便性，以及交通工具的方式，与其他旅游路线的关联等条件，关系到工业遗产再利用的方式和效果。比如有没有可能与传统旅游项目相结合，与工业旅游项目连成一条路线，当工业遗产旅游达到一定规模时，迅速形成工业遗址与工业遗产旅游新的旅游产品。通过城市公共交通系统、自行车交通系统，将旅游景点串联在一起。

2. 建筑质量

（1）结构安全性

工业遗产建筑、构筑物的结构质量、安全状况，是否依然坚固安全，是否出现危险房屋等。工业建、构筑物的再利用需要对结构进行必要的安全鉴定，在鉴定基础上进行必要的结构加固，使早期设计建造的建、构筑物能够满足当下设计规范和使用功能的要求。

（2）完好程度

工业遗产建构筑物、设施设备的现状保存完好程度，是否在工业生产使用过程中被改建、翻建、加建、加固，以及功能的改变等。工业遗产建筑群体、区域整体环境以及工艺流程保存的完好程度。

3. 利用价值

（1）空间利用

工业遗产的建筑空间是否有再利用的潜力，是否适合进行再利用，再利用的程度和效率如何，空间是否具有对多种功能的适应性。

（2）景观利用

工业遗产建构筑物、设施设备及其群体组合，在景观方面是否

有利用价值，形成富有特色和艺术表现的城市景观和城市空间。

4. 技术可行性

（1）再利用的可行性

工业遗产进行再利用转变使用功能，在技术上（加层、夹层、加固、消防、电气、给排水等）的可行性及难易程度、经济性等。

（2）维护的可能性

工业遗产（尤其是设施设备）进行保存和日常维护，在技术上的可能性及难易程度、经济性等。

6.4.3.3　评价内容及评分办法

以北京工业遗产评价为例，评价内容及评分办法如下。

历史赋予工业遗产价值　　**表 6.1**

评价内容	分项内容	分值			
历史价值（满分 20 分）	时间久远	1911 年之前	1911~1948 年	1949~1965 年	1966~1976 年
		10	8	6	3
	与历史事件、历史人物的关系	特别突出	比较突出	一般	无
		10	6	3	0
科学技术价值（满分 20 分）	行业开创性和工艺先进性	特别突出	比较突出	一般	无
		10	6	3	0
	工程技术	特别突出	比较突出	一般	无
		10	6	3	0
社会文化价值（满分 20 分）	社会情感	特别突出	比较突出	一般	无
		10	6	3	0
	企业文化	特别突出	比较突出	一般	无
		10	6	3	0
艺术审美价值（满分 20 分）	建筑工程美学	特别突出	比较突出	一般	无
		10	6	3	0
	产业风貌特征	特别突出	比较突出	一般	无
		10	6	3	0
经济利用价值（满分 20 分）	结构利用	特别突出	比较突出	一般	无
		10	6	3	0
	空间利用	特别突出	比较突出	一般	无
		10	6	3	0

资料来源：作者自绘

1. 历史赋予工业遗产价值的评价（表 6.1）

2. 现状、保护和再利用价值的评价（表 6.2）

现状、保护和再利用价值　　**表 6.2**

评价内容	分项内容	分值				
区域位置（满分 25 分）	区位优势	突出	很好	较好	一般	差
		15	10	5	0	–3
	交通条件	突出	很好	较好	一般	差
		10	5	2	0	–2
建筑质量（满分 25 分）	结构安全性	突出	很好	较好	一般	差
		15	10	5	0	–3
	完好程度	突出	很好	较好	一般	差
		10	5	2	0	–2
利用价值（满分 25 分）	空间利用	突出	很好	较好	一般	差
		15	10	5	0	–3
	景观利用	突出	很好	较好	一般	差
		10	5	2	0	–2
技术可行性（满分 25 分）	再利用的可能性	很容易	比较容易	可能	一般	难
		15	10	5	0	–3
	维护的可能性	很容易	比较容易	可能	一般	难
		10	5	2	0	–2

资料来源：作者自绘

6.4.3.4　评价内容和评分办法的说明

1. 使用须知

（1）在对工业遗产具体评价的过程中，首先根据第一部分的评价判断工业遗产的价值，这一部分所评价出的是工业遗产本身具有的绝对价值，是任何主观判断不可动摇的。在历史赋予工业遗产价值的评价判断基础上，确定工业资源成为工业遗产后，根据现状、保护和再利用价值的评价标准进行追加评价。追加评价的结果不影响历史赋予工业遗产价值的评价对工业遗产价值作出的判断，只作为保护和再利用决策和方案的参考。

（2）本办法适用于在对工业遗产进行调查和评价时使用，依靠本办法，可对一个城市和一个地区的所有工业资源的价值概貌和具体分布有一个宏观的把握。在使用时，参加调查人员需要在对全部调查对象有一个基本全面了解的基础上，对分项评分标准进行讨论并结合具体情况达成共识，确保本评价办法使用的客观性和准确性。

（3）由于在工业资源普查中应用本评价办法，可对普查过的每项资源的价值评出一个分值，此分值将可能对该资源是否成为遗产起决定性作用。因此，对于个别的工业资源实例，由于其在某一方面具有极为突出的价值（单项得分值为最高值），或者远远超出普遍的背景分值，则无论总分如何，都应当被单独评价；即使其总分分值并不高，也应当作为具有较高价值的工业遗产实例对待和保护。

（4）依照本评价办法的评价结果仅提供一个宏观和概括性的价值判断，并不能反映工业资源遗产价值的全部内容。具体到单项工业遗产价值的评价，还需要进行有针对性的、更加深入的调查和研究，作出全面、客观和准确的价值评价。工业遗产的稀缺性体现在各项价值的分值差异上。

（5）本评价办法根据北京工业资源的整体特征确定价值评分办法，经过实际应用后，可以进行必要调整和完善。比如分数的权重、价值内容、分项内容等。其他城市、地区应用此办法，应根据应用所在地工业资源整体状况和历史发展特征进行适当调整。

2. 关于分值的规定

（1）本评价标准的设置只评定出各工业遗产价值的大小，而不提供统一的价值判定的分数线和分数段。工业遗产保护级别分数线和分数段的确定应对一定数量工业资源打分后，经过专家组和主管部门认真、严肃的讨论，得出不同级别工业遗产价值的背景分值，确定工业遗产价值级别的分数线和分数段，制定工业遗产保护的分级。

（2）对于年代所进行的划段，具体说明如下：

1911年之前，是清朝时期。这一时期又可以分为两个阶段，1895年以前，中国的近代工业以官办、官督民办、官商合办、华商办为主。北京在这个历史阶段建立的企业少之又少，且很少能延续到今天，目前知道的仅有通兴煤矿（现为门头沟煤矿）等少数几处。1895年，清政府在中日甲午战争中战败，被迫签订《马关条约》，条约中规定允许日本人在清国通商口岸设立领事馆和工厂及输入各种机器，利用中国廉价劳动力和原材料，榨取更多的利润，中国丧失了工业制造专有权。从这以后，外商办和中外商合办企业开始增多。北京在这个历史阶段也建立了少量的近代企业，如京师自来水股份有限公司、度支部印刷局、京师丹凤火柴有限公司、长辛店机车修理厂等，但数量还是比较少，能延续至今的就更加弥足珍贵。

1911~1948 年，是“中华民国”时期。辛亥革命后，在形式上建立了资产阶级民主国家，先是经历了北洋政府时期（1911~1927 年），在国民政府时期（1927~1949 年），还经历了抗日战争时期（1937~1945 年）。这一阶段近代工业逐渐走向自主发展，建立了一批官商合办及商办的工业企业，如双合盛五星汽水啤酒厂、石景山炼厂、北京电车股份有限公司等，其间受抗战影响发展一度非常艰难，到战争胜利后又有所恢复。抗日战争时期，日本在北京建立了一些工业企业，如琉璃河水泥厂等；或对先前成立的工业企业进行了收买和改造，如石景山炼厂等。总体来看，这一时期北京的工业虽有一定发展，但总量仍显较少，延续至今的也不多，价值显得非常突出。

1949 年到 1965 年为新中国社会主义工业起步时期，中国工业经历了国民经济恢复时期、“一五、二五”重要建设时期，对私营企业和集体企业进行了社会主义改造，经历了大跃进，工业建设高速发展，建立了一大批具有开创性的国家级大型企业，如 718 联合厂、744 厂（北京电子管厂）、738 厂（北京有线电厂）、北京热电厂、京棉一、二、三厂、北京炼焦化学厂等。北京现存的工业遗产资源主要就集中在这一时期。

1966~1976 年，中国工业发展经历了“文化大革命”的洗礼，三线建设成为这个历史时期的重要特点，这一阶段是一个曲折发展，甚至在某些方面发生倒退的时期，但也产生了一些具有重大影响力的工业企业，如燕山石化、牡丹电视机厂等。

1976 年以后至今是改革开放时期，从历史年代方面就不予以加分了。

（3）关于现状、保护和再利用价值的评价标准，由于评价为主观评价，因此增加了负分，根据评价内容分项的重要程度，正分分值定为 15、10 分，负分分值定为 –3、–2 分。

6.5　工业遗产保护的管理

6.5.1　工业遗产的保护层次

1. 世界文化遗产

世界遗产分为自然遗产、文化遗产、自然遗产与文化遗产混合体和文化景观。我国已有30处文化和自然遗产被联合国教科文组织列入《世界遗产》名录，仅四川都江堰1项为广义工业遗产。在25项后备遗产名录中仅铜录山古铜矿遗址（湖北省黄石市大冶县）1项为广义工业遗产。

2. 国家重点文物保护单位

从1961年第一批到2006年的第六批，全国重点文物保护单位共计2348处，与工业遗产相关的全国重点文物保护单位约有140余处，占总数的6%左右。这些遗产主要集中在古代窑址、古代冶炼遗址、古代矿址、桥梁、古代酿酒、古代水利工程等方面。从广义工业遗产或产业遗产角度来看，这个数量并不算少。但狭义工业遗产，即工业革命之后的近代工业遗产则仅有11项（占与工业遗产相关140余处总数量的7.86%），数量非常有限。这反映出我国的文化遗产保护关心历史（古代）和文化多，关心近代和工业少的状况。

3. 市级重点文物保护单位

各城市市级重点文物保护单位也有相当数量的工业遗产，北京市重点文物保护单位共计326处，其中宣武区京华印书局旧址、德寿堂药店; 西城区平绥西直门车站旧址; 崇文区京奉铁路正阳门车站; 朝阳区四九一电台旧址；门头沟天利煤厂旧址共6处属于工业遗产，占总数的1.84%。

4. 优秀近现代建筑或优秀历史建筑

城市优秀近现代建筑一般是指从19世纪中期至20世纪50年代建设的、能够反映城市发展历史、具有较高历史文化价值的建筑物和构筑物。包括反映一定时期城市建设历史与建筑风格、具有较高建筑艺术水平的建筑物和构筑物，以及重要的名人故居和曾经作为城市优秀传统文化载体的建筑物，是文物建筑保护的延伸。

北京优秀近现代建筑保护名录（第一批）中北京自来水近现代建筑群（原京师自来水股份有限公司）、北京铁路局基建工程队职工住宅（原平绥铁路清华园站）、双合盛五星啤酒联合公司设备塔、首钢厂是展览馆及碉堡、798 近现代建筑群（原 798 工厂）、北京焦化厂（1#2# 焦炉及 1# 煤塔）共 6 项，23 栋属于工业遗产。占全部 71 项的 8.45%，占总栋数 190 栋的 12.1%[①]。

1986 年上海被国务院批准为“国家历史文化名城”后，进一步提高保留保护意识。1989 年上海市人民政府公布第一批 61 处优秀近代建筑；此后，分别于 1994 年、1999 年公布了第二批 175 处、第三批 162 处优秀历史建筑；第四批优秀历史建筑 234 处 (740 幢)。上海市优秀历史建筑总数达 632 处 (2138 幢)，约 480 万平方米，其中产业类建筑达到 39 项，占总数的 6.2%。

天津 2005 年 8 月、2006 年 2 月、10 月、2008 年 1 月分四批公布批准了共 670 项历史风貌建筑，其中只有 9 项与产业遗产相关，占总数的1.3%,数量少得可怜,与天津近代工业发展的状况相去甚远,说明天津对工业遗产的重视程度还不够。

5. 作为工业遗产进行保护

对于遗产价值突出的工业遗存，应作为工业遗产进行保护。不得拆除，整体保留建筑原状，包括结构和式样，对于不可移动的建、构筑物和地点具有特殊意义的设施设备还应原址保留。在合理保护的前提下可以进行修缮，也可以置换建筑功能。但新用途应尊重其中重要建筑结构，并维持原始流程和活动，并且应当尽可能与最初的功能相协调。建议保留一个记录和解释原始功能的区域。

6. 作为工业资源进行再利用

对于遗产价值不高但再利用价值突出的工业遗存，应作为工业资源进行再利用。可以对建、构筑物进行加层和立面改造，置换适当的功能，满足时代的需求。但应尽可能保留建筑结构和式样的主要特征，使得古老的工业遗迹与现代生活交相辉映，形成地区特色风貌和趣味性。

7. 非物质文化遗产

2006 年，国务院批准的第一批国家非物质文化遗产名录包括 518 项遗产，分为民间文学、音乐、舞蹈、戏剧、曲艺、杂技与竞技、美术、手工技艺、传统医药和民俗共 10 大类。北京有 13 项入选，

---

① 北京市规划委员会、北京市城市规划设计研究院：《北京优秀近现代建筑保护名录》（第一批），2007 年

其中象牙雕刻、"聚元号"弓箭制作技艺、荣宝斋木版水印技艺、景泰蓝工艺、雕漆工艺、同仁堂中医药文化6项与工业遗产相关。

6.5.2 工业遗产的保护体系

1. 已有的保护体系

列入世界遗产名录和各级文物保护单位的工业遗产，根据《世界文化遗产保护管理办法》、2002年修订通过的《文物保护法》及其《实施条例》的规定，由各级人民政府组织编制保护规划，行使保护职能。2004年，国家建设部发出《关于加强对城市优秀近现代建筑规划保护的指导意见》的通知，要求各地建设主管部门要会同文化行政主管部门，制定本地区城市优秀近现代建筑划定的分级、分类标准；进行全面普查调查，摸清城市优秀近现代建筑分布情况，提出保护名单；编制优秀近现代建筑保护规划，经城市人民政府批准后向社会公布。从已经颁布的各城市优秀近现代建筑名单中可以看出，各城市优秀近现代建筑的年代范围、评价标准、分级、重点都有不同，这为工业遗产保护提供了重要的借鉴思路。

城市工业遗产保护作为历史文化名城保护、不可移动文物保护和优秀近现代建筑保护的重要内容，应该按照以上三个保护的管理办法，纳入到相关的规划管理当中，丰富保护内容，扩大保护范围。对那些因矿（因石油、工业等）建城、以工业为主要城市特色、工业遗产资源特别丰富的城市，可以评为"历史文化名城"，如大庆、攀枝花等城市。城市中工业企业特别集中，工业风貌特征特别突出的传统工业区，可以评为"历史文化街区"，如北京电子城工业区、首钢工业区、燕化工业区等。

2. 建议增加的保护内容

由于工业遗产与文物建筑、历史建筑、风貌建筑的评价标准不同，笔者建议各城市可以根据各城市的特色，制定各自的工业遗产评价标准，认定工业遗产，划定工业遗产保护区进行保护。各级人民政府参照建设部颁布的《城市紫线管理办法》组织城市规划管理部门，会同文化、工业、产权管理等部门，编制工业遗产和工业遗产保护区的保护规划，参照优秀近现代建筑保护的相关规定，以及国外工业遗产保护相关经验进行管理。需要强调的是：工业遗产与工业遗产保护区的保护是要保护工业遗存的整体性，格局、工艺、风貌等等；但重在工业遗产的适宜性再利用，要充分发挥工业遗存的价值，避免博物馆“福尔马林”式的被动保护。

3．保护的分级

鉴于已有保护体系内部和建议增加保护内容之间已经形成了等级差别，笔者建议在同一层次保护体系内工业遗产不再分级。列为全国重点文物保护单位的工业遗产等级比列为优秀近现代的工业遗产等级高、价值大；而同样列为优秀近现代建筑的工业遗产，相互之间不再分级。对于大量的，没有列入各级保护体系当中的工业建筑和设施设备，也要本着科学的态度，按照可持续发展的理念，鼓励进行适宜性再利用。上海世博园区内的工业遗产分三级进行保护：一是文物保护单位与优秀历史建筑，二是保留历史建筑，三是其他保留建筑。也就是说，第一级具有文物或优秀近现代建筑的价值；第二级具有一定价值，但价值不突出；第三级是可以在今后的开发建设中进行再利用的建筑。所以，并不是说工业遗产价值不突出的建筑，就可以全部拆除；开发建设和规划设计单位完全可以通过精心策划，进行合理利用。

小结

本章对工业遗产保护、研究和工业考古学的发展历史进行了简要回顾，归纳了工业遗产保护的国际组织、国际性文件；论述了工业遗产的定义、构成、类型和特征；对工业遗产的价值构成、评价标准以及文化遗产保护与城市规划管理体系进行了探讨；提出了将工业遗产保护纳入到文化遗产保护和城市规划管理体系当中，形成以工业遗产为主要保护内容的“历史文化名城”、以工业建构筑物和设施设备等工业风貌为特征的“历史文化街区”，以及工业遗产单体形成的世界文化遗产、各级重点文物保护单位、优秀近现代建筑（优秀历史建筑、优秀风貌建筑）和工业遗产多层次保护管理体系。

世界遗产分为：自然遗产、文化遗产、自然遗产与文化遗产混合体和文化景观。我国已有30处文化和自然遗产被联合国教科文组织列入《世界遗产》名录，仅四川都江堰1项为广义工业遗产。在

25项后备遗产名录中仅铜录山古铜矿遗址（湖北省黄石市大冶县）1项为广义工业遗产。

我国公布的全国重点文物保护单位中已经或多或少包括了工业遗产的内容，但历史文化名城和历史文化街区还没有将工业遗产作为认定的主要内容和依据，还需要加深对工业遗产特色和重要性的认识，丰富和完善保护的范围和层次。2005年10月国际古迹遗址理事会（ICOMOS）第15届大会在西安召开，通过并发表了《西安宣言》。宣言针对当前世界城市发展与遗产保护所面临的普遍问题，尤其是针对中国和亚太地区高速发展所带来的城镇和自然景观的变化，提出更合理可行的保护理念和解决措施，以保护人类共同的文化遗产。因此在城市产业结构不断调整，传统产业逐渐衰退，城市规模不断扩大，工业企业搬迁持续进行的今天，妥善保留工业遗存，保护有价值的工业遗产，对于保留城市记忆、延续城市生命，满足高技术影响下对高情感的需求，具有非常重要的现实意义。

第 7 章　国外工业遗产保护的实践

7.1　世界文化遗产名录中的工业遗产

1972 年 10 月 17 日至 11 月 21 日，联合国教科文组织在巴黎举行第十七届会议，通过了《世界文化和自然遗产保护公约》。截至 2007 年 11 月的统计，《世界文化和自然遗产保护公约》的签约国共 185 个，其中 137 个签约国拥有世界遗产项目。全世界共有世界遗产 878 处，其中文化遗产 679 处，自然遗产 174 处，文化与自然双重遗产 25 处，分布在 145 个国家。1978 年在瑞典成立的国际工业遗产保护委员会 (The International Committee for the Conservation of the Industrial Heritage, TICCIH）是 ICOMOS 的专业咨询机构，对全世界范围的工业遗产保护起到了关键作用。

2006 年国际古迹遗址理事会统计的联合国教科文组织世界遗产名录中工业遗产地（Industrial Heritage Sites on the UNESCO World Heritage List）共 43 项①。按照项目时间计算，其中公元前的 1 项，公元 1~5 世纪的 3 项，公元 6~17 世纪的 8 项，公元 18~19 世纪的 19 项，公元 20 世纪以后的 12 项，18 世纪之后的总项目数达到 31 项，占到总项目比例的 72%。世界文化遗产中的工业遗产涉及 23 个签约国，包括 15 个欧洲国家、4 个南美洲国家、2 个亚洲国家，北美洲国家和大洋洲国家各 1 个。拥有工业遗产根据项目数量排名前列的依次为英国 6 项；巴西 4 项；比利时、法国、德国和瑞典均为 3 项。中国共有 31 项世界文化遗产，其中只有一项是工业遗产。世界文化遗产中工业遗产名录如下（表 7.1）:

---

① ICOMOS. Industrial Heritage Sites on the UNESCO World Heritage List http://www.international.icomos.org/18thapril/2006 /whsites.htm

世界文化遗产中工业遗产名录　　表 7.1

遗产名称	所在国家	类型	入选时间
Royal Exhibition Building and Carlton Gardens 皇家展厅与卡尔顿花园	澳大利亚	工业博览设施	2004

皇家展厅与卡尔顿花园是为1880~1888年在墨尔本举行的国际博览会而兴建，使用砖、木、钢铁和石板多种建筑材料，吸收了拜占庭式、罗马式、伦巴第式和意大利文艺复兴风格等多种设计元素。该建筑是1851~1915年期间国际博览运动的典型代表，承载了一个共同的目标，即用来自各国的工业展示物质和精神领域的进步。

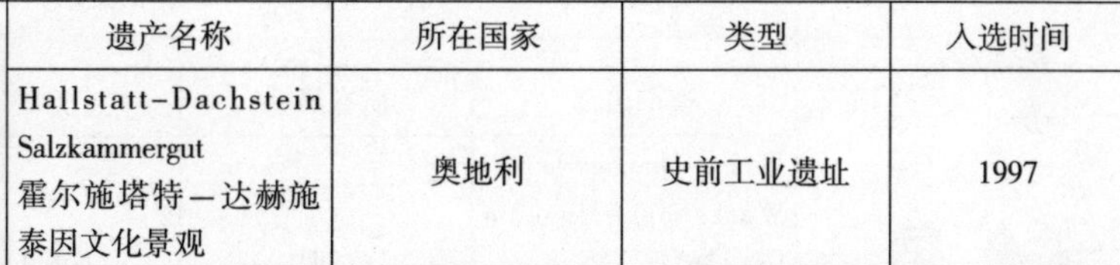

遗产名称	所在国家	类型	入选时间
Hallstatt-Dachstein Salzkammergut 霍尔施塔特－达赫施泰因文化景观	奥地利	史前工业遗址	1997

人类活动于史前时期就已经在风景优美的萨尔茨卡默古(Salzkammergut)开始了，采掘盐矿可以上溯到公元前2000年。凭借这一资源，该地区的繁荣一直持续到20世纪中叶，从霍尔（Hall）城精美的建筑艺术可见一斑。

遗产名称	所在国家	类型	入选时间
Semmering Railway 塞默灵铁路	奥地利	铁路	1998

建于1848~1854年，其中41公里的路线穿越高山，代表了铁路建设早期民用工程的最高水平。涵洞、高架桥的工艺精良，至今仍然可以正常使用。它穿越了壮丽的山川，促进了地区的开放。

遗产名称	所在国家	类型	入选时间
Neolithic flint mines at Spiennes (Mons) 斯皮耶纳新石器时代燧石矿	比利时	矿山	2000

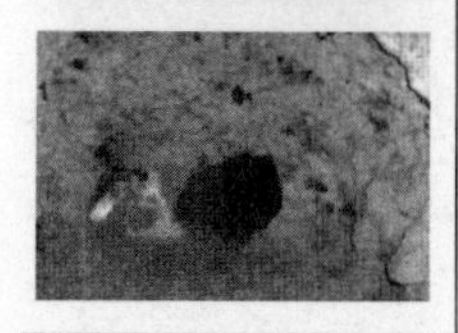

史前欧洲文明的中心，公元前4200~前2500年新石器时代人类在此出现。矿山占地100多公顷，是欧洲最早也是最大的古代矿山群。矿物开采技术丰富多样，可以看出燧石应用的痕迹。工业生产直接导致了聚居的形成。

续表

遗产名称	所在国家	类型	入选时间
The Four Lifts on the Canal du Centre and their Environs, La Louvière and Le Roeulx (Hainault) 拉路维尔和勒埃诺中央运河上的四座水闸及其环境	比利时	水利设施	1998

中央运河上四座水力升船闸是质量完好、杰出的工业纪念碑，它们同运河本身以及辅助结构均得到很好的保护，是19世纪晚期工业景观的代表。19世纪末20世纪初建成的8座水力升船闸仅存中央运河的这四座，仍以原始的方式工作。

遗产名称	所在国家	类型	入选时间
Plantin-Moretus House-Workshops-Museum Complex 普朗坦-莫瑞特斯手工艺博物馆	比利时	印刷厂	2005

普朗坦-莫瑞特斯博物馆原是文艺复兴和巴洛克时期的印刷厂和出版社。它坐落在安特卫普市，是当时与巴黎和威尼斯齐名的三大印刷中心之一，与凸版印刷术的发明和传播密切相关，以16世纪后半叶著名的出版印刷商克里斯托弗·帕拉丁（Christophe Plantin，1520~1589）命名。它翔实地再现了16世纪后半叶欧洲丰富的出版印刷活动以及生活场景。工厂的建筑物直到1867年仍然在使用，容纳了旧的印刷设备、藏书丰富的图书室、珍贵的档案材料和艺术品，包括著名画家鲁宾斯的作品。

遗产名称	所在国家	类型	入选时间
City of Potosí 波托西城	玻利维亚	工业市镇	1987

16世纪世界上最大的工业开发区，以水力为动力来源开采银矿。这个区域包括工艺复杂的输水和人工湖系统、殖民市镇、教堂和贵族的宅第以及工人聚居区。

续表

遗产名称	所在国家	类型	入选时间
Historic Town of Ouro Preto 欧鲁普雷图历史城镇	巴西	工业市镇	1980

该城建于17世纪晚期，是淘金浪潮和巴西18世纪黄金时代的集中体现。19世纪金矿枯竭，城市的影响力下降，但是许多教堂、桥梁、喷泉保留了下来。成为曾经繁荣的建筑以及巴洛克时期雕塑艺术家亚历昂德里诺（Aleijadinho）的纪念地。

遗产名称	所在国家	类型	入选时间
Historic Centre of the Town of Olinda 奥林达城历史中心	巴西	工业市镇	1982

16世纪葡萄牙人建立了这个与蔗糖工业有密切联系的小镇。18世纪被荷兰的铁骑毁坏后重建，城市肌理从此保留下来。这座小镇的魅力来源于各种建筑、花园、20个教堂、小修道院之间的和谐与平衡。

遗产名称	所在国家	类型	入选时间
Historic Centre of the Town of Diamantina 迪亚曼蒂纳城历史中心	巴西	工业市镇	1999

迪亚曼蒂纳这座殖民小村镇仿佛一颗项链上的明珠镶嵌在多岩石的山区，向人们展示着18世纪钻石开采者的足迹，也见证着人类文化向未知环境探险活动的伟业。

遗产名称	所在国家	类型	入选时间
Historic Centre of the Town of Goiás 戈亚斯历史中心区	巴西	工业市镇	2001

戈亚斯（Goiás）见证了18~19世纪巴西中部开发和殖民的历史。城市布局是一个矿业城镇适应场地条件有机增长的范例。尽管风格朴素，小镇的公建和民居整体上都很和谐，得益于当地材料和乡土技术的应用。

续表

	遗产名称	所在国家	类型	入选时间
 	Humberstone and Santa Laura 亨伯斯通和圣劳拉硝石矿	智利	矿山	2005
	亨伯斯通和圣劳拉硝石工厂曾经由200多个硝石车间组成，来自智利、秘鲁和玻利维亚的工人居住在工人新村里，形成了一种独特的公社文化，以其丰富的语言、创造力、团结精神为特色，更重要的是它作为争取社会公正的先锋，在社会史上影响深远。由于坐落于遥远偏僻的彭巴斯草原——世界上最干旱的地区之一，从1880年开始，这座硝石矿持续了60年，成为世界上持续时间最长的矿山。之后，经过土壤肥化，土地重新用于农业生产，为智利创造了巨大的财富。由于该地区受到地震带的影响，被列入濒危遗产清单。			
	遗产名称	所在国家	类型	入选时间
	青城山及都江堰灌溉系统	中国	水利设施	2000
	都江堰灌溉系统始建于公元前3世纪，至今仍然控制岷江的水流并灌溉成都平原的沃野。青城山是道教发源地，古代道观众多。			
	遗产名称	所在国家	类型	入选时间
	Archaeological Landscape of the First Coffee Plantations in the South-East of Cuba 古巴东南部第一座咖啡种植园考古景区	古巴	工业革命前产业遗迹	2000
	位于马埃斯特拉（Sierra Maestra）山脚下19世纪的咖啡种植园景区是不同地域农业生产的独特例证。它们在很大程度上打开了认识加勒比和拉丁美洲地区经济、社会和技术史的窗口。			
	遗产名称	所在国家	类型	入选时间
	Kutná Hora: Historical Town Centre with the Church of St Barbara and the Cathedral of Our Lady at Sedlec 库特拉霍拉历史城镇中心的圣巴巴拉教堂及塞德莱茨的圣母玛丽亚大教堂	捷克共和国	工业市镇	1995
	库特拉霍拉（Kutná Hora）因银矿开采而兴起。在14世纪成为皇家城市，竖立纪念碑来彰显其繁荣。圣巴巴拉教堂是哥特晚期建筑的瑰宝，塞德莱茨的圣母玛丽亚大教堂教堂按18世纪早期巴洛克风格修复，对中欧的建筑设计有很大影响。这些杰作与其他一些保存完好的私人住宅一起再现了中世纪的城市肌理。			

续表

遗产名称	所在国家	类型	入选时间
Verla Groundwood and Board Mill Verla 韦尔拉木材加工厂	芬兰	工业居民点	1996

韦尔拉的木材加工厂及其辅助的居住区是小尺度乡村工业居民点的杰出代表。19世纪末20世纪初造纸业和木材加工业在北美和北欧兴盛起来的，但像这样得以存留至今的工业居民点寥寥可数。

遗产名称	所在国家	类型	入选时间
Royal Saltworks of Arc-et-Senans 阿凯塞南皇家盐厂	法国	加工厂	1982

皇家盐厂建于1775年路易十六时期，是工业建筑最早期的代表作，充满了启蒙运动的气息。设计巨大的半圆形综合体为了合理地有层次地组织工业生产，原计划后续建设一座理想城市，然而未果。

遗产名称	所在国家	类型	入选时间
Pont du Gard (Roman Aqueduct) 罗马嘉德输水桥	法国	水利基础设施	1985

输水工程建于基督教时代初期，为了让长达50公里的输水渠跨越嘉德河修建，罗马建筑师和水利工程师一起建造了这座高达50米、分三层、总长度275米的桥梁，成为技术和艺术的结晶。

遗产名称	所在国家	类型	入选时间
Canal du Midi 米迪运河	法国	运河	1996

这条累计长度360公里的通航水道网络连接了地中海和大西洋，码头、输水管道、桥梁、隧道等构筑物多达328处，是现代土木工程的杰作。建造于1667~1694年间，为工业革命铺平了道路。它的设计者让它巧妙地融合到自然中，将一件技术成就变成了艺术品。

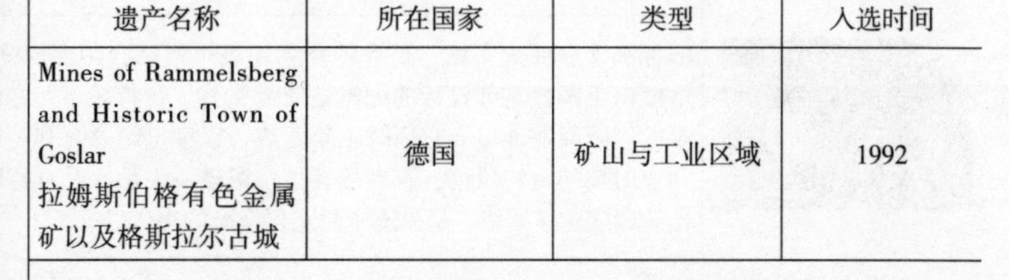

遗产名称	所在国家	类型	入选时间
Mines of Rammelsberg and Historic Town of Goslar 拉姆斯伯格有色金属矿以及格斯拉尔古城	德国	矿山与工业区域	1992

格斯拉尔古城曾经在商业行会中有着举足轻重的地位，因为其附近的拉姆斯伯格拥有富集的金属矿藏。从10世纪到12世纪，它是德国神圣罗马皇帝的驻地之一。历史中心区保存完好，有大约1500座建于15~19世纪的半木构住宅。

续表

遗产名称	所在国家	类型	入选时间
Völklingen Ironworks 弗尔克林根钢铁厂	德国	钢铁厂	1994

弗尔克林根钢铁厂占地大约 6 公顷，虽然最近已经停产，但它是西欧和北美唯一一个 19 世纪建成而至今仍然保存完好的钢铁厂。

遗产名称	所在国家	类型	入选时间
Zollverein Coal Mine Industrial Complex in Essen 埃森的关税同盟煤矿工业区	德国	矿山及工业区域	2001

关税同盟工业区位于北莱茵区—威斯特法伦地区，包括历史上采矿遗址的所有基础设施以及数座 20 世纪具有突出价值的建筑物。它见证了这个主要产业在 150 年间的兴衰历程。

遗产名称	所在国家	类型	入选时间
Mountain Railways of India 印度山区铁路	印度	铁路	1999/2005

这条在美景中穿行的铁路至今仍然在使用中，充分体现了在崎岖山地上修建铁路工程的高超技艺。其中大吉岭（Darjeeling）路段在 1881 年开通，而 1854 年即设计出方案的尼尔吉利（Nilgiri）山区路段，由于途经地区海拔高差过大，直到 1908 年才竣工。该铁路大幅度推动了英属殖民地人口流动和社会经济发展。

遗产名称	所在国家	类型	入选时间
Chhatrapati Shivaji Terminus (formerly Victoria Terminus) 泊拉巴帝西瓦吉火车站	印度	基础设施	2004

旧称维多利亚火车站，是哥特复兴建筑风格结合印度传统装饰元素的代表作。这幢由英国建筑师设计的火车站使孟买有"哥特城市"之称，并且成为印度主要的国际商业港口。它历时十年建成，以中世纪意大利建筑为范本，具有维多利亚时期的哥特风情；石砌的圆顶、塔楼、尖拱以及奇特的平面构形又体现了传统印度建筑风格，是一座东西文化交融的杰作。

续表

遗产名称	所在国家	类型	入选时间
Crespi d'Adda 克雷斯皮达阿达	意大利	工业市镇	1995

位于意大利北部伦巴第大区贝尔加莫省的阿达河左岸，是意大利 19 世纪中后期工业化时期产生的工人居住区的杰出代表。它保存十分完好，至今仍然具备一定的产业功能，尽管社会经济状况的变化使它陷入困顿之境。

遗产名称	所在国家	类型	入选时间
Historic Town of Guanajuato and Adjacent Mines 瓜纳华托城历史城区及附近的矿山	墨西哥	工业市镇及矿山	1988

16 世纪早期西班牙人建立的这座城市称为 18 世纪世界银矿开采业的中心。该城优美的巴洛克风格建筑与新古典主义风格建筑影响波及墨西哥中部的其他地区。同时它也见证了墨西哥的重要历史事件。

遗产名称	所在国家	类型	入选时间
Historic Centre of Zacatecas 萨卡特卡斯历史中心区	墨西哥	工业市镇	1993

萨卡特卡斯因 1546 年发现富集的银矿而兴起，到 16~17 世纪达到繁荣的顶峰。它坐落于狭窄山谷的陡坡上，风光旖旎，保留了大量 18 世纪 30~60 年代的宗教和世俗建筑，以丰富的巴洛克立面以及和谐的设计著称，在这里欧陆风情与乡土景观共存。

遗产名称	所在国家	类型	入选时间
Ir.D.F. Woudagemaal (D.F. Wouda Steam Pumping Station) 沃达蒸汽泵站	荷兰	市政基础设施	1998

沃达蒸汽泵站于 1920 年开始运营，它是有史以来规模最大并且仍在运转的蒸汽泵站。它高度体现了荷兰的工程师和建筑师在驯服水的自然力、保护土地和人民方面作出的杰出贡献。

续表

遗产名称	所在国家	类型	入选时间
Mill Network at Kinder-dijk-Elshout 金德代克－埃尔斯豪特风力磨坊	荷兰	磨坊	1997

金德代克－埃尔斯豪特地区的风力磨坊群展示了荷兰人民在管理水资源方面的突出贡献。修建水利设施排干土地用作农业生产和定居的工程一直延续到今日。该处遗址充分展示了与排海造陆技术有关的典型设施——堤坝、水库、泵站、管理用房和美丽的风力磨坊群。

遗产名称	所在国家	类型	入选时间
RørosMining Town 勒罗斯村	挪威	工业市镇	1980

勒罗斯村坐落在山区，与一座自17世纪开始一直采掘了333年的铜矿紧密联系。1679年毁于瑞典铁骑后完全重建，大约80多座木屋散落在乡野间，深色倾斜原木使这个小镇显现中世纪的面貌。

遗产名称	所在国家	类型	入选时间
Wieliczka Salt Mine 维利奇卡盐矿	波兰	矿山	1978

维利奇卡盐矿自13世纪开始发掘，盐矿分布在9个层面上，延伸300公里，其中散布有各种艺术品、祭坛以及盐质雕刻，使人民对曾经的工业活动肃然起敬。

遗产名称	所在国家	类型	入选时间
Historic Town of Banská Štiavnica and the Technical Monuments in its Vicinity 班斯卡－什佳夫尼察历史城镇和邻近的工艺运动	斯洛伐克	工业市镇	1993

班斯卡－什佳夫尼察历史城镇在过去的数个世纪中经过许多杰出工程师和科学家的经营，形成现在的格局。中世纪古老的采矿中心演化成的小镇，有文艺复兴时期的宫殿、16世纪的教堂、优雅的广场和城堡。城市中心镶嵌在周边的景观里，同时也涵纳了采矿和冶金历史的重要遗迹。

续表

遗产名称	所在国家	类型	入选时间
Old Town of Segovia and its Aqueduct 塞戈维亚老城区以及输水道	西班牙	工业市镇及基础设施	1985

塞戈维亚的罗马式输水道建于公元 50 年，保存得尤其完好，它双层的拱券成为宏伟旧城风貌的一部分。其他重要的建筑物还包括建于 11 世纪的 Alcázar 以及 16 世纪的哥特式教堂。

遗产名称	所在国家	类型	入选时间
Las Médulas 拉斯 · 梅德拉斯城	西班牙	工业市镇	1997

公元 1 世纪罗马帝国当局开始借助水力开采西班牙西北部的金矿。由于此后该地区一直用于农业生产，再没有发展其他的工业，这种古老技术的踪影随处可见，山边的峭壁和大量的残渣是无声的见证。

遗产名称	所在国家	类型	入选时间
Engelsberg Ironworks 恩格斯伯格炼铁厂	瑞典	钢铁厂	1993

17~18 世纪，瑞典因出产优质的钢材在行业中居于领导地位，恩格斯伯格炼铁厂是该时期瑞典同类钢铁厂中得到完整保存的代表。

遗产名称	所在国家	类型	入选时间
Mining Area of the Great Copper Mountain in Falun 法伦铜矿开采区	瑞典	矿山	2001

位于法伦的矿山采掘场展示了该地区自 13 世纪以来出产铜矿形成的独特景观。17 世纪规划的城镇包括大量精美的历史建筑，以及广布于达拉娜（Dalarna）地区的工业生产和生活遗迹，展示了数个世纪以来作为世界最重要矿区之一的生动场景。

遗产名称	所在国家	类型	入选时间
Varberg Radio Station 瓦尔贝里无线电台	瑞典	市政公用设施	2004

位于瑞典南部格里梅顿（Grimeton）市的瓦尔贝里无线电台建于 1922~1924 年，是早期无线电通信的完好见证。该站由无线发射设备组成，包括 6 座高达 127 米的发射铁塔。尽管已经不再正常运转，但所有设备都保存如初。占地 109.9 公顷，除了发射装置还有员工的住宅。建造设计采用新古典主义风格，其中天线发射塔是当时瑞典最高的构筑物。该遗产地是电信事业发展的杰出代表，并且是现存唯一基于前电气技术建造的无线电通信站。

续表

遗产名称	所在国家	类型	入选时间
Ironbridge Gorge 铁桥峡谷	英国	桥梁	1986

铁桥作为工业革命的象征举世闻名，它集中体现了所有在18世纪促成该地区快速发展的要素，从铁矿本身到铁路线。附近布鲁克代尔（Brookdale）的煤矿熔炉，使人想起焦炭发明的历史。作为世界上第一座钢铁结构桥梁，它无疑在科技和建筑领域影响深远。

遗产名称	所在国家	类型	入选时间
Blaenavon Industrial Landscape 布莱纳文工业景观	英国	工业景观	2000

布莱纳文周边地区见证了19世纪南威尔士地区在钢铁制造和煤炭采掘业内的显赫历史。所有的元素至今清晰可辨——煤矿和铁矿、采石场、早期的铁路系统、熔炉、工人住宅区以及社区的基础设施。

遗产名称	所在国家	类型	入选时间
Derwent Valley Mills 德文特河谷纺织厂	英国	纺织厂	2001

位于英格兰中部的德文特河谷中容纳了大批18~19世纪的棉纺织厂，它们共同形成了具有较高历史价值和技术价值的工业景观。这里有现代工厂的原型，是阿克莱特的发明被第一次运用到规模化工业生产的地方。工人宿舍区和其他一些纺织厂仍然保存完好，见证了这个地区社会经济的发展。

遗产名称	所在国家	类型	入选时间
New Lanark 新拉纳克	英国	工业市镇	2001

新拉纳克是19世纪形成于苏格兰地区的小镇，空想社会主义者罗伯特·欧文在这里实践工业社区的样板。令人难忘的棉纺织厂、宽敞优美的工人住宅、井然有序的教育机构至今仍然闪耀着欧文人文主义的光辉。

续表

	遗产名称	所在国家	类型	入选时间
	Saltaire 索尔泰尔村	英国	工业市镇	2001
	西约克郡的索尔泰尔村是一处保存完好的19世纪晚期工业新村。由泰特斯·索尔特爵士建于1876年。纺织厂、公共建筑和工人之家建筑风格和谐且做工优良，城市规划的蓝图完整地保留下来，生动地体现了维多利亚时期温情主义的政治背景。			
	遗产名称	所在国家	类型	入选时间
	Liverpool-Maritime Mercantile City 利物浦——海上贸易城	英国	工业市镇	2004
	利物浦旧城的六个片区以及码头见证了18~19世纪世界主要贸易中心的繁荣。它在不列颠帝国成长的过程中地位举足轻重，是人口流动的主要港口。不仅如此，它还是现代码头建设技术、运输系统和港口管理的先驱。这一遗产地包括大量商业、民用和公共建筑。			

资料来源：根据 http：//whc.unesco.org/en/list 联合国教科文组织世界文化遗产名录及其他相关资料进行整理

7.2　欧洲工业遗产之路（European Route of Industrial Heritage, ERIH）

7.2.1　基本概况

1993年欧盟成立后，为推动各成员国的合作和交流，在各个方面展开了整合，也包括工业遗产体系的建立。从上述世界文化遗产数量的分布可以看出，工业遗产在欧洲受到广泛关注。欧洲工业遗产之路是记录欧洲重要工业遗产地的网站，并与废弃的工厂、工业景观、交互式的技术博物馆相链接。欧洲工业遗产之路几乎覆盖了整个欧洲，包括奥地利、比利时、保加利亚、塞浦路斯、捷克、丹麦、爱沙尼亚、芬兰、法国、德国、英国、希腊、匈牙利、爱尔兰、意大利、拉脱维亚、立陶宛、卢森堡、马耳他、荷兰、挪威、波兰、葡萄牙、罗马尼亚、斯洛伐克、斯洛文尼亚、西班牙、瑞典、瑞士和土耳其共30个国家。欧洲工业遗产之路不仅包括那些出色的工业博物馆，还包括所有工业场址以及工业景观等，这个网络建立时间不长，还在不断丰富和扩大之中。

欧洲工业遗产之路使那些参观者从所见所闻的点点滴滴中了解

欧洲工业的发展历史，不管是什么年龄的参观者都可以在导游生动的解说中得到切身体验。德国鲁尔和英国的南威尔士，在欧洲工业遗产之路中是两个特殊的地区，它们作为“世界的工业帝国”，留下了重要的纪念物。欧洲工业遗产之路包括纺织、采矿、钢铁、制造业、能源、交通运输、水利、住宅建筑、工业的服务设施和休闲娱乐设施、工业景观共10个主题游览线路。欧洲工业遗产之路网站着重介绍了欧洲工业的发展历史，以及主要工业国家，如英国、德国、法国、比利时、卢森堡等国家工业发展的历史。对那些曾经对工业发展作出过巨大贡献的科学家、工程师的传记作了介绍，因为工业的发展离不开人，更离不开那些为工业发展作出过突出贡献的人。网站还登载了大量记载工业发展历史和工业遗产现状的照片，为读者直观了解这些工业博物馆、纪念物、景观，提供了最大的方便。

7.2.2　欧洲工业发展历史

欧洲的工业革命并不是一夜之间就完成的，而是循序渐进持续进行的。18世纪人口的快速增长以及由此带来的劳动力的“决堤”是触发工业革命的“扳机”。同时，为了满足如此众多人口的基本生活需要，高效率的生产方式成为必然。在这种形势下，英国获得了两项突飞猛进的进步：农业技术和令人惊讶的发明家的出现。这就是为什么英国能够从1750年开始，持续到19世纪，甚至在更长时间里，主导欧洲其他地区不断进步的步伐。

第一台纺纱机首先在不列颠群岛发明，其后是机械纺织机，不久之后纺织工厂就拔地而起。同时，钢铁工业开始萌动，当人们发明了炼焦之后，钢铁生产蓬勃发展，能源多用来冶炼。当蒸汽机用于更快更有效加热高炉的时候，煤矿区的矿井和钢铁工业的烟囱像雨后春笋般大量涌现。

工人大量涌入工厂，乡村顷刻间变成了城市：人们不得不忍受拥挤的贫民窟和潮湿的地下室。工人每天按照机器的节奏工作14个小时，妇女和儿童付出的劳动同男人一样多但获得的报酬更低，这尤其在采矿和纺织工业中表现得更加突出。人们生活在失业和饥饿的威胁之中，绝望必然导致血腥的反抗。想要刹车是徒劳无益的，新的发明会不断对不足进行弥补，就像车轮上的齿轮一样，环环相扣。不断增加的钢产量，导致与之相关的交通运输迅猛发展。

法国与英国并驾齐驱，是英国主要的竞争者，早在18世纪早期，供给纺织工业的棉花比英国增长了5倍。法国的工业重点在于最终产品的生产，如丝绸、瓷器、皮革等奢侈品。这些传统的生产方式首先被工业化，因此第一次工人大罢工就在丝绸工业中爆发。里昂的丝绸工人1830年通过了工业法案，提出了最低工资的要求。由于法国煤矿和铁矿资源较少，开采直到19世纪中叶才随着公路和铁路的建设，开始零星出现。慢慢的,后来是爆发式的,劳动力从农业迅速转向工业。

欧洲的工业革命具有不同的特点，比利时是一个早期工业化国家，煤铁资源丰富，纺织工业也是传统强项，工业发展的轨迹与英国十分相像。而瑞士产业结构则完全不同，由于缺乏原材料，其生产主要集中在丝绸、棉花、机械和手表制作。位于欧洲大陆边缘的西班牙、希腊和巴尔干半岛国家，产业主要在于农产品和原材料的出口，工业发展水平滞后。

德国由于被分成几个小的联邦，其工业发展比较晚，1834年关税同盟建立之后，重工业在萨尔州、鲁尔等西里西亚地区迅速发展。同时铁路运输加速了钢铁产量和机械设备的生产。依赖于资本积累和人才素质，德国在后来的化学工业、电子工业中起到主导作用，并形成19世纪末的第二次工业化高潮。这同样与高度组织化的工人队伍密不可分，1863年第一个工人阶级政党在德国成立，其后1869年德国社会民主党成立，1906年英国成立了劳动党。

此时政府开始放松对工人组织的控制，虽然罢工仍会导致流血冲突，但工会联盟在许多国家成了合法组织。其中一些组织奉行马克思主义，要求对社会进行改革。19、20世纪之交，主要工业国家的工人罢工波澜起伏，首次大规模要求增加工资的工人运动获得成功，每天12小时工作制变成了每天10小时工作制。

1842年英国通过了童工和妇女劳动法，首次对工作条件提出了要求。法国和普鲁士紧随其后。1880年，为了缓解社会矛盾，德国政府实施了疾病、事故和退休保险。但与此同时由于机械生产的发展趋势，许多工业国家的工人仍旧生活在拥挤的贫民窟中，卫生条件极差。

荷兰的工业发展开始于1860年，这个国家不仅国土处于海平面以下，而且自然资源匮乏，这两个原因限制了它发展重工业和建设铁路系统。而发展第一产业——农业，包括农作物、牛奶、鲜肉产品成为首选；19世纪末，工业发展集中在化学工业和电子工业上。

荷兰和丹麦的农民发明了新的市场贸易形式，农产品能够销售到很远的地方，而地主和农场主的体制仍旧不变。

7.2.3 主要国家遗产地与锚点情况

在欧洲工业遗产之路网站中，共有锚点（Anchor Points）66个，覆盖7个国家；以英国（26个）、德国（25个）为主。主要国家和工业遗产地包括：英国213个遗产地，其中锚点26个；德国180个遗产地，其中锚点25个；荷兰43个遗产地，其中锚点10个；比利时39个遗产地，其中锚点2个；法国50个遗产地，其中锚点1个；卢森堡3个遗产地，其中锚点1个；捷克15个遗产地，其中锚点1个；瑞典31个遗产地；等等。以下着重论述欧洲工业遗产之路中英国的工业遗产，以及德国的工业遗产。

7.2.4 欧洲工业遗产之路的组织

欧盟委员会已成为支持其成员国的旅游项目的越来越重要的资金源，它通过以下主要渠道提供资金。

（1）欧洲地区发展基金：用于帮助改善由产业结构和结构性失业引起的地域性不平衡。该基金不仅为基础设施建设，还为景点项目提供资金援助。资金援助的条件是景点应全部或大部分为政府投资，应建在“受助地区”。欧盟委员会提供项目成本的50%。

（2）欧洲社会基金：为人员培训、城市规划提供资助，尤其是贫困地区。

（3）欧洲投资银行通过担保和贷款来帮助大型项目筹资，包括景点类旅游设施。担保和贷款通常不超过项目成本的50%。

（4）欧洲煤钢共同体为能够在煤矿和钢铁领域创造就业机会的私营公司或国有企业的项目提供贷款。

7.3 英国的工业遗产保护

20世纪50年代，工业遗产的保护问题在英国开始受到重视，出现了有关工业遗产的展览，以及有关工业遗产的研究。60年代获得较快发展。20世纪70年代，欧洲国家开始出现经济转型，传统工业纷纷倒闭，被高新产业所代替。英国是老牌工业国家，作为世界工业革命的源头，工业不仅代表了英国，更代表了世界。传统工业越来越具有“化石标本”的意义，传统工业文化逐渐成为英国文化遗产和民族文化的一部分，价值大大增加。遗产保护从先前的保护建筑单体和纪念物，转变到一般历史建筑、乡土建筑、工业建筑、城市肌理、人居环境，范围和内容更加广泛。工业遗产作为文化遗产的独立分支和重要组成部分，意义重大

英国是世界上开展工业遗产保护最早的国家，从工业考古到工业遗产的保护，经历了相当漫长的过程。铁桥峡谷 (Ironbridge Gorge）从16世纪晚期开始，由于煤炭开采业的大规模发展，逐渐成为世界工业革命的发源地。但在19世纪的下半叶，这个地区的工业开始衰退，工厂纷纷关闭，二战末期，几乎所有的工厂都倒闭了。人们对工业遗产保护从认识到实践有一个过程，也是逐渐发展起来的。在英国，人们对工业遗产的认识是从对“辉煌的工业帝国”的怀念开始的，通过工业考古式不断的研究，直到20世纪60年代工业遗产保护才开始实施， 80年代才开始开展工业遗产旅游。1986年11月铁桥峡谷被联合国教科文组织正式列入世界文化遗产名录，成为世界上第一个因工业而闻名的世界文化遗产。铁桥峡谷工业遗产地占地面积达10平方公里，包括7个工业纪念地和博物馆，以及285栋保护性工业建筑，成为一种新型的旅游目的地，目前平均每年约有30万人到此地游览。

7.3.1　英国工业发展历史

工业革命始发于英国乡村，给欧洲带来了无数高大的烟囱和充满煤烟的工人居住区。到18世纪，土地所有者通过土地收益，不仅能满足农业生产的需要，而且有充足的能力进行新的投资。在此经济基础上，大规模工业生产逐渐成长起来。

纺织机是英国工业革命的首要契机。1756年世界第一个棉花加工厂在诺丁汉的克郎弗德（Cromford）建成；1764年，兰开夏郡纺织工哈格里夫斯（J. James Hargreaves）发明了手摇式的珍妮纺纱机（Spinning Jenny)，能够同时带动8个纱锭，大大提高了工作效率。随后，理查德 · 阿克莱特（Richard Arkwright）1769年发明了卷轴纺纱机，它以水力为动力，不必用人操作，而且纺出的纱坚韧而结实，解决了生产纯棉布的技术问题。1779年塞缪尔 · 克朗普顿（Samuel Crompton）发

明了走锭精纺机，1785年牧师爱德华·卡特赖特（Edward Cartwright）发明了水力织布机。仅仅在珍妮纺纱机发明20年之后，蒸汽机作为动力首先在纺织工业中得到应用，可以带动数万个纱锭同时运行，生产效率更是得到突飞猛进的发展。到1800年，英国棉纺业基本实现了机械化。1806年第一个大型机械纺织机在曼彻斯特组装成功，兰开夏郡成为一个纺织工业快速发展的区域。从印度进口的原料，经过港口城市利物浦与兰开夏之间的运河，可以直接运抵工厂。从此，利物浦成为英国造船工业的中心，在码头上就能进行钢材加工。

煤炭和钢铁工业成为英国工业革命的第二个契机。铁的大量生产得益于1709年炼成了焦炭，越来越多的钢铁厂在英国内陆地区发展起来，传统的、易碎的生铁被新型的钢铁取代，用于生产管道、工具、武器等。1779年，什罗普郡（Shropshire）煤田的铁桥是世界上第一座铁桥，它仅用3个月就装配而成，工业化的速度和精湛的技艺吸引了无数科学家来参观。同时利物浦也建造了世界上第一条铁船。

蒸汽发动机是英国工业革命的第三大契机。1776年第一台蒸汽抽水机在康沃尔（Cornwall）纺织厂投入使用，人们发现往复运动的活塞可以转变成旋转运动。瓦特（James Watt）发明了旋转式蒸汽机之后，使蒸汽机开始成为一个应用广泛的动力装置，而它以前仅被用来作为纺织机械的动力。当蒸汽机用于更快更有效加热高炉的时候，煤矿开采和钢铁工业就像雨后春笋般大量涌现。

最后是铁路。纺织、采矿和冶金工业的发展使人们对改善交通运输工具的要求越来越强烈。1761年布里奇沃特（Bridgewater）公爵在曼彻斯特和沃斯利的煤矿之间开了一条长7英里的运河，1776年运河又从曼彻斯特延长48公里到利物浦。1825年开始使用的第一条铁路把英格兰北部的达勒姆（Durham）煤田和大海联系起来。巨大的货物运输优势反过来又刺激了钢铁制造业，推动了煤炭的开采。到1800年，英国生产的煤和铁比世界其他地区生产的总和还多。工业化的步伐比以往任何时候都更迅速，传统生活方式一去不复返了。

7.3.2 地区线路

就像每个地区都有地方小吃一样，工业遗产也有地区自己的特色。地区线路把众多工业遗产地和锚点联系在了一起。欧洲工业遗产之路有德国、英国、荷兰三个国家的地区线路。其中德国有鲁尔区、工业谷、莱茵河地区、萨尔—洛林—卢森堡地区和卢萨蒂亚五个地区线路。英国有英格兰西北地区线路、英格兰中部地区线路、南威尔士地区线路、英格兰东部四条地区线路。四条线路涵盖了英国大部分工业旅游点，为人们系统地了解英国的工业遗产提供了很好的参考。

7.3.2.1　英格兰西北地区线路

作为工业革命的发祥地，英格兰西北地区由于运河、棉花、煤炭、蒸汽机、铁路、丝绸、制帽等行业的成功，开创了今天的工业化社会。我们可以通过数以百计的博物馆和旅游景点了解这里丰富和迷人的历史（图7.1）。棉花是工业革命的催化剂，兰开夏郡的工厂为曼彻斯特的商业往来提供了货物，庞大的利物浦码头把货物大量出口到世界各地。今天默西塞德郡海事博物馆（Merseyside Maritime Museum）讲述了利物浦的阿尔伯特码头（Albert Dock）的故事（它也是历史文化遗产的一部分），许多博物馆都展示了沿交通路线的工厂分布状况。为解决货物、煤炭和原材料的运输，运输系统迅速成长起来。开通了从利物浦到曼彻斯特世界上第一个城市之间的铁路，开凿了布里奇沃特（Bridgewater Canal）运河和利兹－利物浦运河。

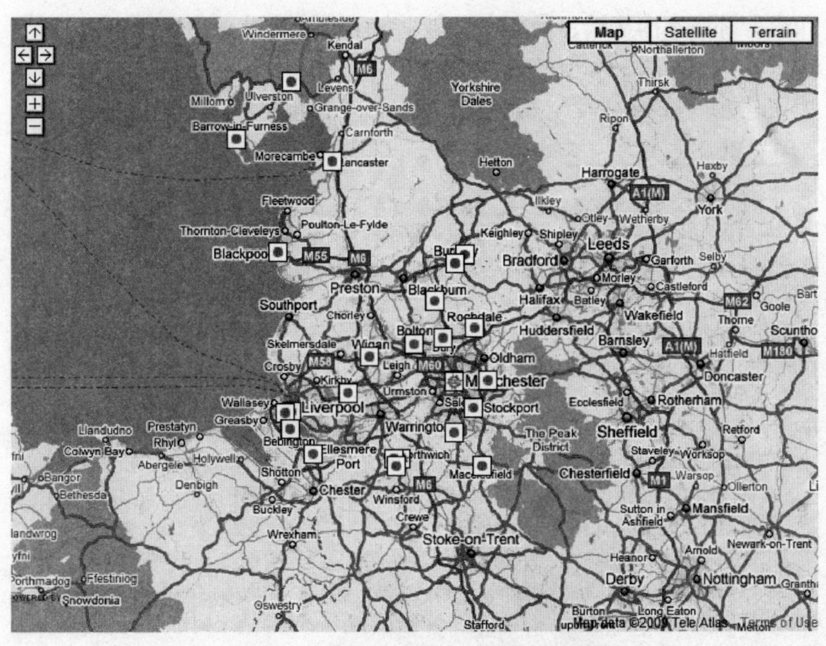

图7.1　英国工业遗产西北地区线路

资料来源：工业遗产欧洲之路网站（http://www.erih.net/）

首先是纺织机，1835年爱德华·贝恩斯（Edward Baines）写道：纺纱机和织布机的发明，使英国的纱纺可绕赤道203.775圈，这时纺织行业才刚刚开始50多年。这是怎么做到的呢？贝恩斯相信："这归功于少数谦虚的机械天才。"尽管纺织工人通过暴力抵抗纺织机械的发展，塞缪尔·克朗普顿的"走锭精纺机"甚至被工人们烧毁，但理查德·阿克莱特的纺纱工厂还是遍布兰开夏郡。然后是蒸汽机，欧洲坚持到最后的蒸汽动力纺织厂，现在已经成为伯恩利皇后街纺织厂博物馆（Queen Street Textile Mill Museum in Burnley），它使用500马力蒸汽机，能够带动300台兰开夏纺织机。

英国西北地区工业遗产独具特色，柴郡的安德顿船闸（Cheshire's Anderton Boat Lift）是世界上第一台船舶升降机，曼彻斯特科学与工业博物馆原是世界上最古老的客运铁路站之一，诺斯威奇（Northwich）狮子盐工程（The Lion Salt Works）和盐博物馆讲述着"世界盐都"的历史。该地区一直走在工业化的前列，沿这条参观路线还有许多重要的运动组织，比如工会、宪章、女权主义者、兰开夏勒德分子[①]（Lancastrian Luddites）以及臭名昭著的彼得卢（Peterloo）屠杀[②]。英格兰西部地区线路包括28个遗产地，其中包括3个锚点：利物浦阿尔伯特码头的默西塞德郡海事博物馆、曼彻斯特科学和工业博物馆、狮子盐工程。

7.3.2.2 英格兰中部地区线路

英格兰中部地区范围不大，但具有众多多元化的工业。伯明翰

---

① 1811~1816年英国手工业工人中参加捣毁机器的人，现在引申为反对机械化和自动化，认为技术对社会产生的损害要多于益处的人。勒德分子害怕或者厌恶技术，由于恐惧导致抵制和破坏新技术的应用。在工业革命期间，英格兰的纺织工人主张模仿一个叫做Ned Ludd的人破坏工厂设备，来抵制节省劳动力的技术。勒德分子来自于Ludd的姓，其极端形式包括肆意破坏技术，磨洋工、装病或者罢工等；把病毒和蠕虫放入因特网是现代形式的勒德主义。

② 1819年8月16日发生在英国曼彻斯特圣彼得广场上的一场流血惨案。由于镇压这次集会的军队，有的曾参加过滑铁卢战役，群众乃讥称这次流血惨案为彼得卢屠杀。1815年对法战争结束后，英国国内经济凋敝，政府日趋反动，导致人民强烈不满。激进派鼓吹民主改革，8月16日在圣彼得广场举行8万人大会，要求改革选举制度，废除谷物法和取消禁止工人结社法。大会组织者邀请英国激进的政治改革家H.亨特讲话。曼彻斯特市政长官命令军警逮捕亨特，遭到群众反对。事先已聚集在会场上的军警和骑兵立即出动，肆意砍杀和践踏手无寸铁的群众。顿时血溅广场，有11人死亡（其中有2名妇女），400余人受伤。事后亨特等许多人被以谋叛罪监禁两年。英政府于同年11月颁布六项法案，禁止集会、游行，限制出版自由等。法案被群众称为"封口令"，激起更强烈的反抗。1820年4月，格拉斯哥爆发了有6万工人参加的政治大罢工。

是一个主要城市，曾一度被称为“千业之城”。美丽的塞文（Severn）山谷，为炼铁工业带来革命性的创新，被列入世界文化遗产名录。英格兰中部地区是工业革命的心脏，运河是贸易的动脉。工业革命的遗迹在该地区博物馆和文物遗址中得到体现。布里茨山维多利亚镇（Blists Hill Victorian Town）和布莱克乡村生活博物馆（Black Country Living Museum），重现了19世纪末和20世纪初的场景。沿着这里广阔的运河系统漫步，参观者可以亲手试着制作一个陶制花朵或钢笔笔尖，观看玻璃吹制以及珠宝商和皮革工人的工作情形，甚至可以下到矿井深处。参观者还可以乘坐蒸汽机车，体验产业工人的家庭生活和工作环境。横跨河流与运河上的第一座铁桥成为这一地区最伟大的工业纪念碑，这座桥梁是当时世界上最大的铁桥。此外还有遗存的瓶子窑、高炉和蒸汽机等等。英格兰中部地区线路包括23个遗产地，其中包括4个锚点：珠宝博物馆、塞文山谷铁路、斯通陶器博物馆、铁桥（图7.2）。

7.3.2.3　南威尔士地区线路

威尔士在以钢铁、马口铁和煤炭为代表的工业革命萌芽时期，发

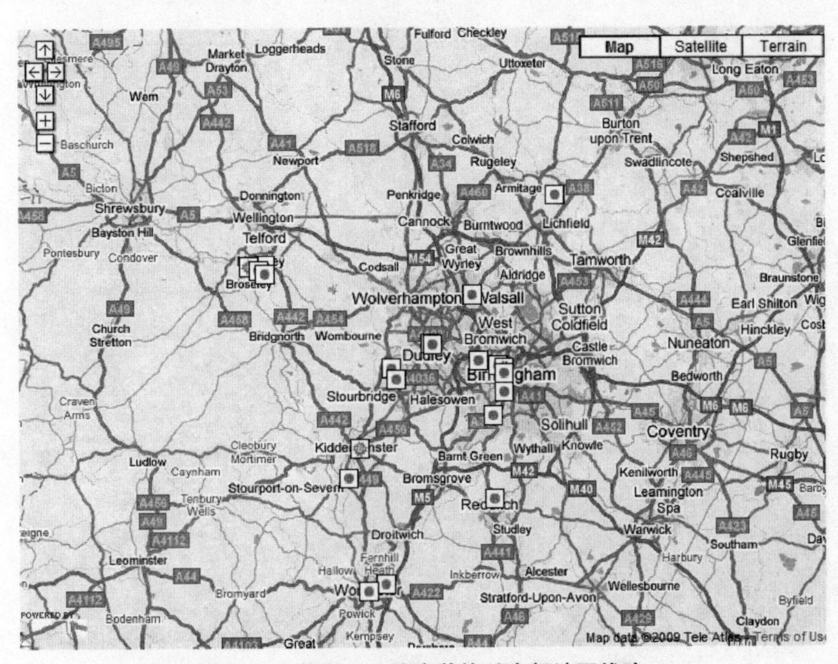

图7.2　英国工业遗产英格兰中部地区线路

资料来源：工业遗产欧洲之路网站（http://www.erih.net/）

挥了主导作用。19世纪人们涌入人口稀少的南威尔士峡谷，在矿产资源等新兴工业领域寻找工作。1804年，理查德·特里维西克（Richard Trevithick）在梅瑟蒂德菲尔（Merthyrtydfil）附近，全世界第一次使蒸汽机车在铁轨上成功运行。1840年南威尔士是英国最大的铁矿石产地，1890年加的夫（Cardiff）成为世界上最重要的煤炭出口港。

在两岸陡峭的山谷中，密集的、像梯田一样的工人住房、教堂和工人会堂被迅速建设起来。工人居住区与煤矿、污水管廊、钢铁厂、铸造厂等等散布在延绵的山谷中，呈带状发展。山谷中到处是污染的河流、狭窄的道路、为不断增长的工业服务的运河与铁路系统。在这个新型工业社会中，出现了工人与资本家之间的对立；最终社会主义成为一个有国际影响的重要政治力量。

今天，传统产业的喧嚣已经从山谷中消失，大地重新披上绿装，恢复了往日的丰富和宁静。然而，游客仍旧能通过“欧洲工业遗产之旅”的南威尔士工业遗产线路中，了解到早期工业革命那个动荡时期的历史。南威尔士地区线路包括21个遗产地，其中包括3个锚点：大基坑国家煤矿博物馆、朗达遗产公园、国家滨水博物馆（图7.3）。

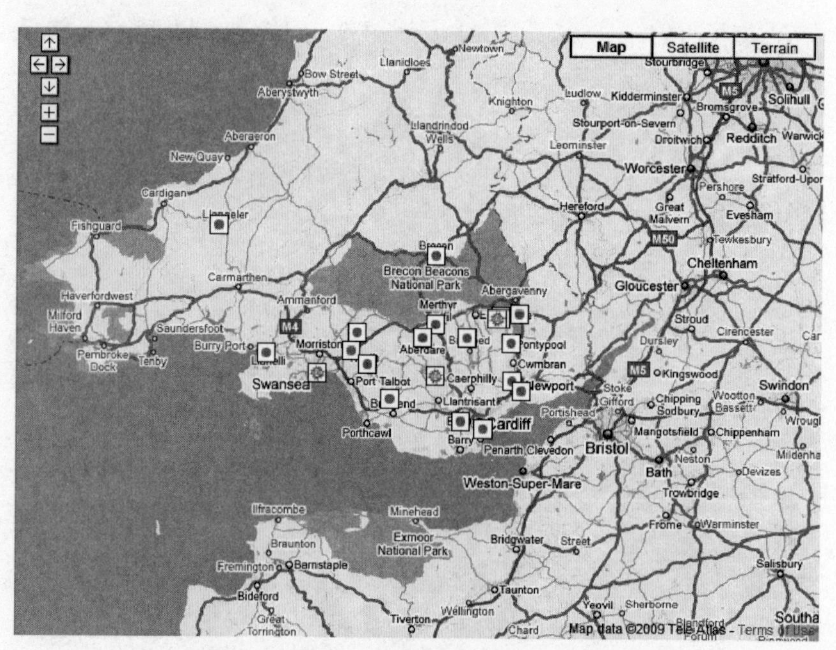

图7.3　英国工业遗产南威尔士地区线路

资料来源：工业遗产欧洲之路网站（http://www.erih.net/）

7.3.2.4 英格兰东部地区线路

工业革命的脚步姗姗来到英格兰东部，虽然有点晚，但不管怎么说终于还是来了。它像一个沉睡的巨人慢慢苏醒，为英国不断增长的人口提供必要的商品，如食品和饮料。

“人”成为工业遗产的核心，不管是工程师、发明家还是工人，他们几个世纪以来的努力和辛勤劳动，以及取得的成就都在这里得到生动的展现。这些不仅凝聚在工业革命的纪念碑和博物馆当中，而且还长久保留在民间记忆中。在这里你可以积极参与，激发你的想像力和丰富你的工业历史知识。把保留下来的小规模工业和运输设施纳入到现实生活中，使人们体验到它们的声音、气味，保留对它们的记忆。

在工业时代，这里的人们创造了许多伟大的成就，如帕克曼斯（Paxmans）、马可尼（Marconi）、诺维克（Norvic）以及其他许多人。这里还产生了许多国际知名品牌，今天仍在沿用，并被先前的“老板”们所追捧。他们的许多产品都收藏在这个地区的博物馆中。

作为英格兰地区地势最低的地方，东部地区拥有丰富的水力和风力资源，这些水力和风力资源开始是用于地面排水、玉米种植和漂洗，后来也用于造纸厂、锯木厂和动力设施。到18世纪，几乎所有能够利用的水力资源都被利用了。煤和石油等天然能源的缺乏意味着蒸汽动力需要被更早地得到利用，包括动力机房、啤酒厂、工厂和农场。

英格兰东部还是农业革命的诞生地，它甚至早于这里的工业革命萌芽。18世纪初，爱德华·库克（Edward Coke）等农场主，开始学习荷兰的集约化农业生产方式，大量运用新的科学知识，并开始用新的方法来出租他们的农场。后来，使用轻便的蒸汽动力牵引设施来提高农业生产力，这被称为第二次农业革命。东部地区种植的主要作物是大麦，麦芽用于酿造啤酒，因此东部地区成为英格兰最大的麦芽生产地。大麦在进入窑炉干燥前需要铺在地上自然发芽，这个过程占用了大量的空间。萨福克郡斯内普（Snape in Suffolk）的大型麦芽作坊建于19世纪末期，现在以举行世界级的音乐会著称。英格兰东部地区线路包括31个遗产地，其中包括2个锚点：帝国战争博物馆、皇家火药厂（图7.4）。

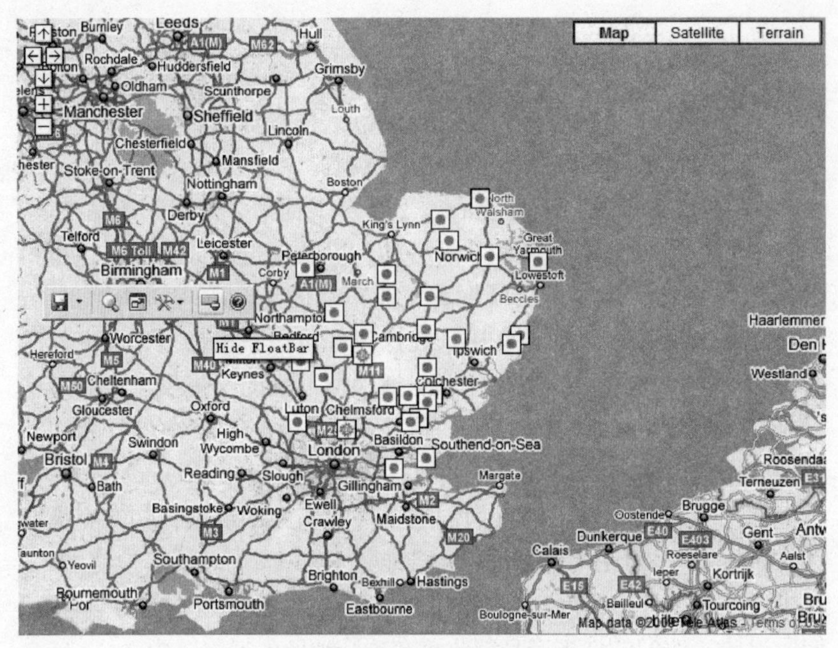

图 7.4　英格兰东部地区线路

资料来源：工业遗产欧洲之路网站（http://www.erih.net/）

7.3.3　英国工业遗产锚点

欧洲之路英国工业遗产主要景点简介　　　　表 7.2

遗产名称	地点	主题
Mynydd Parys and Porth Amlwch 迈尼帕瑞铜矿和阿姆卢赫港	英国，阿姆卢赫	矿业、交通运输、景观
迈尼帕瑞铜矿发现于 1768 年 3 月 2 日，它一度以每年 3000 多吨的出口统治世界铜市。露天采矿留下了巨大的矿山深渊，后来矿井移到地下，深度达到 300 米。铜矿石用马和车运到 4 公里以外的阿姆卢赫厂房冶炼，然后用船舶运送到斯旺西（Swansea）和利物浦。1800 年左右阿姆卢赫已成为威尔士第二大海港。现在阿姆卢赫的工业博物馆全面展示了该地区的历史，包括废弃的码头和英国唯一完全用天然石材建造的干船坞。您还可以参观迈尼帕瑞矿山和保留下来的机械。		

续表

遗产名称	地点	主题
Jewellery Quarter 珠宝街	英国，伯明翰	制造

伯明翰的珠宝街有两百多年的黄金及银器制作传统。最初比较分散，大量生产皮带、纽扣以及各种装饰品，被人们称为“欧洲的玩具店”。1780年他们开始聚集在城市一角迅速发展起来。在其顶峰的1913年，珠宝首饰贸易业雇佣有30000工人。如今数十家珠宝店，其中包括领衔的英国制造商，用琳琅满目的商品迎接顾客。特定的路标把游客引导到核心地区，参观保留的珠宝首饰工厂。这里的珠宝博物馆曾是一个珠宝工厂车间，由史密斯和佩珀（Pepper）1900年建造，展览介绍了伯明翰珠宝首饰生产的历史，并收藏有从中世纪到当代设计师的许多优秀作品。珠宝街现在已成为了能够延续城市发展文脉，并开拓创新的典范。

遗产名称	地点	主题
Big Pit National Coal Museum 大坑国家煤矿博物馆	英国，布莱纳文	矿业、景观

南威尔士州的小镇布莱纳文有两百年的工业历史，处于工业革命的先锋地位。19世纪中叶，大基坑开始投产。1939年工厂实现现代化。1983年，矿坑资源枯竭。如今矿山作为国家煤炭博物馆对外开放。游客可以下到90米深的矿坑亲身体验当时的工作环境，还可以参观浴室、铸造车间和煤矿引擎机房等。附近还有保存完好的布莱纳文炼铁厂。布莱纳文以其工业革命早期景观的原真性成为世界文化遗产。

遗产名称	地点	主题
Saltaire Village 索尔泰尔村	英国，布列福	纺织、居住建筑

索尔泰尔工业示范村，是其创始人泰特斯·索尔特（Sir Titus Salt）用25年建成这个有3000工人的村庄。他的初衷是为居民提供舒适安全的生活。因此房屋周围设计有花园、广场、公园、学校、医院、澡堂和教堂等。整个村庄是意大利文艺复兴时期的建筑风格，住宅和公共建筑都受古典建筑的影响，教堂更被视为维多利亚式建筑的珍品。如今这里又建造了电气公司、购物中心、画廊和其他艺术场所，最有吸引力的是大卫·霍克尼（David Hockney）的画展。2001年被列入世界文化遗产。

续表

遗产名称	地点	主题
Kew Bridge Steam Museum 邱桥蒸汽博物馆	英国，布伦特福德	能源、水利

邱桥水厂1838年负责伦敦西部的供水。到1900年有7个蒸汽引擎在运作中。1934年增加了柴油发动机，不久又安装了电动泵。1975年水厂关闭，改造为蒸汽博物馆。这里的“Grand Junction 90”蒸汽发动机建于1846年，曾被誉为世界上最大的蒸汽引擎，气缸直径90英寸，行程132英寸，水压472加仑，一天工作超过29万公升。这里还保留了煤从泰晤士河驳船运到锅炉房的窄轨铁路以及两个蒸汽火车头。博物馆建筑标志——纤细的维多利亚水塔，是19世纪红砖风格建筑的典范。

遗产名称	地点	主题
The Historic Dockyard 古船坞	英国，查塔姆	制造、交通运输

伦敦附近查塔姆的老船坞有近400年的历史，船厂占地面积约为80英亩，有一半以上的建筑物及构筑物被定为文物。该船厂在17和18世纪达到高峰，1984年关闭，被公认为保留最完整的风帆时代的典范。它为皇家海军建造了440艘船舶，包括护卫舰、重型巡洋舰、帆船和潜艇，其中有HMS胜利号，特拉法尔加战役（Battle of Trafalgar）中纳尔逊海军上将的旗舰等。如今这艘著名船舶的雄伟模型是博物馆的一大亮点。

遗产名称	地点	主题
Derwent Valley Mills 德文特河谷纺织厂	英国，克朗弗德	纺织、景观

德文特河谷纺织厂建于德文特山谷的克朗弗德（Cromford），是历史上第一个现代化工厂。理查德 · 阿克莱特发明了水力纺纱机，并于1771年建成世界上第一个水力纺纱厂。他知道他的成功完全取决于企业员工，其中包括许多儿童。他为员工们建造了一所学校和一个小教堂，在这方面同样为世界树立了一个新榜样。这里是现代工厂的摇篮，如今纺织厂以及山谷中所有的早期工业厂房已经成为世界文化遗产。

续表

	遗产名称	地点	主题
	Verdant Works 凝翠工厂	英国，邓迪（Dundee）	纺织
	19世纪初期苏格兰港口的黄麻工厂为世界之冠。黄麻原料从印度运到邓迪港。1900年大约有50000工人从事邓迪的黄麻工业。凝翠工厂便是其中之一。工厂1833年开始生产，曾聘用了5000多工人，大多数为妇女和儿童，被人们称为“女儿城”。如今这座最后的黄麻厂成为博物馆,通过电影、互动电脑视式、视听布景讲述当地的纺织工业的历史。		
	遗产名称	地点	主题
	Imperial War Museum Duxford 杜克斯福德帝国战争博物馆	英国，杜克斯福德	交通运输
	杜克斯福德是英国帝国战争博物馆的一个分支，也是欧洲最重要的飞机收藏地。它包括6个大型展厅，里面收藏数以百计的老飞机，从双翼螺旋桨式侦察机到喷气式作战飞机应有尽有。杜克斯福德军用机场曾作为英国皇家空军基地，后来又作为美国中队的基地。参观者不仅可以参观传奇式的英国喷火和兰开斯特式战机，而且还有美国的野马和P-47雷霆。战后飞机包括臭名昭著的B-52轰炸机，F-4鬼怪和旋风战斗机。最引人注目的焦点是一架用于军事目的的协和飞机。		
	遗产名称	地点	主题
	National Waterways Museum and Gloucester Dock 国家水路博物馆和格洛斯特码头	英国，格洛斯特	交通运输
	英格兰中部的运河是早期工业时代最重要的运输动脉，其核心是格洛斯特码头。国家水路博物馆，位于一栋1873年的8层仓库里，展示了早期工业水路的历史，以及工人生活和工作的情况。游客可以亲身感受装满玻璃器皿的沉重麻袋，或者体验操纵驳船通过模型关卡。从影片里你可以看到船夫如何谈论他们的工作以及人们过去如何运送货物。外面的码头有一支由老船组成的船队，从长拖船到蒸汽动力浮动挖泥船一应俱全。		

续表

遗产名称	地点	主题
Severn Valley Railway 塞文山谷铁路	英国，基德明斯特	交通运输

这条长 65 公里的铁路线自 1862 年开始运行，连接哈尔托伯里（Hartlebury）、伍斯特郡、舒兹伯利、什罗普，到达科尔波特（Coalport）和艾恩布里奇等重要工业中心。终点的海利（Highley）站也是该地区几个煤矿的装载点。该铁路线沿着曲折的塞文河和田园诗般的山谷，在路上有精巧的车站请旅客下车，在美丽的小镇漫步。铁路穿越塞文河上的维多利亚拱桥，该桥长 60 米，建于 1861 年，曾一度被吹嘘为世界上最长的桥。如今这里的塞文山谷铁路协会的铁路爱好者收集了 27 辆蒸汽机车和 18 辆内燃机车，60 多辆客运车辆和 100 多个货车。这里举办的"蒸汽机车晚会"和"20 世纪 40 年代周末集会"也使塞文山谷铁路的吸引力进一步增强。

遗产名称	地点	主题
New Lanark 新拉纳克村	英国，拉纳克	纺织、居住建筑

大卫 · 戴尔，来自格拉斯哥的银行家和企业家，在 1785 年创建了新拉纳克，一个全新的工业园。数年后已经发展成为苏格兰最大的棉花生产基地。他的女婿罗伯特 · 欧文 1800 年接管企业，在随后的 25 年里，他以一个社会改革者的身份著称，他证明商业上的成功并不一定要伴随着压迫和剥削劳动力。欧文为儿童成立了一所称为"性格培养研究机构"的小学，为较大的孩子成立夜校。此外，他还成立了一个合作社食品商店，一个养老金基金，某种形式的医疗保险和一所幼儿园。他甚至还推出了 10 小时工作制。1968 年，工厂关闭。如今新拉纳克经过全面翻修重新开放 。村里现在有近 200 名居民和一个工业博物馆。

遗产名称	地点	主题
Merseyside Maritime Museum at Albert Dock 阿尔伯特码头的默西塞德郡海事博物馆	英国，利物浦	交通运输、居住建筑

泰坦尼克号剩余的惟一一张头等舱票，完整的利物浦奴隶交易日志，这些只是利物浦默西塞德郡海事博物馆的两个收藏。在阿尔伯特码头的纪念墙上您可以了解到世界上最重要港口的历史。这里的模型船舶和原始的木质船、绘画、文件和其他 100 件展品将告诉你更多关于贩奴船和豪华邮轮，贫困移民和航海先驱以及这个繁忙的贸易中心的明暗面。1980 年默西塞德郡海事博物馆开放。1986 年以来博物馆已成为现代化的阿尔伯特码头的一部分。以博物馆为核心兴建了大量商业，酒吧和餐馆，成为一个具有吸引力的老码头的核心部分。

续表

<table>
<tr><td rowspan="3"></td><td>遗产名称</td><td>地点</td><td>主题</td></tr>
<tr><td>National Slate Museum
国家板岩博物馆</td><td>英国，兰贝里斯</td><td>制造、居住建筑、景观</td></tr>
<tr><td colspan="3">在19世纪几乎每一个英国建筑的屋顶石板瓦都是威尔士人开采和切割的。兰贝里斯的威尔士板岩博物馆位于迪诺威克（Dinorwig）板岩采石场的维多利亚讲堂。在这里您可以看到传统手工匠如何劈开石板，展示一代又一代采石场工人的高超技巧。19世纪末北威尔士板岩业雇用超过15000工人。这里大部分用水力，它建于1870年的大水车是英国最大的水车。该地区也是第一个用水力发电的地方。这里另一开创性的成就是运输石材的窄轨铁路。</td></tr>
<tr><td rowspan="3"></td><td>遗产名称</td><td>地点</td><td>主题</td></tr>
<tr><td>The Museum of Science and Industry in Manchester
曼彻斯特科学与工业博物馆</td><td>英国，曼彻斯特</td><td>纺织、制造、能源</td></tr>
<tr><td colspan="3">曼彻斯特是世界上第一个真正的工业城市，也是世界首座提供客运铁路服务的城市——1830年建成世界上现存最早的火车站以及毗邻的仓库和办公室。现在曼彻斯特科学与工业博物馆就位于这里。这里有世界上最大的蒸汽机收藏，全是蒸汽机车和老货车。其中最大的拜尔盖拉特（Garratt）蒸汽机车，1930年制造，在南非使用到1972年。展览还展示了曼彻斯特对计算机和通信的贡献，并强调它在汽车和航空工业的作用。总之，这是世界上最大的科学与工业博物馆。</td></tr>
<tr><td rowspan="3"></td><td>遗产名称</td><td>地点</td><td>主题</td></tr>
<tr><td>Scottish Mining Museum
苏格兰矿业博物馆</td><td>英国，Newtongrange</td><td>矿业</td></tr>
<tr><td colspan="3">1890年爱丁堡附近Newtongrange的“维克夫人”是公认的保存最好的维多利亚时代煤矿实例。其采用最新技术，结合规模宏伟的地面建筑，使它有别于其他矿井。所有煤矿回廊均采用铁件，而不是木制的，用电力来驱动发动机以及为地下工作照明。最明显的创新是通过特别的砖衬砌技术打通500米深的主井。煤矿于1981年被关闭。如今这里成为苏格兰矿业博物馆，游客可以深入了解苏格兰的工业兴衰史。博物馆的展厅充满地下气氛，所有的展厅都可亲自参与，还有当过矿工的导游传授你矿工日常生活和工作的知识。</td></tr>
</table>

续表

	遗产名称	地点	主题
	Lion Salt Works 狮子盐工程	英国，诺斯威奇	矿业
	柴郡有 1000 多年悠久的制盐历史。19 世纪后期柴郡有 250 多个制盐工程，提供英国 86 %的盐。狮子盐工程位于特伦特河和默西运河的旁边。该工程开始于 1894 年。最重要的部分是所谓点头驴子的泵房，用一台蒸汽发动机驱动，通过像马头一样的曲柄泵抽取盐水。这只泵 1960 年才改为电动的。同时在一个厂房安装了机械耙减轻耙盐工作，这是近 100 年来唯一的技术创新。直至后来煤炭改为石油。工厂其他的改进仅为新建九个厂房，改用不锈钢工具和玻璃纤维模具等。1986 年工厂被关闭后，老的工程办公室为参观者展示这里的工业历史。		
	遗产名称	地点	主题
	Geevor Tin Mine 基佛尔锡矿	英国，彭赞斯	矿业、景观
	距离彭赞斯不远是 1991 年废弃的基佛尔锡矿。数百年来锡在这里大量开采。最终，地下矿井延伸至数英里以外的海面之下。以前的办公楼现在作为一个采矿工具和锡制品博物馆——这里收藏的珍贵矿物都是艰辛地下劳动的成果。卷线机房和压缩机房完全保留其原始设备，是锡矿业科技发展的最好见证。穿过 19 世纪初建造的狭窄走廊，您可以深入了解这里采锡矿的历史。		
	遗产名称	地点	主题
	Rhondda Heritage Park 朗达遗产公园	英国，朗达	矿业、景观
	19 世纪 50 年代的朗达谷完全被工业化笼罩，并在狭窄的河谷里兴建了不少于 66 个煤矿。最有名的刘易斯·梅瑟（Lewis Merthyr）煤矿。它以梅瑟最后的领主 WT· 刘易斯命名。1880 年埃亨主竖井坍塌；10 年后 Trefor 竖井启用。现在，这两个竖井成为矿山的骨干矿井；1900 年左右它们每年生产约 100 万吨煤。1983 年煤矿被关闭。以前的坑口建筑物，包括灯室、烟囱、风机房和旧仓库组成现在博物馆的核心。博物馆 1989 年开放。用多媒体展示采矿区的历史。1994 年春游客中心建成。同年秋天开放了地下参观线路。		
	遗产名称	地点	主题
	Kelham Island Museum 凯尔汉姆岛博物馆	英国，设菲尔德	钢铁、制造、能源
	设菲尔德是现代钢铁制造业的先驱。1856 年这里发明的贝西默酸性转炉炼钢技术是钢铁制造业的一场革命。之后不久，罗伯特·福雷斯特·墨希特发明了一种新型合金钢，1913 年哈里·布里尔利开发出了首款不锈钢。从精密的手术器械，喷火战机的曲轴到 1905 年建造于设菲尔德装甲板轧机厂的 12000 马力蒸汽机，设菲尔德成为现代钢铁制造业的先驱。凯尔汉姆岛博物馆位于一个废弃的发电站，它是该城市工业遗产的代表。这里有工作人员展示这里的传统工艺。孩子们可以在 “熔炼车间” 近距离体验，在这里他们可以看到机器进行钢材加工，熔化，轧制和敲定成形等操作。		

续表

	遗产名称	地点	主题
	Gladstone Pottery Museum 乐石陶器博物馆	英国，特伦特河畔斯多克	制造
	这里有理想的陶瓷和玻璃原料。从18世纪这里涌现出无数陶器场。陶瓷博物馆开放于1975年，坐落在一座保留最完整的维多利亚时代陶瓷厂上，大多数的建筑物和设备可追溯到1850年，博物馆具有历史意义的收藏见证了该地区生产的丰富产品。除了令人印象深刻的珍贵装饰瓷砖藏品外，这里还有一个有趣的藏品——王座样式的维多利亚时代水厕。英国王室的陶器也曾出自这里。甚至俄罗斯女皇凯瑟琳一世的盘子也是来自特伦特河畔的斯多克。这里另一个特别发明是骨瓷，骨瓷是一种极薄的陶瓷，内含50%的骨粉。		
	遗产名称	地点	主题
	National Waterfront Museum 国家滨水博物馆	英国，阿伯陶埃	矿业、钢铁、制造
	国家滨水博物馆采用了各种方法展现威尔士工业化的历史。博物馆外观很有标志性：一座老仓库与一个全新的现代化建筑相连。一面是来自工业革命初期的红砖建筑。一面是玻璃幕墙、钢结构和威尔士石材的现代建筑。整个威尔士工业历史按照主题总共设立15个不同的展览区。与此同时视听演示和电脑互动程序确保信息能够实时提供。每个特定的主题都有其各自的风格。游客通过互动媒体，还能够了解煤的形成和其不同的开采方式。此外，他们可以通过一个巨大的电影屏幕了解全球贸易中复杂的原材料网络。		
	遗产名称	地点	主题
	Morwellham Quay 莫韦勒姆码头	英国，塔维斯托克	矿业、交通运输
	他玛山谷的矿山17世纪初开始开采银、锡和铜等。到19世纪中叶当地的采矿业已经达到了顶峰。这些矿山每年生产3万吨铜矿。如今Morwellham码头成为一个充满活力的露天博物馆。这里最古老的建筑是酒馆，您可以像150多年前那样在这里吃喝。游客可以亲身体验矿工和港口工人拥挤的住房条件，嘈杂的老酒馆和甲板，双桅船的存储空间等。游客还可乘坐电动缆车进入一个铜矿内部，在这里，壮观的地下景象使游客对老矿山里艰苦的工作条件有真实的感受。		

续表

<table>
<tr><td rowspan="3"></td><td>遗产名称</td><td>地点</td><td>主题</td></tr>
<tr><td>Iron Bridge
铁桥</td><td>英国，德福</td><td>钢铁、矿业、能源</td></tr>
<tr><td colspan="3">长度 30.6 米。高度 16.75 米。重 378 吨。铁桥建于 1779 年，横跨泰尔福特的塞文河谷。这座桥是举世公认的工业革命象征，已经被列为世界文化遗产。铁桥附近的 Coalbrookdale 公司炼铁厂也是工业进程的里程碑，拥有铸铁生产和铁路技术等先进技术成就。如今旧工厂组成一个包括十多个博物馆的精彩旅游线路。还有一个完整的 19 世纪风格的城市，里面模仿英国维多利亚时代的生活工作方式。</td></tr>
<tr><td rowspan="3"></td><td>遗产名称</td><td>地点</td><td>主题</td></tr>
<tr><td>National Coal Mining Museum for England
英格兰国家煤矿博物馆</td><td>英国，韦克菲尔德</td><td>矿业</td></tr>
<tr><td colspan="3">帽屋（Caphouse）煤矿历史十分悠久，最古老的建筑可追溯到 1876 年。1917 年被一家矿业公司接管，并在 1947 年国有化。1988 年，作为英格兰国家煤矿博物馆再度开放。这里仍旧保留了大部分地面建筑，从木制井架到坑口浴室，直到装有老蒸汽绞车的发动机房。游客通过多媒体了解这里两个多世纪的采煤历史，还可以戴上矿工的头盔和头灯，来到地下体验当初矿工们的日常工作。有四个旧矿坑里用的小马十分吸引游客。常设展厅里还展示了矿工的私人生活和活动，如体育俱乐部和铜管乐队。</td></tr>
<tr><td rowspan="3"></td><td>遗产名称</td><td>地点</td><td>主题</td></tr>
<tr><td>Royal Gunpowder Mills
皇家火药工厂</td><td>英国，沃尔瑟姆修道院</td><td>制造、交通运输、景观</td></tr>
<tr><td colspan="3">300 年来这座沃尔瑟姆修道院附近的工厂在最严格的保密条件下研究和生产弹药。1991 年英国国防部放弃这里，建成一个独特的博物馆。访客首先从一个多媒体展示了解这里的概况，比如工厂的历史和它发明的东西。这里还有一个漫长的水路和铁路网，一个 12 米深用来测试炸弹的水池。19 世纪 80 年代这里开发出一种名为“无烟火药”的化学爆炸物，英国军队后来用于第一次世界大战。1945 年以后，设立了一系列不同的实验室进行深入研究，包括火箭推进剂。博物馆建筑的特点是建筑物之间距离特别大。如此安排以便使潜在的爆炸损失减到最低限度。</td></tr>
</table>

资料来源：工业遗产欧洲之路网站（http://www.erih.net/）

7.4　德国的工业遗产保护

7.4.1　世界文化遗产名录中的德国工业遗产

德国第一台纺纱机1782年诞生在开姆尼斯（Chemnitz），这里也成为后来的纺织机械的先驱；第一个纺织厂建于1784年杜塞尔多夫的拉廷根（Ratingen），步英国纺织厂的后尘，并具有德国的特点。由于当时德国分为很多小的王国，同时行业协会的特权被废除，直到1800年，工业化的进程才在民间悄悄进行。德国工业机械化是从纺织业开始的，并且在亚琛（Aachen）、克雷菲尔德（Krefeld）和萨克森（Saxony）建立了早期的工业贸易中心。纺纱机和织布机在上西里西亚（Upper Silesia）的迅速发展，使德国从事手工纺织的工人处于饥饿状态，纷纷造反，就像英国的兰开夏纺织工人一样。这成为当时文学作品中典型的时代特征。

由于贵族地主有大量的资本可以进行工业投资，上西里西亚成为德国早期工业化的发源地，普鲁士王国（State of Prussia 位于北欧，1701年起成为王国，1871年建立了统一的德意志帝国）也参与其中。虽然煤矿在萨尔州的亚琛周边如雨后春笋般建了起来，但当时这些企业的生产还是按照法国标准进行的。之后，银矿开采利用蒸汽机提升地下水，煤矿的发展使18世纪末第一台炼焦炉在格莱维茨（Gleiwitz）建成，采矿业的发展促进了德国工业化的进程。与德国南部相比，这时的鲁尔地区还是一片蛮荒之地。只有韦特（Wetter）的一家炼铁厂冒着黑烟，昭示着一个新纪元的到来。

德国海关联盟的建立触发了工业革命，当贸易边界在1834年被废除之后，大量货物进入德国。对煤的需求的增长使煤矿建设发展迅速，鲁尔地区的城镇密密麻麻地出现，煤矿和炼铁厂一夜之间纷纷从地下冒了出来。这些工厂的投资来源于比利时和英国，工人也来自外国，埃森成为工业发展的中心。矿井开采比露天开采更能满足工业对煤的需求。克虏伯钢铁厂（Krupp Ironworks）开始为德国铁路建设生产铁轨，为军队生产大炮。鲁尔地区的另一家大型钢铁企业——赫氏公司（Hoesch Firm），也开始在亚琛附近的工厂生产铁轨。钢铁厂沿着萨尔河迅速发展起来，1873年弗尔克林根炼铁厂也投入生产。

铁路的发展成为德国工业化的催化剂，建设者们也为他们的成就欣喜若狂，第一条投入使用的是纽伦堡（Nuremberg）与菲尔特（Fürth）之间的铁路。几年后，慕尼黑和柏林建起了机车厂，超过了他们的先驱——英国，并开始出口。机械工业是德国经济大发展的第三个驱动力，到19世纪末，德国的机械工业领先化学工业和电力工业，成为现代工业的领军产业。

1880年，德国工业发展建设超过英国，1895年德国工业产品产量超过英国，世界经济中心由英国转移到德国。鲁尔危机摧毁了德国刚刚有所恢复的工业幼芽，1922年德国重工业产量刚达到战前1913年的水平；由于鲁尔危机①的影响，1923年德国工业产量又下降了40%，德国数百万失业者徘徊街头。1929年德国工业产量超过英法，仅次于美国，居世界第二位。

7.4.1.1 拉姆斯伯格有色金属矿和格斯拉尔古城（Mines of Rammelsberg and Historic Town of Goslar）

格斯拉尔（Goslar）是一个矿业城市，位于德国中北部下萨克森州境内，汉诺威东南70公里哈尔兹山区，距离拉姆斯伯格1公里，历史上曾是皇家采矿、行政、贸易中心。拉姆斯伯格有色金属矿和格斯拉尔古城一起于1992年根据文化遗产遴选标准C（Ⅰ）（Ⅳ）被联合国教科文组织列入世界文化遗产名录，这是德国第一个列入世界文化遗产中的工业遗产。拉姆斯伯格有色金属矿始于公元968年，拥有中欧最大规模的开采冶炼中心，开发时间远远超过其他地区的矿井和矿道。这里的矿石中平均含有14%的锌，6%的铅，2%的铜，1 g/t的金和140 g/t的银；在拉姆斯伯格长达几个世纪的开采中，共采集了2700万吨矿石。最新的考古发现，拉姆斯伯格南部25英里的地方发现了公元3~4世纪的，工业化之前的有色金属冶炼设施，并发现那里的矿石就是从拉姆斯伯格矿山上开采的。拉姆斯伯格的采矿活动就已经持续了一千多年，主要金属矿藏为银、铅、锌、黄金；矿山开采分为几个重要的历史时期，先是银，再是铜，最后是铅，1980年矿山资源枯竭，1988年彻底关闭。

---

① 1923年1月11日，法国联合比利时，以德国不履行赔款义务为借口，出动10万军队占领德国的鲁尔工业区，酿成“鲁尔危机”。对此，德国实行“消极抵抗”的政策。英美两国害怕德国经济陷于崩溃导致社会危机甚至引起革命，要求尽快结束鲁尔危机。此时，德、法双方也都难以坚持原来的政策。鲁尔冒险的失败导致法国“得不偿失”，在德国赔款问题上丧失优势，开始受英美的摆布。

目前这里已经改造成一个追求“原真性”的矿业博物馆。乘坐电梯下到地下矿井，巷道蜿蜒崎岖，经过改装的运送矿石的小火车把游客带到1000年前工人们采矿的历史画面中。游客能够领略到风镐的轰鸣和颤抖，仿佛可以听到放炮的声音，当一回矿工，将采下来的矿石装上火车运出来，体验到完整的采矿过程。

在矿石加工车间，按照当时的工艺流程，先将矿石进行粉碎，然后选矿和焙烧，提取矿石中的有色金属。今天，博物馆中还展出各种工具和设备：包括钻、镐、锤、粉碎机、球磨机、浮选设备，以及各种成分和含量的金属矿石等。工人们从早晨6点开始工作，直到晚上11点，生产管理相当严格，博物馆中还展出了当年的打卡机和电铃等设施。工人们发明的利用流水作为动力的矿石传输设施，被视为18世纪工程技术的杰作。1988年拉姆斯伯格有色金属矿停止开采，大量工业遗迹成为德国采矿史的见证。矿区建筑依山而建，错落有致，由两位德国著名的建筑师弗里茨 · 舒普（Fritz Schupp）和马丁 · 克莱默（Martin Kremmer）设计；墙面采用大量深色木材和白色窗户，建筑风格与格斯拉尔古城的木结构建筑相当协调，充满着古朴的地域特色。

公元919~936年在位的亨利一世国王创建了格斯拉尔。公元922年，他为城市市场选定地址，并发布有关采矿的法律。11世纪初，亨利二世同样被该地区丰富的矿藏所吸引，在拉姆斯伯格南坡下修建了一处王宫。从10世纪到12世纪，格斯拉尔一直是神圣罗马帝国的中心和主要居民聚集地。按当地的采矿活动需要，城市围绕皇宫向外发展起来，大大小小的教堂和喷泉为城市增添了景色。中世纪末，格斯拉尔的选矿、冶炼和贸易活动达到空前繁荣；城市加入了汉萨同盟并发挥着重要作用。1450年左右城市发展处于旺盛阶段，接下来的一个世纪中，整修市政厅，重建城堡，建立了同业公会，修建了大量半木结构房屋。1552年，布伦瑞克（Braunschweig）公国占领了拉姆斯伯格并一直经营管理，直到1886年被普鲁士吞并。格斯拉尔有色金属工业在欧洲起着极其重要的经济作用，它是人类创造性的杰出代表。

格斯拉尔是在防御城堡内密集修建起来的，围墙两侧有护卫塔楼，城市周围绿树环抱。城中集市广场上，由青铜圆碗叠加成的喷泉其历史可以追溯到神圣罗马帝国时代。狭窄的街道和林荫路组成了中世纪风格布局，15~16世纪形成的城市整体布局完好保留至今。

罗马式、哥特式、文艺复兴式和巴洛克式建筑组成城市的艺术景观。从中世纪开始一直到19世纪中期修建的大约1500座半木结构房屋构成整个城市的主要特色。格斯拉尔最为完善地体现了一种独特的、结合中世纪重要采矿中心与行政和贸易功能的城市布局，并且完好无缺地保存下来。石头砌筑的古老王宫与木结构装饰民居形成的街道融为一体；遍布市区的矿石标本和金属雕塑为古城增加了许多独特的文化氛围，工业旅游与历史文化旅游被有机地结合在了一起（图7.5~图7.15）。

图7.5 矿区包豪斯风格建筑

资料来源：作者自摄

图7.6 下矿前矿灯充电处

资料来源：作者自摄

图7.7 工作服做成的雕塑

资料来源：作者自摄

图7.8 矿井小火车

资料来源：作者自摄

图 7.9　打卡装置
资料来源：作者自摄

图 7.10　电铃装置
资料来源：作者自摄

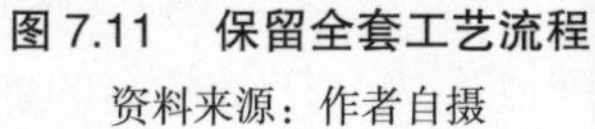

图 7.11　保留全套工艺流程
资料来源：作者自摄

图 7.12　古城街道
资料来源：作者自摄

图 7.13　古城王宫
资料来源：作者自摄

图 7.14　古城河道与街道

资料来源：作者自摄

图 7.15　矿石雕塑

资料来源：作者自摄

7.4.1.2　弗尔克林根炼铁厂（Völklingen Ironworks）

弗尔克林根炼铁厂位于德法边界萨尔州 (Saarland) 的弗尔克林根市，1994 年根据文化遗产遴选标准 C（Ⅱ）（Ⅳ）被列入《世界遗产名录》，是德国第二个被联合国教科文组织列入世界文化遗产名录的工业遗迹。该厂于 1873 年由尤利乌斯 · 布赫（Julius Buch）在萨尔河边建厂，由于经营不善 6 年后以失败告终。1881 年，卡尔 · 劳士领（Carl Röchling）买下了这个工厂，在经营上取得了巨大的成功，1890 年成为当时德意志帝国乃至全欧洲最先进、产量最高的炼铁厂之一。厂区中央有 6 座 45 米高的高炉，一字排开达 250 米长；有 104 孔的焦炉和 10000 平方米的原料仓库；1928 年还建成了烧结厂房，成为欧洲规模最大的炼铁厂；1918 年建设的容积达 300 万升水塔是欧洲最早的大型钢筋混凝土建筑之一；而在此之前，原料传送装置已经建成，并成为 20 世纪最杰出的工程成就。战后，工厂的产量达到高峰，有 1.7 万名工人在此工作。1986 年，红火了 100 年之后，这座在世界市场上已无竞争力的炼铁厂终于停产。

弗尔克林根炼铁厂在 19 世纪和 20 世纪早期的科学技术史和工业文明史中具有独特的地位，这首先应归功于 19 世纪重工业的迅猛发展，使得先前的小城镇一跃成为德国最重要的工业中心之一，而这个城镇的历史和命运也从此与工业时代休戚相关、密不可分。工厂停产后，弗尔克林根人把它当作文化遗产的一部分，一直精心地保护着这个立下汗马功劳的炼铁厂。占地 60 公顷的厂区内保留了原来生产设备的主要部分，为我们展现了历史上一个大型炼铁厂的完整画面。迄今为止,人们还没有发现其他地方有这样全套的高炉设备,可以如此完整、准确地展现过去的炼铁生产过程。整个厂区甚至还弥漫着硫磺的气息，仿佛这里昨天还在生产一样。

入口旁边的主厂房已经改造成工业博物馆，在超大尺度的空间中，保留了大量的工业设备。笔者参观时里面正在举办一个珠宝首饰和王冠的展览，呈现出粗野、黑暗与精致、光亮的对比。一些小型的厂房也被改造为大学的实验中心和实习基地；矿石堆场改造成摄影和图片艺术展厅，展出的关于伊拉克前总统萨达姆的摄影作品，在这种荒凉凄惨的环境下更有一种画面之外的特殊意境，给人不寒而栗的感觉；料仓花园展现着生态恢复后的生机；先前工人们工作时使用的楼梯、平台和步道经过必要的改装后直接为旅游者服务，穿插在空中与高炉之间，使人们能够近距离地接触到生产设备，体验钢铁巨人的风采；游客甚至可以进入大型设施的中间，观看视听影像展览，了解工厂的发展历史和令人振奋的今天。沿着旅游线路盘旋而上，可以到达位于高炉顶部的观景平台，眺望周边的景色。整个炼铁厂一览无余，所有的生产工序和设施尽收眼底。

由于地理位置与法国、卢森堡边境较近，距离比利时和荷兰也不远，来自各国的游客纷至沓来，景点解说词也有德、英、法三国文字。结合影像资料以及对钢铁产业生产工艺的初步了解，游客可以找到生产环节中的每一个对应的厂房、设施和设备。弗尔克林根炼铁厂已经成为一座博物馆，一座交互式和体验式的钢铁科学中心。开展工业旅游活动以来，对当地第三产业的带动非常明显。高炉区经过国际著名的灯光大师的设计，在夜晚色彩斑斓光彩照人，成为当地的一大景观（图 7.16~ 图 7.32）。

图 7.16　导游宣传册遗址全景

资料来源：作者自摄

图 7.17　导游宣传册遗址全景

资料来源：作者自摄

图 7.18 街景
资料来源：作者自摄

图 7.19 铁道改装的步行道
资料来源：作者自摄

图 7.20 废弃的料仓
资料来源：作者自摄

图 7.21 巨大矿石料仓部分装有矿石，部分作为摄影展厅
资料来源：作者自摄

图 7.22 高炉全貌
资料来源：作者自摄

图 7.23 炼焦炉
资料来源：作者自摄

图 7.24 空中参观步道与远处高炉
资料来源：作者自摄

图 7.25　有关萨达姆的摄影作品展厅

资料来源：作者自摄

图 7.26　料仓与行车

资料来源：作者自摄

图 7.27　高炉顶部

http://www.industriedenkmal.de

图 7.28　保留的大型设备

http://www.industriedenkmal.de

图 7.29　保留的大型设备

http://www.industriedenkmal.de

图 7.30　保留的工具箱

http://www.industriedenkmal.de

图 7.31　灯光夜景

http://www.industriedenkmal.de

图 7.32　灯光夜景

http://www.industriedenkmal.de

弗尔克林根周围地区的工业化始于 19 世纪上半期许多玻璃工厂的相继建立和煤矿的开采，1860 年之后，日益发达的交通网使得该地区工业的进一步发展成为可能，铁路、运河等便利的交通条件直接促成了 1873 年弗尔克林根炼铁厂的建立。当时人口的增多和产业的变化，使弗尔克林根中心地区由古老的农庄变成了交通枢纽和钢铁工业区；手工业、制造业和贸易也迅速兴起。工人们努力工作，挣得当时最高水平的工资，为他们从事的工作和生产的产品而骄傲。他们还为推动国家的工业化进程、提高人民的生活水平以及在战争中战胜敌人作出了巨大的贡献。当然不可避免地，弗尔克林根炼铁厂也产生了大量的浓烟、粉尘和噪声，工人们的工作状态也充满了危险，这种状况一直持续到 1986 年。

德国还有一个工业遗产被列入《世界文化遗产名录》，那就是关税同盟煤矿工业区，由于处于鲁尔工业区，与鲁尔的工业文化之路有着更加紧密的联系，因此将之设在下一节——鲁尔工业区的工业文化之路当中。

7.4.2　鲁尔工业区的工业文化之路

德国鲁尔区的工业文化之路（Route Industriekultur 图 7. 33）始于 1998 年，采取一体化工作模式，包括统一的市场营销与推广和景点规划等。工业文化之路包括 14 个标志观景点（Panoramas provide over views 图 7.34）；25 个参观点（Anchors: Place of events and information），其中包括 3 个游客接待中心 (Visitor centers provide information on Route Industrial Heritage)，6 个国家级的工业技术和社会史博物馆；13 个有代表性的工人居住点（Significant housing settlements 图 7.35），这些居住区多是在矿区或厂区建设的初始阶段，

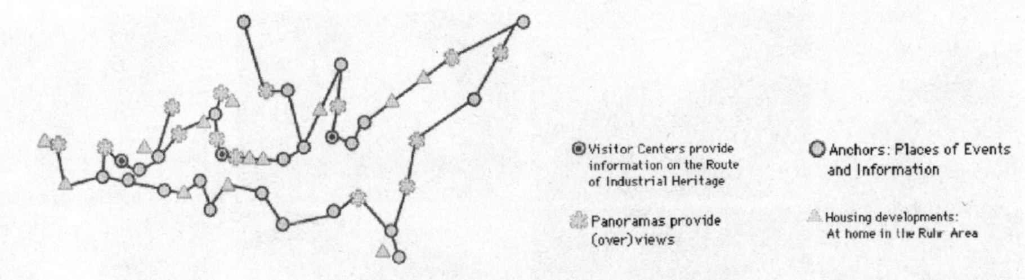

图 7.33 鲁尔区工业文化之路示意图

资料来源：route industriekultur

图 7.34 鲁尔工业文化之路中的标志物

资料来源：http://www.route-industriekultur.de

按照田园城市的规划设计理念，以及当时乡村住宅的模式规划建设的；25 条游览线路，覆盖了 55 座城镇（town and city），将约 900 个景点的工业遗产串联起来，并作了详细介绍，树立了 1500 个交通路线指示标志，引导旅游者快速准确地到达目的地。设计了统一的视

图 7.35 鲁尔工业文化之路中的工人住宅区

资料来源：http://www.route-industriekultur.de

觉识别符号——黄色针形柱与黑色金属信息说明牌，统一的宣传手册，建立了 RI 专门网站。编制了《鲁尔地区工业遗产地图集》，将整个鲁尔地区分为 42 个地块，详细标注了每个地块内的工业遗产的位置、名称，与详细介绍相对应。地图集包括索引图、1:50000 常规图，在景点密集地区采取 1:20000 放大图。随着工业遗产保护和再利用的不断发展，IBA 创新的思想逐渐被人们所接受，加入到“工业遗产之路”的景点逐渐增多。到 2006 年底，工业遗产之路形成了长达 400 公里，700 公里长的自行车游览路线，整个项目由鲁尔地区联合会负责（Regional Association of the Ruhr, RVR）。

1. 25 个重要景观点

1）埃森关税同盟世界文化遗产（The Zollverein World Heritage Site, Essen）

2）波鸿世纪礼堂（The Bochum Hall of the Century, Bochum）

3）波鸿德国矿业博物馆（German Mining Museum, Bochum）

4）瑞克林豪森变电站（The Recklinghausen Transformer Plant, Recklinghausen）

5）马尔化学工业遗存（Chemical Industry Estate, Marl）

6）瓦尔特罗普亨利兴堡船闸（Old Henrichenburg Shiplift, Waltrop）

7）多特蒙德关税同盟Ⅱ/Ⅳ号矿井（Zollern Ⅱ/Ⅳ Colliery, Dortmund）

8）多特蒙德汉萨炼焦厂（Hansa Coking Plant, Dortmund）

9）多特蒙德德国职业安全与健康展览（German Occupational Safety and Health Exhibition, Dortmund）

10）哈姆马克西米利安公园（Maximilian Park, Hamm）

11）乌纳林登啤酒厂（Linden Brewery, Unna）

12）哈根霍恩霍夫博物馆（Hohenhof, Hagen）

13）哈根威斯特法伦露天博物馆（Westphlian Open-air Museum, Hagen）

14）维藤耐廷格尔矿与麻滕谷（Nightingal Calliery and the Mutten Valley, Witten）

15）哈廷根亨利兴萨特炼钢厂（Henrichshutte Steelworks, Hattingen）

16）波鸿—达豪森铁路博物馆（Railway Museum, Bochum-Dahlhausen）

17）埃森胡戈尔别墅（Villa Hugel, Essen）

18）埃森鲁尔博物馆（Ruhrland Museum, Essen）

19）米尔海水博物馆（Aquarius Water Museum, Mülheim）

20）杜伊斯堡内港（Inner Harbour, Duisburg）

21）杜伊斯堡德国水运博物馆（German Inland Waterways Museum, Duisburg）

22）杜伊斯堡北杜伊斯堡景观公园（North Duisburg Landscape Park, Duisburg）

23）奥伯豪森莱茵工业博物馆（Rhineland Industrial Museum, Oberhausen）

24）奥伯豪森煤气罐与购物中心（Gasometer next to Centro,

Oberhausen）

25）盖尔森基兴北极星公园（Nordstern Park, Gelsenkirchen）

以上游览项目包括1处世界文化遗产、6处博物馆、3处景观公园、13处工业遗产（矿业、钢铁工业、能源工业、化学工业、食品工业、传统手工业以及工程等）、2处住宅，展现了德国工业遗产文化之旅多姿多彩的丰富性。

2．25条游览线路

1）杜伊斯堡城市与港口（Duisburg: City and Harbour）

2）措抡工业文化遗产（The Zollverein Industry Heritage Area）

3）莱茵工业遗产（Industrial Heritage on the Rhine）

4）建立在工业上的城市——奥伯豪森（Oberhausen: A Town Built on Industry）

5）克虏伯与埃森（Kruup and The City Essen）

6）煤、钢和啤酒（Coal, Steel and Bear）

7）利帕河的工业遗产 Industrial Heritage on the River Lippe

8）埃姆歇矿山铁路（The Emscherbruch Ore Railway）

9）沃姆与恩普的工业遗产（Industrial Heritage on the Volme and Ennepe）

10）盐、蒸汽和煤（Salt, Steam and Coal）

11）鲁尔工业的摇篮（Early Industrialization）

12）探索水元素（Tracking down the element "water"）

13）鲁尔河的重生（A river reborn）

14）运煤和矿石的船（Barges for coal and ore）

15）为工业服务的铁路系统（Early Industrialization）

16）黑金的故乡（Westphalia：home of black gold）

17）莱茵河下游吹来的清风（Cool from the lower rhine）

18）鲁尔工业区：最主要的能源中心（The Ruhrgebiet: a major power centre）

19）鲁尔家园（The Ruhrgebiet at home）

20）豪华住宅区（Residing with the rich）

21）努力工作 尽情享乐（Bort，korn and bier）

22）黑金大地和星星之火（The land of black gold and a thousand fires）

23）遍布豪宅和工人住宅的花园（Flora and fauna from the Villa Huigel to working-class allotments）

24）不同寻常的自然（Unusual tricks of nature）

25）地标（Symbolic landmarks）

3. 节日庆典

鲁尔区利用工业遗产的创意是整体体现的，包括工业建筑、设施设备的再利用，生态环境的修复，工业遗产旅游的组织，还包括各种创意活动（展览、音乐、演出等）。展览有“国际建筑展”（IBA），绘画、摄影、设计等艺术展，以及灯光声音等前卫艺术体验；音乐包括了古典、爵士等传统音乐，还包括电子乐等前卫音乐；演出包括了传统演出，还包括各种实验话剧等新概念演出，甚至有不同民族、不同语言的演出，满足少数人群的需要。因此，鲁尔地区的创新是全方位的创新，形成体系，相互提升。

除了工业遗产文化之旅的旅游之外，鲁尔区还组织了一系列吸引人的体育、艺术、商务活动和节日，如足球世界杯、三年一次的艺术节、鲁尔钢琴节、瑞克林豪森（Recklinghausen）欧洲演出节等；鲁尔地区的工业遗产还成为德国成功申办2010年的“欧洲文化城市”重要的资源和王牌。工业遗产的美学价值被发现并受到高度重视，沿着工业遗产之路举行了大型“巨变”（ExtraShift）庆典活动。

7.4.2.1 埃森的关税同盟煤矿（Zollverein Coal Mine Industrial Complex in Essen）

埃森的关税同盟煤矿拥有历史煤矿工业区的完整结构，其20世纪30年代建造的工业建筑取得了非凡的建筑成就（图7.36~图7.39）。工业区的景观见证了过去150年中曾经是当地基础工业的煤矿业的兴起与衰落。2001年，关税同盟第XII号矿井和焦化厂（World Heritage Site Zollverein XII Colliery & Coking Plant）被列入《世界文化遗产名录》。

遴选标准：

标准(ii)：关税同盟煤矿是一处稀有的工业建筑群遗址，是“现代运动”的建筑理念运用于纯工业化环境的杰出典范；

标准(iii)：关税同盟XII矿井的建筑结构是欧洲传统重工业发展关键时期的突出体现。

图 7.36 总平面图

资料来源：http://www.route-industriekultur.de

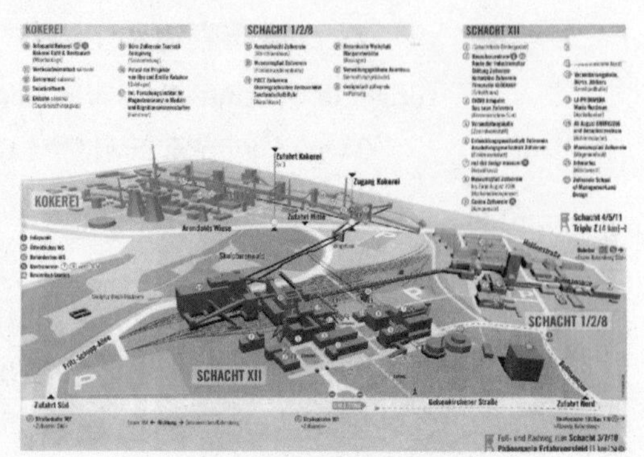

图 7.37 轴测示意图

资料来源：http://www.route-industriekultur.de

图 7.38 现状照片

资料来源：http://www.route-industriekultur.de

图 7.39 现状照片

资料来源：http://www.route-industriekultur.de

1. 背景介绍

德国的鲁尔河地区，煤和钢铁产业在德国工业发展中起到了重要的支撑作用。然而随着经济的全球一体化和工业在全球的重新布局，科技发展和能源的变化，导致鲁尔地区工业的竞争优势不复存在。1958~1964 年，鲁尔地区有 53 家煤矿关闭，将近 3.5 万名员工失去工作。1975 年之后，钢铁产业的危机也接踵而来。1986 年，埃森的关税同盟煤矿，成为最后一家关闭的企业。矿业和钢铁工业的衰退和萧条不但摧毁了鲁尔地区的经济基础，也带来了失业等社会问题以及严重的文化认同危机。工业生产使土地及河流遭受严重的污染，环境破坏，生活品质下降，让这个区域重生，几乎是不可能完成的任务。按照政府相关法律，土地和厂房、设备的处置费用（包括拆除和污染的去除等），高到令原有业主无法承担的程度。原有业主纷纷以一块钱的象征性价格转售给政府进行处置。虽然如此，在这块东西约 70 公里，南北约 13 公里，总计 800 平方公里的土地上，在多达 200 万的人口当中，大多数人依旧希望在这里居住和工作。为了解决这样一个从经济、产业，跨越到社会的严重课题，1988 年杜塞尔多夫（Duesseldorf）市政府开始了一项整治计划——就是后来持续长达十年的国际建筑展（IBA，International Building Exhibition）。整个 IBA 计划的参与主体是埃姆歇河地区的 17 个城市，整个 IBA 计划包含 7 个大的主题：

（1）将整个埃姆歇河地区由传统的工业区发展成为一个连贯的生态景观公园；

（2）改建整体埃姆歇河地区的污水系统，将原本作为整个工业区废水污水排放管道的埃姆歇河，再度恢复成为自然生态景观河道；

（3）将莱茵—赫恩运河（过去被极度污染）改建成为一个“可以生活和被体验的空间”；

（4）保存工业建筑作为历史的见证；

（5）在“公园中就业”的概念指导下，将过去工业区土地改建为“现代化科学园区”、“工业发展园区”以及相关“服务产业园区”；

（6）以新建住宅及老住宅的更新现代化带动城区更新；

（7）创造新的文化性活动，带动地方活化。

发展旅游为主导的服务性行业成为鲁尔区转型的重点策略之一，本身没有太多天然旅游资源的鲁尔区，别出心裁地把眼光投向了 20 世纪遗留下来的大批工业建构筑物。政府投资将当地大批工业建筑作为历史建筑保护下来，适当的改造后进行再利用，形成风格独特的工业历史博物馆，以此带动旅游服务业的发展。1998 年，鲁尔区规划机构制定了一条连接全区旅游景点的区域性旅游路线，这条“工业文化之路”几乎覆盖整个鲁尔区，工业旅游在改善区域功能和形象上发挥了独特的作用。

2. 基本概况

关税同盟煤矿位于北莱茵威斯特法伦州（North-Rhine Westphalian），它是鲁尔地区工业发展过去、现在和未来的集中体现。过去——关税同盟曾经是欧洲最大的煤矿，鼎盛时期曾经有 5000 名职工和他们的家属生活在这里；传送带、振动筛、翻车机房以及各种货车，人工和机械混合作业；现在——XII 号矿井上面的矩形建筑作为第一座钢结构的建筑。这里的新建筑被称为“世界上最漂亮的煤矿”的代表，这种简洁的包豪斯的建筑立面风格同样也用在住宅、音乐厅、舞厅、剧院、会堂和商业建筑上。是它，确定了鲁尔工业建筑的风格，具有很强的现代艺术感染力。而未来才刚刚开始。关税同盟充满了“纪录”，1847 年这里就有挖煤矿井，19 世纪末，矿井增加到了 3 个；但是最为闻名的还是 1932 年的第 XII 号矿井。它是那时欧洲最现代化的煤矿，无论是建筑还是生产过程，其设计和组织都非常合理、非常专业化，并立即成为一种范本，一投产就成为日产量最高的煤矿，产量达到每天 1.2 万吨，远远超过欧洲其他煤矿。1956 年煤矿生产达到巅峰状态，年产量 1.5 亿吨。那时，除了德国工人以外，关税同盟还从南欧和土耳其招来了外籍工人。1957~1961 年，关税同盟设立了焦化分厂，焦炉从 192 孔增加到 304 孔，成为世界上最大的炼焦厂。然而随着煤炭逐渐失去作为生产原料的优势（天然气、石油、核能等新能源日趋便宜），廉价供应国（包括中国、澳大利亚、韩国等）的竞争，使煤矿面临的危机很快变得明显。随着资源的枯竭，终于在 1986 年圣诞前夜停产关闭，在此之后，炼焦厂又勉强维持了 7 年。具有强烈风格的井口建筑和提升设备，就像鲁尔工业区的“埃菲尔”铁塔一产闻名于世，一个未来的工厂正在原先的矿坑和焦炉上重新站了起来，鲜活的工业历史与设计、艺术在经济上取得的成功并存，关税同盟的未来也必将同鲁尔的传统一样，永远都是“第一”。

关税同盟见证了这个企业 150 年来的兴衰历程，它是工业化高速发展活生生的化身，也是鲁尔地区产业结构转型的标志。停产以后，北莱茵—威斯特法伦州政府没有拆除占地广阔的厂房和煤矿设备，而是将其列入历史文化纪念地。1989 年由州政府的资产收购机构(LEG）和埃森 (Essen）市政府共同组建成管理公司 (Bauhutte Zeche Zollverein Schacht XII Gmbh)，负责该项目的规划与策划，1998 年州政府和埃森市政府还成立了专用发展基金。2001 年 9 月关税同盟第 XII 号矿井和焦化厂成为德国第三个进入世界文化遗产名录的工业遗产（图 7.40~ 图 7.47）。

图 7.40　鲁尔工业区的标志性建筑

资料来源：作者自摄

图 7.41　包豪斯风格的红点研究所

资料来源：作者自摄

图 7.42　传送带改建的自动扶梯

资料来源：作者自摄

图 7.43　钢结构框架格网构图的包豪斯建筑

资料来源：作者自摄

图 7.44　焦炉

资料来源：作者自摄

图 7.45　红点研究所室内

资料来源：作者自摄

图 7.46 厂房内部的书店

资料来源：作者自摄

图 7.47 煤斗旁边的咨询台

资料来源：作者自摄

3. 建筑设计

关税同盟煤矿具有标志性的建筑景观，建于 20 世纪 30 年代，是技术革命和建筑创新的代表作，这是包豪斯建筑学派第一次将现代建筑应用到大型工矿企业上。它那简洁的建筑造型，清楚明了的总平面布局，无不彰显着现代建筑“形式服从功能”的设计理念。关税同盟煤矿保存着历史上完整的煤矿开采装备设施，并且保留了 20 座具有杰出建筑成就的建筑物。完整保留下来的遗产资源，既是发展工业遗产旅游的载体和新型产业的空间，也是成功申报世界文化遗产的物质基础。工业遗产是工业遗产旅游的核心，是传统旅游项目非常重要的补充；而工业建筑遗产则是工业遗产的重要内容。

关税同盟煤矿被重新定位为文化休闲中心，它的再利用将为当地失业工人提供再就业的机会。有历史价值的机器和设备被原封不动地保存下来（图 7.48~ 图 7.50），在原厂房内建立博物馆供人参观体验，博物馆里视频录像再现当年深井下矿工的生活状况。锅炉房变成了设计中心和学校的一部分，5 个锅炉不但得以保留，还成了旅游观光项目，游客可以通过观光电梯步入其中，这里还曾举办过世界上最大规模的现代设计展。车间厂房摇身变作当代艺术画廊和艺术设计场所。贮煤场在原有的建筑上添加了自动扶梯，可以出租用作特殊氛围会议场所或者舞厅，游客在其中购买图书和品尝咖啡。

图 7.48　保留的设备

图 7.49　保留的设备

图 7.50　保留的设备

图 7.48~ 图 7.50 资料来源：http://www.route-industriekultur.de

炼焦厂内的八角形冷却塔也没被闲置，成了艺术家们搞创意的摄影工场。炼焦厂被整体保留了下来，利用原有设施改造成餐厅和剧场、儿童游泳池、公园（溜冰场、滑雪场、摩天轮、瞭望塔等），用于举办会议和节日活动等。在焦炉区举办了现代艺术展，矿区内部的废弃铁路和旧火车车皮，有时候被用作举办当地社区儿童艺术学校的表演场地。

关税同盟煤矿注重维护原建筑物、大型设备之间的关系，同时在主要工业特征的基础上还设计出了很多新的使用方式，比如像戏剧排练舞台、市政府会议中心、北莱茵威斯特法伦州设计工作室、私人艺术画廊和失业人员培训班等等。厂区的每一个建筑都被赋予了一种新的功能、新的用途，而不是死板地保持它的原样，新的用途又能够衍生出很多新的活动。这些新用途和新活动对游客有着非常强的吸引力。人们改变旧工业建筑的功能时突然产生了一种打破常规的快感，办公室、设计室放在高大的厂房空间里，人们会摆脱某种束缚；工业氛围给人们带来了厚重的历史感，同时其与现代生活的距离感也激发了人们的创造意识。这里除了吸引游客，还吸引了众多的艺术和创意、设计产业的公司、协会、社团、机构等，成为它们的办公场所和作品展览场地，并将发展为德国的工业艺术与现代设计产业的中心，因此这个旧矿区看起来更像一个科技园区和艺术园区。

关税同盟煤矿一方面整体上得到了重新利用，另一方面这个工业遗产的各个功能单元依然清晰可见，过去和今天很好地结合在一起。每年有组织的旅游者约有 10 万人光顾这里，而自己来这里的游客更多达 50 万，说明这种新型旅游产品已被公众所接受，现在已经成为德国甚至国际上一个重要的景点。今天的关税同盟煤矿绿树环绕，溪流淙淙，游客到此很难将它的“前世”与“今生”联系起来。

7.4.2.2 措伦二号四号矿井（The Zollern II/IV Collier）

1. 基本概况

（1）过去：工作的城堡

措伦煤矿位于多特蒙德西部郊区（Bövinghausen）。措伦煤矿的老板（Gelsenkirchener Bergwerks AG 公司）具有“非凡的自信”和“牢靠的基础”，他们白手起家，在之前的农场上，在 1898~1904 年短短的 6 年之间就建设起了这个鲁尔地区规模最大的煤矿。煤矿技术装备极其现代化，直到今天都令人叹为观止，目的是战胜所有的竞争者。矿区建筑是由享有盛誉的建筑师设计的，复杂华丽。1902 年，措伦煤矿开始生产，短短的几年内，成为德国煤矿工业参观学习的示范矿区。第一次世界大战之后，矿业经济开始下滑。1926 年联邦钢铁公司成为新的企业所有者，遵循经济原则，不盈利就不生产，采矿生产处于停顿状态。二战的爆发和战后区域发展成为措伦煤矿新的经济增长点，1955 年德国矿业形成大发展的局面，大批男性矿工和物资被运送到这里，直到 1966 年最终被关闭。

（2）昨天：工业文化的先驱

措伦煤矿在德意志帝国晚期有过一个辉煌的开端后，经历了在鲁尔地区许多工业企业都普遍承受的致命打击，从一个当时重要的企业，沦为一个被人废弃的厂区。然后，最终又从将要被拆毁的境地，转变成工业文明的博物馆。

1966 年厂房已被决定开始拆除，但这个城市的文化保护管理部门推翻了这个决定，动力机房成为德国第一个进入保护名录的工业建筑。在这个名为“挽救行动”的运动中，公众起到了重要作用，最终使这个建筑成为德国工业遗产保护的先驱。20 世纪 70 年代，厂房保护得到国家矿业博物馆（Deutsches Berghaumuseum）的资助，其他建筑则用于商业用途。最终在 1981 年，措伦煤矿与它附近的八个工业遗址整合，共同形成 1979 年成立的威斯特法伦州工业博物馆整体，措伦煤矿则成为工业博物馆的总部。由于矿区关闭时大部分建筑都被拆除，原来的焦炉、制苯、第二锅炉房、烟囱和冷却塔等都已不复存在；现存的建筑包括：两座矿井、机械厂房、工厂发工资的房子、室外花园、货场、铁轨等。现存的大量建筑得到了必要的修复，由于修复工作耗时耗力，直到今天也不是所有的建筑都被完全修复。之后这里成为各个领域的艺术家们聚集的场所，也成为鲁尔区现代艺术的实验工坊。1999 年工业博物馆开展以后，措伦煤矿的“第二生命”开始了（图 7.51~ 图 7.56）。

（3）今天和明天：矿业的社会和文化历史博物馆

措伦煤矿的建筑和机器设备既是历史文物也是展品，展现了 20 世纪鲁尔矿业发展的历史，也反映了鲁尔区的城市面貌和居民的生活状态。所有展出的建筑和设施设备都是由措伦煤矿的创立者亲自选择出来的，是那个时代矿业生产的典型代表。包括矿工培训、

图 7.51　矿区轴测图

资料来源：作者自摄

图 7.52　矿井

资料来源：作者自摄

图 7.53　折中式混合风格的建筑

资料来源：作者自摄

图 7.54　新艺术运动风格动力机房

资料来源：作者自摄

图 7.55 新艺术运动风格的动力机房

资料来源：作者自摄

图 7.56 厂房内部的设备仪器与包装展览

资料来源：作者自摄

工作的卫生条件改善、工人的医疗保证，对降低事故发生率的各项措施以及管理运作机制等等。厂区内还陈列着货场、火车轨道、机车以及花园等。这里的展览展出了矿工辛勤工作和艰苦生活的场景以及他们的家庭。今天的“措伦二号四号示范矿井”博物馆，对成年人和孩子都开放；矿井下部已经出于安全考虑封闭了，但有一个供孩子们体验矿工生活的曲曲折折的地下巷道，孩子们可以穿上工作服，推动小型矿车，作为矿工体验他们的前辈工作时的状况，理解劳动光荣的意义。大人们可以在历史建筑中会见朋友、组织会议、举办音乐会和电影晚会、举行庆典、进行艺术创作，甚至举办婚礼等。

2. 建筑设计

矿区看起来根本不像厂矿，而更像是一座历史悠久的大学，凝聚和体现了那个时代的审美意识、企业理想和时代精神。矿区入口处中央轴线上，两侧的高大树木仿佛两列士兵，簇拥着中央用红砖砌筑的、有着华丽立面的中心建筑，本以为这里不是教堂就是礼堂，但出乎意料，这座建筑是原来工厂发放工资的地方。建筑呈现折中的混合风格：三角形山墙上的哥特式竖向装饰墙垛、罗马风圆拱窗、中世纪教堂的玫瑰窗和拜占庭式小塔；建筑内部有装饰华丽的楼梯。进入工资发放厅我们仿佛进入了一个教堂，宽大的厅堂气派非凡，高高的屋顶给人一种向上升腾的感觉，体现出一种进取的精神。建筑内部裸露的梁、柱、龙骨仿佛是一座德国传统木桁架结构建筑，这是一座德国传统木结构与古典风格结合的建筑。高大的窗子异常明亮，深色的砖石与砖石间的白色勾缝以及木构架的轮廓线形成鲜明对比，有一种宗教般的凝重感觉。煤矿公司把这里搞得像教堂一样，就是要建造一座富丽堂皇的纪念碑，这具有强烈的象征性意义，一方面表现企业的自豪；另一方面显示公司的权力，对员工具有教化作用，这也是建筑具有精神作用的一种体现（图 7.57~ 图 7.60）。

位于矿区中心的动力机房,是另一座具有“新艺术”风格的“工业教堂”。建筑采用钢结构,设有罗马风格的巨大彩色玻璃窗和“新艺术”风格的装饰细部；钢铁构件既是结构本身，又是装饰构件。

图 7.57　教堂式的工资发放厅

资料来源：作者自摄

图 7.58　窄轨火车运输线与标牌展示

资料来源：作者自摄

图 7.59　窄轨火车、货场与远处矿井

资料来源：作者自摄

图 7.60　矿石传送带

资料来源：作者自摄

图 7.61 矿区入口附近的住宅区
资料来源：作者自摄

图 7.62 矿区入口附近的住宅区
资料来源：作者自摄

建筑内部陈列着当时的大量设备和仪器仪表，还有世界上第一台电力驱动的卷扬提升机。

令人意想不到的是：在煤矿大门的对面，有一片“别墅区”，那是与煤矿同时建设的工人住宅，是按照“花园住宅”理念进行规划和设计的，每栋住宅两户或四户，风格色彩各异，笔者当时参观时并没有意识到那是工人住宅，回来后看到一些介绍才明白，这的确使我们大吃一惊，这从某个方面也体现了当时资本家所谓“人性”的一面（图 7.61、图 7.62）。

7.4.2.3 汉莎炼焦厂 (Hansa Coking Plant)

汉莎炼焦厂位于多特蒙德以北，作为中心炼焦厂，曾经是煤、炭、钢铁工业联合体的一部分；汉莎炼焦厂保留下来的焦炉是目前同类设备中剩下的最后一台（红火时一度有 17 台同类设备同时运转）。它现在为一家基金会拥有，该基金会的任务是维护北莱茵威斯特法伦地区 (North Rhine Westphalian) 的工业遗产。汉莎炼焦厂清晰地展现着多特蒙德城市的工业传统，游客可以了解过去工业高潮时期的生产情况，开拓眼界、增长见识（图 7.63）。

汉莎炼焦厂 1927 年投产， 1992 年 12 月 15 日停产。炼焦厂建筑物和设施设备保留至今，真实地展现了焦化厂工艺流程和工作条件。1997 年这里成为工业遗产和历史文化基金会总部，这个基金会还负责管理其他 12 个工业遗产。1998 年炼焦厂最重要的生产区被列为历史遗产并给予法律保护。多特蒙德城市总体规划制定，结合炼

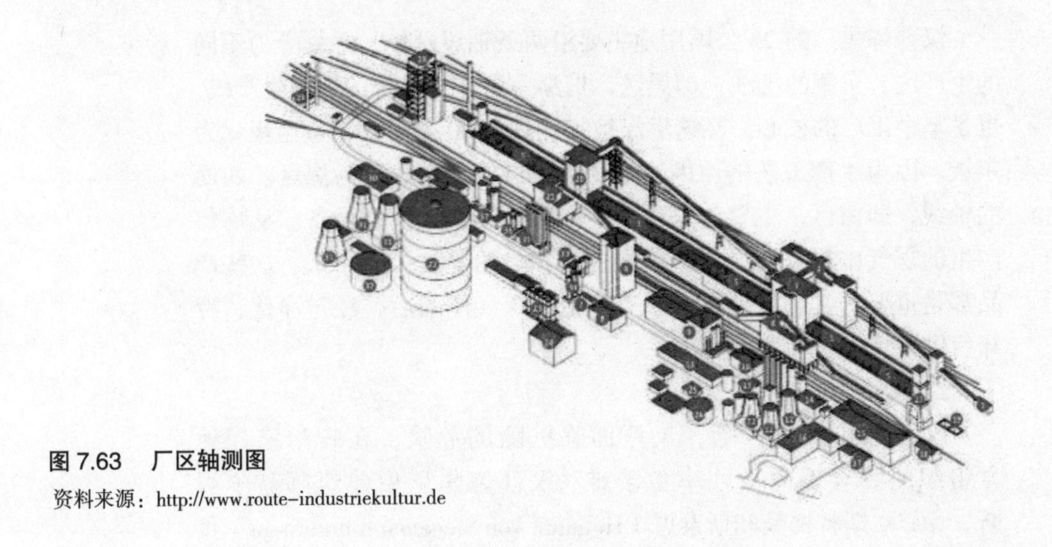

图 7.63　厂区轴测图

资料来源：http://www.route-industriekultur.de

焦厂的资源建立一个文化和商业综合中心，使之成为“巨大的可以游览的雕塑”，作为今后城市西北地区的重要景观。

1. 基本概况

20 世纪 20 年代，鲁尔工业区进行全面产业布局和大规模产业重组，高效的现代炼焦设备正在取代老的设备。汉莎炼焦厂是多特蒙德煤炭、钢铁工业产业链的核心，炼焦厂从附近的煤矿包括邻近的汉莎矿井取煤，生产焦炭，然后将焦炭运送到多特蒙德钢铁联合企业。1928 年工厂的两个炼焦炉投入运行，日产量为 2000 吨，并在之后的一二十年内翻了一番。1938 年到 1942 年，在纳粹政权的独裁和扩军政策激励下，又兴建了三号和四号炼焦炉。1968 年 7 月新的焦炉建成，汉莎炼焦厂生产线上已经拥有了 314 孔焦炉，顶峰时工厂的生产能力达到日产焦炭 5000 吨，有超过 1000 名工人在这里工作。随着经济危机的加剧，煤炭和钢铁工业逐渐丧失了其在整个产业链中的中心地位。这里到处是焦油的味道，每 10 分钟就有一炉焦炭出炉，煤又重新注入焦炉之中。煤尘到处飞扬，环境极其恶劣。焦炉的炉顶温度高得可以烤熟香肠，工人们需要在炉顶给焦炉注煤、放气和观察炉况、炉温。工人们每天要不间断地工作 8 个小时，工作条件极其艰苦，工人已经成为焦炉生产环节的组成部分。1985 年两个炼焦炉被停止生产，产量开始减少。1992 年 12 月 15 日，工厂彻底关闭。

汉莎炼焦厂的23公顷用地主要沿两条轴线延伸，并划分为不同的生产区。东侧的轴线，即黑区，贯穿一条410米长的炼焦生产线，也是整个工厂的核心。在这里煤被加热到1000摄氏度，直至炭化为焦炭。因为生产工艺的原因这里产生大量的烟尘故称为黑区。西面的轴线，即白区，主要为煤化工生产区的建筑和设施设备。从炼焦产生的煤气中提取硫酸铵、硫酸、苯和焦油等。几十年来，这些产品都是重要的基础工业原料。有价值的煤气压缩后，经过净化、冷却后供给整个鲁尔区使用。

2. 建筑设计

汉莎炼焦厂停产后，工厂面临拆除的危险。在政治家和地方组织的联合努力下才幸免于难。汉莎炼焦厂由建筑师赫尔姆斯・冯・斯特格曼和斯泰恩（Helmuth von Stegemann und Stein）负责设计，厂区严格按照生产工艺进行规划。汉莎炼焦厂是20世纪二三十年代炼焦工业技术的真实范本，除少数几个现代建筑外20世纪20年代的建筑风格基本保留完整；它是本地区整体工业体系中最后一个整体保留的炼焦厂（整个工业体系包括从煤矿、炼焦厂到钢铁厂和煤气管网）。厂房建筑和设施设备被一条环路围绕，由许多桥梁、通道和楼梯组成交通网络。炼焦厂有古老的木质冷却塔，平实无华的红砖砌筑的建筑墙面被混凝土框架划分开来。整体上汉莎炼焦厂还是比较冷清的，杂草丛生，许多地方还没有清理干净，还有废料堆放，设施设备的安全防护还没有建设好，但大部分厂区都保持了设施设备的原真性。可以看出德国工业遗产保护和再利用是循序渐进的，并不急于求成在短时间内就达到完美的效果，而是想好再干，成熟再干。

3. 游览线路

汉莎炼焦厂是“工业遗产线路”中重要的标志点之一。人们可以沿“自然和技术发现之旅”（Nature and Technology Adventure Trail）的旅游线路进行参观游览。参观者可以在40米高的煤塔顶部俯瞰周围的景色，在这里不同的煤按照一定的比例进行混合，总共能处理炼焦用的4000吨煤。沿着煤炭输送路线到达焦炉，参观者能看到煤是怎样被送到焦炉中，从煤变成焦炭。

在由设备管廊以及化工车间组成的白区，炼焦的副产品煤气被重新提炼。冷却、萃取、脱硫、蒸氨等生产工序完整地得到保留；

最后参观者可以参观 1928 年建成的鼓风机房，这里有 5 组煤气压缩机，有导游的参观者还能看到压缩机运行的现场演示。

汉莎炼焦厂的特色之一是其工业自然和历史技术的交融和对比，这也成为整个鲁尔区工业自然之旅中最有趣的内容之一。许多区域已经被从污染土壤里长出来的先锋植物所覆盖，它们从破碎的石头中挣扎出来，在熔炉顶端茁壮成长。它们中一些特殊的物种已经学发会适应极端的环境。动物和鸟类在这里栖息，因为这里安静同时能受到保护（图 7.64~ 图 7.73）。

图 7.64　传送带改装的步行廊道

资料来源：作者自摄

图 7.65　架空管廊与铁道

资料来源：作者自摄

图 7.66　木质冷却塔

资料来源：作者自摄

图 7.67　脱硫装置

资料来源：作者自摄

图 7.68　冷凝装置

资料来源：作者自摄

图 7.69 焦炉、推焦车与水池（冬天可以滑冰）
资料来源：作者自摄

图 7.70 焦炉顶部
资料来源：作者自摄

图 7.71 化工设备
资料来源：作者自摄

图 7.72 展示的大型设备
资料来源：作者自摄

图 7.73 展示的鼓风设备
资料来源：作者自摄

图 7.74　入口门厅上部的井架

资料来源：作者自摄

图 7.75　博物馆模型

资料来源：作者自摄

7.4.2.4　德国波鸿矿业博物馆（German Mining Museum, Bochum）

1. 基本概况

位于波鸿的德国矿业博物馆建筑面积 1.2 万平方米，是世界上同类型博物馆中最重要的，也是规模最大的（图 7.74、图 7.75）；它还被认为是研究矿业史、冶金史最权威的机构。巍峨耸立的卷扬机具有非常强烈的标志性，每年吸引 40 万参观者，是德国参观人数最多的博物馆。

这个博物馆并不是一个真正的矿井，而是一个复制品，是由著名的建筑设计师弗里茨 · 舒普（Fritz Schupp）于 1930 年设计建设的。博物馆地面以上是展厅，在展厅下面通过竖井连接到矿井内部；矿井下方有 2.5 公里长的地下采矿作业面，是特别吸引人的展览场所，可以近距离地看到地下矿道的生产情况。游客还可通过运送矿工的工作电梯到达顶部塔台，从高处俯瞰波鸿及鲁尔区的壮丽景色。

这里成为综合收藏采矿产业各个部门历史文物的场所，记载了世界矿业发展历史。这里有各种采矿工具的展览，从棒槌到盘锯；还有矿山、工人居住房屋的模型，从中反映出一代一代矿工生活的经历。妇女在采矿工作中所起的作用也成为一个展览的主题，还有比利时艺术家康斯坦丁 · 麦尼埃（Constantin Meunier）反映采矿工作状况的画作展览（图 7.76~ 图 7.83）。

2. 历史沿革

从以下一组照片中可以了解这个博物馆规划设计、建设和使用功能演变的情况（图 7.84~ 图 7.91）。

图 7.76　室外陈列雕塑
资料来源：作者自摄

图 7.77　室外陈列雕塑
资料来源：作者自摄

图 7.78　博物馆室内陈列
资料来源：作者自摄

图 7.79　矿物颜料绘画
资料来源：作者自摄

图 7.80　博物馆地下矿道
资料来源：作者自摄

图 7.81　原来的货梯改作参观客梯
资料来源：作者自摄

图 7.82 博物馆陈列

资料来源：作者自摄

图 7.83 博物馆陈列

资料来源：作者自摄

图 7.84 1930 年博物馆前大草地

资料来源：http://www.route-industriekultur.de

图 7.85 1935 年规划图

资料来源：http://www.route-industriekultur.de

图 7.86 1935 年博物馆施工

资料来源：http://www.route-industriekultur.de

图 7.87 1939 年博物馆落成

资料来源：http://www.route-industriekultur.de

图 7.88 1949~1957 年天主教会议中心

资料来源：http://www.route-industriekultur.de

图 7.89 1949~1957 年博物馆加建

资料来源：http://www.route-industriekultur.de

图 7.90 1958 年博物馆大门

资料来源：http://www.route-industriekultur.de

图 7.91 1971 年架设卷扬机

资料来源：http://www.route-industriekultur.de

3. 机构设置

德国矿业博物馆建于 20 世纪 30 年代，是矿产和冶炼研究中心；1977 年开始，其研究活动得到了联邦和地方政府的支持。在参观中游客会认识到德国矿业博物馆发展的历史，了解到博物馆机构的组成，包括配套部门，技术、旅游服务部门等等；以及研究部门是如何利用德国矿业博物馆内丰富的收藏和实验室来进行研究工作的。博物馆的两大科研领域包含了矿冶历史和矿冶技术以及冶金、采矿业相关文献资料和工业遗产的保护研究。博物馆研究的内容不局限于采矿与冶金业，还延伸到了文化遗产保护等方面。

跨学科项目的研究成果发表于科学杂志和书籍，并通过博物馆进行展览。工作过程由研究机构、博物馆的管理者和领导部门进行协调，机构的督察由咨询委员会执行 (咨询委员会、科学委员会和采矿档案顾问委员会的简称)。机构官方慈善赞助依靠德国矿业博物

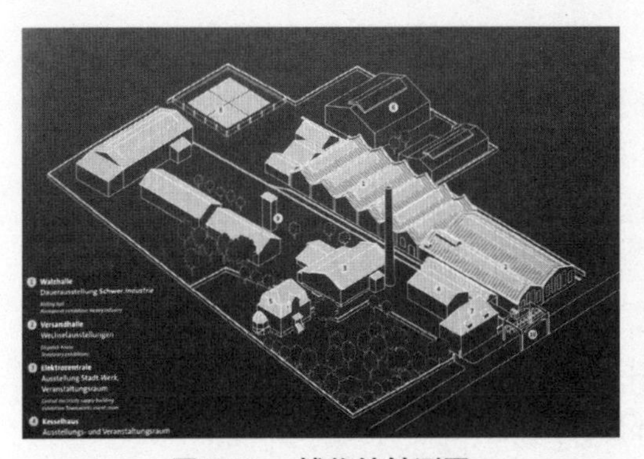

图 7.92　博物馆轴测图

资料来源：作者摄于展览

图 7.93　历史照片

资料来源：作者摄于展览

馆，同时鲁尔区矿山之友艺术、文化协会也会尽一切可能对博物馆给予支持。

7.4.2.5　莱茵工业博物馆（Rhineland Industrial Museum, Oberhausen）

在鲁尔区早期的工厂中，奥伯豪森奥滕伯格锌制品厂（Altenberg Zinc Factory）是保留得最为完整的一个。1854 年建成投产，是奥伯豪森最古老的金属制品厂。1981 年关闭，1984 年被政府全面接管并成为莱茵工业博物馆的一部分，1997 年博物馆作为重工业的永久展示区开放，建筑面积 3500 平方米，1500 件展品展示了 150 年来莱茵和鲁尔两地区的钢铁工业的发展史（图 7.92、图 7.93）。

1900 年生产，高 10 米，重达 53 吨的蒸汽锻锤就耸立在博物馆门口，作为博物馆的入口标志。在这个庞然大物面前，人会觉得非常渺小，博物馆内的电子屏幕上演示着这个机械是如何工作的。重工业无论是对人还是对机器，都是繁重的工作。这是莱茵工业博物馆六个场址之一，收藏着大量废弃不用的机械设备：20 世纪 20 年代两轮旋转驱动的，克虏伯时代的蒸汽机车头、滚筒、铣床、刨床以及一些其他小型设备。有些设备仍可使用，向参观者演示。这里还举办了反映莱茵和鲁尔 150 年钢铁发展的展览，技术所起的巨大作用非常清晰明了。展览中展示了工人们阴暗的工作环境，他们的住宅、学校、医疗、商业等各种设施，以及工人们与老板之间长期的对抗。也可以通过虚拟现实，在高炉中间漫步，了解怎样用铁矿石和焦炭炼铁。值得一提的是由于这里原来是锌制品厂，在土壤和砖砌体当中存在着铅、汞等重金属污染。在博物馆开办之前，这里的污染得到了彻底清除，生态修复的结果得到了环保单位的认可。所有这些都给参观者留下了强烈的印象，使人们重新回到那个时代亲眼目睹重工业的发展历程（图 7.94~ 图 7.102）。对比历史照片，可以看出这是一片规模较大的工业区，目前莱茵博物馆仅仅保留了一部分工业厂房，实际上在 IBA 进入之前，也就是 1989 年以前，从 20 世纪 70 年代开始，德国鲁尔地区的工业资源也还是被拆除了很多，甚至有些生产设备还被运到了中国，继续生产的功能。我们现在所看到的一切，只是鲁尔工业辉煌历史的一部分。

图 7.94 入口街头构架
资料来源：作者自摄

图 7.95 厂房建筑
资料来源：作者自摄

图 7.96 展厅内部
资料来源：作者自摄

图 7.97 锅炉设备
资料来源：作者自摄

图 7.98 展墙
资料来源：作者自摄

图 7.99　陈设展品与电子展示

资料来源：作者自摄

图 7.100　模型展品

资料来源：作者自摄

图 7.101　展出的铁轨

资料来源：作者自摄

图 7.102　酒吧和舞厅

资料来源：作者自摄

7.4.2.6　奥伯豪森购物中心与煤气罐（Oberhausen Centro & Gasometer）

位于鲁尔区西部的奥伯豪森是鲁尔区的缩影，奥伯豪森曾经是大型的工业中心，以锌和矿石为基础。这个城市曾经是个小村庄，1758 年最早的炼铁厂在此建成；50 年后，三个钢铁厂合并为一个新的工业企业。1808 年建成了“奥伯豪森大厦”（Oberhausen Mansion），1846 年建成了第一个工人居住区，1847 年火车站启用。早在 1854 年第一个煤矿就已经开始步入衰败周期，尽管如此，1862 年奥伯豪森还被认为是乡村；直到 1874 年奥伯豪森才终于成为城市。1929 年奥伯豪森与 Sterkrade 和 Osterfeld 合并。煤气罐于 1929 年 5 月 5 日正式启用，高达 117 米，直径 68 米，容积达 34.7 万立方米，曾经是世界上容积第二大、全德最大的煤气罐。

没有工业就没有煤气，没有煤气也没有工业，煤气罐就是最好的证明。煤气是焦炭生产的副产品，同时也是煤化工的原料；煤气生产和使用并不同步，如何解决煤气储存的问题非常重要，煤气罐就是一个最好的解决方式。煤气罐于1929年5月5日正式启用，高达117米，直径68米，容积达34.7万立米，曾经是世界上容积第二大、全德最大的煤气罐；1988年煤气罐最终停用。1988~1992年奥伯豪森的居民卷入到异常激烈的辩论当中，问题的焦点就是"好希望钢铁公司"（Good Hope steel mill）的煤气罐，推土机在现场待命，准备随时拆掉这个庞然大物。一些人视之为眼中钉，而另一些人则认为它是杰出的工业纪念碑。最终保护者获得了胜利，1993~1994年改造成另类艺术展览中心，以展出新潮、创新、另类的艺术品闻名欧洲，是德国非常具有吸引力的地方，成为鲁尔区最知名的象征之一。

为了顺应时代发展的要求，依托公共交通系统服务于整个区域，奥伯豪森逐渐成为欧洲最大的商业中心（Centro）。商业中心原是占地100公顷的蒂森钢铁厂（Thyssen）废弃不用的土地，在改建计划的支持下，由财团整体收购并建设了号称全欧洲最大的奥伯豪森购物中心。川流不息的购物人潮，使得邻近的荷兰都设有专门的游览车载客前来"血拼"，顺利地让当地不少失业劳动力转入服务业，很大程度上解决了就业的困难。

临近购物中心，高高耸立着巨大的煤气罐（Gasometer），这种煤气罐在欧洲以及世界其他地方都司空见惯，但这个最有名，被称为"工业的教堂"。工业历史、装置艺术、现场表演可以在这个煤气罐中以不同的形式展示，这里举办的第一个展览就是鲁尔工业发展200年多媒体回顾展，后来还举办过克里斯托和珍妮·克劳德（Christo and Jeanne Claude）关于"墙"的现代艺术展、"蓝色—金色"水上展览，还有"风的希望"环球热气球展等；这里可以给人特殊的空间体验，参观者一踩上钢结构的楼板，就会响起回声有一种颤动的感觉。面对黑黢黢的钢板墙壁，宛如置身太空。观光电梯将观众运送到117米高的平台上，可以环视周边的景色和欧洲最大的商场。在这里还可以看到莱茵—赫恩海运河（Rhine-Herne Kanal）、埃姆歇河（原来的排污河）以及高速公路和桥梁，从另一个方向可以看到煤渣山和河边运动场（图7.103~图7.108）。

图 7.103　煤气罐与黄色指针
资料来源：作者自摄

图 7.104　锈蚀金属板与金属钉形成的构图
资料来源：作者自摄

图 7.105　室内顶棚照明
资料来源：作者自摄

图 7.106　“墙”主题展览
资料来源：作者自摄

7.4.2.7　瓦尔特罗普亨利兴堡船闸（Old Henrichenburg Shiplift, Waltrop）

亨利兴堡船闸是1899年8月11日德皇恺撒·威廉二世建立的，这种设施在帝国时代一度非常普遍。1962年由于上游建立了新的船只提升设施，1970年被迫关闭。当时这个建筑也面临着被拆除的威胁，在当地社会组织坚持不懈的努力下，这个古老船只提升设备最终才得以保留，并于1992年建立成开放的博物馆，成为威斯特伐利亚工业博物馆的一部分。亨利兴堡船闸作为工业技术的杰作，其主要价值就是它至今一直没有被改变过。

图 7.107 莱茵 – 赫恩海（Rhine–Herne Kanal）运河、埃姆歇河（原来的排污河）以及高速公路和桥梁

资料来源：作者自摄

图 7.108 从煤气罐看到的煤渣山与运动场

资料来源：作者自摄

这个博物馆可以使我们深入了解内河水道交通和运河的历史。原来的动力机房作为展厅，展出了船闸的模型、航船所用的各种工具和设施（包括潜水服装、船桨等），参观者可以了解到船只提升设备的原理和一些技术问题，以及工程建设的历史背景。船闸在三个层面进行展示：一是船只的导入槽，现在成为游客步行的通道；二是位于两组四个塔柱之间的平台，这是观看这座建筑最好的地点，俯瞰下去一艘建于 1929 年的驳船停靠在岸边；三是船闸塔架的上部，可以俯瞰河道和远处的船只。沿着水道漫步，还有一些停泊在上游的古老船只，游客可以登上驳船，了解船员的日常生活和工作情况，以及他们的家庭状况。河道沿线还保留着一处带转盘起重机的码头（建于 1906 年）和垂直提升的桥梁。在帝国时代，人们在船闸下来来往往，但决不能认为这是寻常小事，不值一提；相反，这里的船只升降技术在欧洲都堪称独一无二（图 7.109、图 7.110）。

钢结构框架坚实有力，四个有球形顶部装饰的砂岩塔柱位于钢结构两端，形象庄严宏伟，呈现出一副皇家形象。由于多特蒙德至埃姆歇运河的水面存在高差，800 吨的货船可以在大约仅两分半钟的时间内就可以从运河的一端提升或下降到 14 米高的另一端（图 7.111~ 图 7.117）。

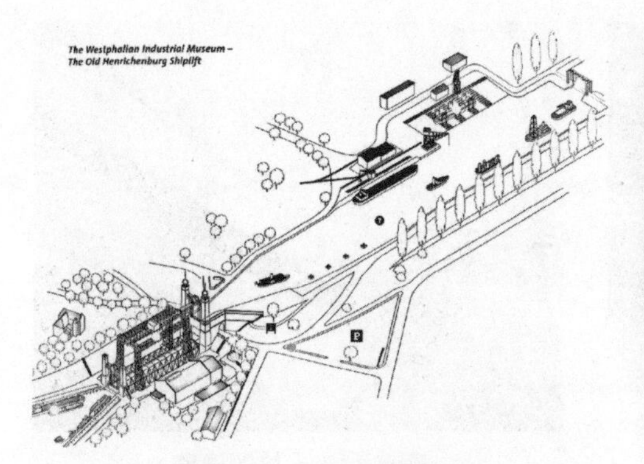

图 7.109　遗址范围鸟瞰

图 7.110　提升设备模型全貌

图 7.111　砂岩立柱与钢结构框架
资料来源：作者自摄

图 7.112　动力机房与游客接待中心
资料来源：作者自摄

图 7.113　钢结构提升设备
资料来源：作者自摄

图 7.114　动力机房内部
资料来源：作者自摄

图 7.115　设备和工具展览
资料来源：作者自摄

图 7.116 保留大型设备的会议厅

资料来源：作者自摄

图 7.117 航船展览

资料来源：作者自摄

7.4.2.8 米尔海水文化博物馆（Aquarius Water–museum, Mülheim）

位于米尔海（Mülheim）市，斯蒂罗姆（Styrum）郊区的水塔是由奥古斯特 · 蒂森 (August Thyssen） 在 1892~1893 年之间为了给附近炼铁厂供水而建造的。水塔高 50 米，可容纳约 50 万升的水。 1912 年水塔的所有权移交给莱茵威斯特法伦水务公司（The Rhineland Westphalian Waterworks，RWW）。1982 年水塔被关闭。RWW 公司在水塔里修建了水文化博物馆，成为一个广受赞誉的多媒体旅游景点。

水博物馆有 14 个不同建筑标高，包含 30 个多媒体展点。门票是一个带有计算机芯片的卡片，可以启动多媒体等装置。馆内展览有 6 个小时的电影，随时播放动画图像，模拟了鲁尔河与饮用水供给、发电、生产和生态的关系。展览还可以模拟控制水厂、处理污水等。可以通过键盘、操纵杆和互动电视屏幕进行参与性游戏和测试答题，使参观者在一个完全娱乐的环境下获得关于水的科学知识。参观者可以参加一个生态游戏，以拟人的手法，模仿一滴雨水流入大海的经过，通过一系列主题故事、影像和冒险活动，揭示水是宝贵的，需要保护的主题。博物馆内的许多游戏和测试问题的结果可以在参观之后打印出来，各个年龄层次的游客都可以在这里了解到关于水、环境和水资源保护的有关知识。乘坐电梯从水塔顶部自上而下游览，可以到达任何一个角落。在水塔顶部可以看到邻近的斯蒂罗姆教堂、鲁尔山谷和杜伊斯堡、奥伯豪森、米尔海城市的全貌。

鲁尔地区的水塔造型十分丰富，在北杜伊斯堡公园长长的厂房墙壁上就有许多水塔造型的内景图片；我们也从德国买到一本专门研究水塔造型的书。这个水塔建筑分为塔基、塔身和塔顶三段式，由红色黏土砖砌筑而成。为了解决交通和防火的要求，在水塔一侧加了一个楼梯和电梯组成的玻璃体，与原来的水塔形成一虚一实的对比，形成相互依偎的造型。博物馆小巧精致，构思巧妙，趣味横生（图 7.118~ 图 7.121）。

图 7.118　黄色指针与水塔

资料来源：作者自摄

图 7.119　室内展厅

资料来源：作者自摄

图 7.120　电子展墙图

资料来源：作者自摄

图 7.121　顶部结构与中央电梯

资料来源：作者自摄

7.4.2.9 博特罗普四面体（Bottrop Tetra- heder）标志物和煤渣山

图 7.122 基地卫星航片

资料来源：http://earth.google.com/

德国鲁尔的四面体构筑物是矿区最重要的地标之一，在很远的地方就可以看到这座象征鲁尔区巨大演变历程的标志物。整个建筑约 60 米高，坐落在一座 65 米高的煤渣山上，用钢管连接而成，是该地区钢铁产业的象征。通过台阶可以到达构筑物顶端的观景平台，四面体的楼梯和观景平台提供了欣赏埃姆歇河沿河景观的极佳观赏点。夜晚的时候，在很远的地方就能够看见它被灯光照亮的形象（图 7.122~ 图 7.126）。

利用煤渣山依山建成了阿尔卑斯中心——世界上雪道最长的室内滑雪场，巨型室内滑雪场和附属的滑雪设施 2001 年 1 月 7 日启用，拥有 640 米长、30 米宽的雪道。阿尔卑斯中心包括了滑雪学校、滑雪、滑雪装备租赁等服务，中心内所有的滑雪和雪板教练都具备资格证书，或者已经完成室内滑雪训练课程。滑雪课程的设置是为有特定训练要求和希望享受滑雪乐趣的滑雪者而安排，训练效果明显且具有很强的娱乐性。阿尔卑斯中心不分季节，一年 365 天对滑雪者开放。滑雪场对面是仍在生产的工业区，还有一处污水处理厂，四个巨大的水罐形成非常显眼的地标（图 7.127~ 图 7.130）。

图 7.123 基地卫星航片

资料来源：http://earth.google.com/

图 7.124 标志物近景

资料来源：作者自摄

图 7.125　参观者可以登高望远
资料来源：作者自摄

图 7.126　标志物远景与镶嵌在煤渣山中间的滑雪道
资料来源：作者自摄

图 7.127　滑雪场外观
资料来源：作者自摄

图 7.128　滑雪场内部通道
资料来源：作者自摄

7.4.2.10　北杜伊斯堡景观公园（Landschaftspark Duisburg-Nord）

1. 发展历史

19 世纪中叶钢铁工业蓬勃发展，打破了这里的宁静。工业在鲁尔谷地不断向北迁移，彻底改变了原来乡村纯朴的风貌。1901 年 8 月蒂森（Thyssen）公司在杜伊斯堡郊区迈德里奇（Meiderich）建设了高炉；在其周边购买煤田，建设了弗雷德里希 · 蒂森炼焦厂（Friedrich

图 7.129 滑雪场坡道插入煤渣山内部
资料来源：作者自摄

图 7.130 滑雪场对面仍在生产的工业区
资料来源：作者自摄

Thyssen 4/8 Coking Plant）。煤的开采与焦炭生产、高炉炼铁紧密相连，形成一条完整的产业链。原料被源源不断地通过空中传送带运送给 5 座高炉。其中 1973 年建成的 5 号高炉是工业时代后期的代表，它采用了现代化的制冷系统和送风加热设施，并满足严格的环保要求。1985 年 4 月 4 日，当 5 号高炉正准备再次投入生产的时候，这个有着 80 多年历史，曾经带给人们希望的炼铁厂，由于欧洲整个钢铁市场产量过剩而不得不关闭。原来的工业用地变成了废弃地，遗留下巨大的工业建筑和设施设备，见证着当时工人曾经付出的辛苦劳动和工业曾经的辉煌。IBA 通过国际招标,创造了一个新的工业废弃物和自然景观共生、展示工业文化的新型公园。公园面积占地约 200 公顷，28 公里长的环形漫步道贯穿公园整体；1994 年夏天公园正式对游人开放，每年接待 50000 名游客。景观由拉茨合伙人事务所（Latz Partner），拉茨 – 瑞尔 – 舒尔茨（Latz–Riehl–Schulz），G. 利普科夫斯基（G.Lipkowsky）组成的团队完成设计。公园采用合伙制管理，由州和地方政府资金支持，并得到了来自各种地方非政府组织的赞助（图 7.131、图 7.132）。

2. 工业建筑与设施设备

（1）中心动力机房

170 米长，35 米宽，20 米高；建于 1906~1911 年之间，主要设备包括 6 台鼓风机、10 台内燃机和 2 台大型发电机组。鼓风机将煤气送进内燃机，通过煤气燃烧为发电机组提供热能，发电机组再将热能转化为电能。1965 年动力机房不仅给工厂还能为周边的居住社区提供能源。1987 年停产后，动力机房曾经被用作商店。随着公园的建设，这

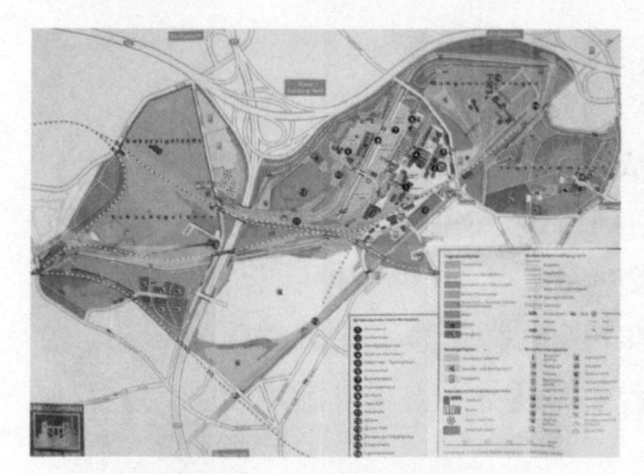

图 7.131 公园总平面图
资料来源：作者摄于宣传资料

图 7.132 公园鸟瞰模型
资料来源：作者摄于宣传资料

图 7.133 发电机房挂满了工业设备照片
资料来源：作者自摄

座体量巨大、特征明显、现代感强烈的建筑，成为工业遗产的“神圣教堂”，被改造成多功能活动中心。1997 年 10 月经过改造后重新开放，主要功能转化为国际展览和各种艺术活动。连续的红色砖墙外，悬挂着一系列大型工业设施的照片，更加强化了工业的氛围（图 7.133）。

（2）送风机房

送风机房由风机房和水泵房组成，建于 20 世纪初。新浪漫主义（Neoromanesque，19 世纪末 20 世纪初在欧洲兴起的一种文艺思潮）风格的窗户和屋檐下的装饰是那个时代典型的建筑风格，20 世纪 50 年代在这个建筑的基础上又增加了压缩机房，现在 4 台发动机驱动的鼓风机仍然安装在鼓风机房里，它们送出来的风是高炉炼铁所必需的。水泵房将水输送到高炉帮助其降温。现在这组建筑被用来举办音乐会、公司庆典活动、舞会、戏剧表演、新产品发布等活动；送风机房则转化成了有永久舞台和可以容纳 500 座位的剧场，每逢鲁尔地区的节日这里就会变成人的海洋，热闹非凡（图 7.134）。

图 7.134 保留管道与送风机房
资料来源：作者自摄

（3）铸造车间

在铸造车间里铁水每两小时流出一次。滚烫的铁水在槽中奔涌直接从鼓风炉流到砂模中并在那里冷却成型，这就是所谓的铁锭。这些从砂模里倒出来的铁锭经水冷却后送到铸造厂或钢厂进一步加工。墙上砖砌洞口可以使空气流通和散发热量。从20世纪中叶起，铸造车间已经被用作音乐会、戏剧表演和室外电影。为了保护必要的设备，一个可以移动的屋顶保护正面看台上的设备不被雨淋湿（图7.135）。

（4）老办公楼

这个具有Lösorter Strasse式风格主立面的建筑1906年投入使用，其主要功能是接待和提供办公场所，还为工人发工资； 20世纪50年代早期还增加了一些其他的功能，1953年当新的办公楼建好后这个老楼又用作其他用途——浴室、衣帽间、更衣室、给工人服务的咖啡间、医疗室甚至工会。现在，德国青年旅社协会在这个建筑里办了一个有140床位的旅馆。

（5）仓库

1902年第一座鼓风机房上的仓库全部完工。巨大的砖砌体、拱门和铸铁的窗格是当时最流行的建筑风格，这些特色现在都被保护起来。到第一次世界大战这个建筑一直都被用来当作车间，战争结束后它被用作仓库，存储多余的原材料。这个仓库是整个公园第一个被修复的建筑，1990年这里进行了整体规划，包括自助餐厅、酒吧和钢铁主体展览被有机组合起来，现在仅使用了首层。

（6）5号高炉

1973年投入生产，一直工作到1985年。它是工业化后期钢铁生产设备的代表，拥有现代化的冷却系统和送风加热系统，对环境的污染程度也很低，1984年4月4日，由于欧洲钢铁业协会的钢铁生产的配额限制，高炉最终停产。实际上当时设想的停产只是暂时的，随时准备投入再生产。但由于欧洲钢铁生产产能的过剩，高炉再也没有恢复生产。5号高炉因为某位要员可能的来访而幸免被拆除； 同时，来自工人们强烈的抗议也使得发电机房等建筑作为“工业纪念碑”被保留了下来。现在参观人群络绎不绝，这里成为传授和展示钢铁生产历史的课堂，参观者登上5号高炉，可以远眺杜伊斯堡及周围的景观（图7.136~图7.142）。

图 7.135 高炉下面的出铁口

资料来源：作者自摄

图 7.136 高炉上方的大型设备

资料来源：作者自摄

图 7.137 保留的大型设备

资料来源：作者自摄

图 7.138 高炉周边大型设备

资料来源：作者自摄

图 7.139 保留的高炉

资料来源：作者自摄

图 7.140 从高炉鸟瞰公园

资料来源：作者自摄

图 7.141 从高炉鸟瞰公园

资料来源：作者自摄

图 7.142 改造的舞台和演出场所
资料来源：作者自摄

图 7.143 改为潜水俱乐部的煤气罐
资料来源：作者自摄

（7）煤气柜

在生产工艺的流程中，煤气柜非常重要，净化等处理后的煤气送到加压机房，再送到煤气柜里。为了让高炉生产和消耗的煤气取得平衡，需要一个大的煤气柜储存过剩的煤气和在用气高峰时有足够的煤气可以供给。煤气柜容积达 20000 立方米，现在这里已经改造成欧洲最大的潜水俱乐部（图 7.143）。

3. 设计特色

规划设计面对的关键问题是如何处理这些工业生产遗留下来的东西，比如巨大的建筑、烟囱、鼓风炉、矿渣堆、铁路、桥梁、沉淀池、水渠、起重机等等，如何使这些已经似乎无用的建、构筑物融入公园的景观之中。设计师贯彻了“生态化”的设计理念，最大限度地保留了工厂的历史信息，利用原有的“废料”塑造公园的景观，最大限度地减少了对新材料的需求，减少了对生产材料所需的能源的索取。

首先，场地中的构筑物都予以保留，部分构筑物被赋予新的使用功能。这块基地上，最基本的构筑物是错综复杂的铁路系统，如果沿着铁轨漫步可以到达任何地方。因此设计师决定把这条铁路系统作为规划设计的骨架，建立一条贯穿全园的游览和漫步系统。公园的处理方法不是努力掩饰这些破碎的景观，而是寻求对这些旧有的景观结构和要素的重新解释。

（1）工厂中的植被均得以保留，荒草也任其自由生长，公园变

图 7.144 料仓改造成攀岩场所
资料来源：作者自摄

成一个大植物园。

（2）工厂中原有的废弃材料也得到尽可能的利用。红砖磨碎后用作红色混凝土的部分材料，厂区堆积的焦炭、矿渣可成为一些植物生长的介质或地面面层的材料，工厂遗留的大型铁板成为广场的铺装材料。

（3）水的循环利用，通过自然生态循环和人工处理措施使埃姆歇河（Emscher）在几年的时间里由污水河变为清水河。要达到这个目的，必须收集各处的雨水，利用工厂原有的冷却槽、净化池和水渠将雨水净化后再注入埃姆歇河中，从而避免雨水将原工厂的污染物带入河中。

4. 功能设置（图 7.144~ 图 7.148）

图 7.145 夜景灯光
资料来源：www.kern-home.de/

图 7.146 夜景灯光
资料来源：www.kern-home.de/

（1）演出和展览

利用发电机房、送风机房以及室外剧场，可以举办各种类型和规模的活动，包括音乐会、戏剧表演、电影、室外演出、新产品发布、大型艺术展览等等，为企业和社会团体服务，这是这个公园最大的亮点。与弗尔克林根相同，北杜伊斯堡公园也请世界著名灯光设计

图 7.147 料仓改造的儿童游戏场所

资料来源：作者自摄

图 7.148 污水处理厂与风力发电

资料来源：作者自摄

师设计了绚烂多彩和极富表现力的灯光照明。

（2）潜水

2000 立方米容积的煤气罐作为欧洲最大的室内潜水池，既出人意料又在情理之中；对水下运动来说这里是一个迷人的世界，并且成为德国最具创新性的潜水中心。排除煤气罐所有的残留污染物用了很长时间，之后在舱体低处灌满水，就成为潜水者的天堂。公园潜水俱乐部逐步发展成为潜水训练中心，但还需要解决潜水池中的沉淀物、水对罐体的侵蚀以及其他的一些问题。为了训练潜水员还放置了人工暗礁，失事的游艇，老旧汽车的“骨架”和其他“装饰”。一个无比真实的水底景象甚至吸引了远道而来的潜水发烧友，当然这只能允许有经验的人去玩。

（3）攀岩

攀岩花园建在矿石料仓里，不同斜度的墙壁和残留的塔依然会被用来攀岩和登高远眺，这是一个面貌独特的区域。1990 年，德国登山协会在公园的料仓有了自己的攀岩花园，而且还创造了攀岩道路。模拟的“山脉的轨迹”，呈现山峰、水槽、墙壁和桥梁，道路有钢索围护以保证攀登的孩子的安全。

（4）钢丝体验

钢结构建筑、摇曳的灯光、陡峭的岩壁和一条将人从安全的地面带到高处的“路”、摇晃的桥和危险的索道，给人深刻和奇异的体验。

5. 生态系统

（1）雨水收集系统和净化系统——埃姆歇河污水系统的重建

19 世纪初，埃姆歇河经过重新设计，其支流被作为来自鲁尔地区工业废水和生活污水的“出口”。由于许多煤矿的开采造成了地表下陷，地下管道系统不能正常运转，地面沟渠的使用在所难免；并且结实的堤防还可以保护下游的居民不被泛滥的河水淹没。

埃姆歇河流经北杜伊斯堡公园有大约 3 公里长。现在，污水都汇入地下污水管道，埃姆歇河的河道专门用来排放雨水。为了增强埃姆歇河的景观效果和利用价值,近年来河岸被重新整理（图 7.149）。

在公园整个场地上，雨水管和雨水明沟将雨水输送到了两个水池中，水池位于煤气柜附近的冷却塔下。当第一个水池灌满后，雨水会越过溢流排放到第二个水池里，再通过排水沟流经池塘，最终排至埃姆歇河中。埃姆歇河位于公园的中间位置。几年前埃姆歇河流过这里的时候，河道里全是工业废水和生活污水、雨水及地面排水，在炎热的夏季臭味熏天。今天污水依旧流过这个地方——只不过是通过平行于清水河道的地下污水管道。埃姆歇河已经变成了清水河，在直线形的河道里交替出现深水区和浅水区，形成了若干个湿地，营造了公园良好的微气候，创造了舒适宜人的生态环境。

（2）风能

在原烧结车间厂房上修建的风力发电装置，极大地提高了公园的品质。风力发电从清水河道里将水提升到塔的上方，顺着管道，水从高处流向料仓花园。在枯水期解决了料仓花园的用水。雨水充沛时，水流到了清水河道后面的收集池，从埃姆歇河一个最为壮观的喷水口喷出，这是一个不仅可见而且可听的水景（图 7.148、图 7.150）。

（3）植被

公园内的植被全部被保留下来，在一些地方还加强了植被的栽植，并且这些树木都具有较强的生存能力。尤其是在料仓部分，形成了料仓花园。

图 7.149 老水渠

资料来源：www.landschaftspark.de

图 7.150 料仓的生态修复与风能利用

资料来源：作者自摄

7.4.2.11 北极星公园（Nordsternpark，Gelsenkirchen）

1. 历史沿革

北极星公园位于鲁尔西部城市盖尔森基兴（Gelsenkirchen），作为一个废弃的煤矿被整体保留了下来，这里拥有现代化的工业建筑遗产以及具有特色的将污染环境进行生态恢复的“工业自然”（Industrial Nature）。古典的矿井提升井架与现代的莱茵－赫恩海运河上的钢结构拱形桥梁，形成过去与现在的完整统一。工人们的盥洗室、工资发放室、库房被改造成 IT 工作室、办公室等用途。古老煤矿的高质量生活在啤酒花园得到现实的充分体现，周围环绕着餐厅、酒吧、广场、公寓和现代化的单身宿舍等。

这里最早开挖煤矿的时间要追溯到 19 世纪中叶。1857 年开始挖掘排水竖井，1858 年北极星煤矿作为鲁尔区最北端的煤矿大放光彩。1865 年这里被命名为北极星，意为鲁尔区北边最重要的煤矿。1930 年，矿区建筑由设计过埃森的关税同盟 XII 矿井的工业建筑设计师弗里茨·舒普（Fritz Schupp）和马丁·克莱默（Martin Kremmer）设计（图 7.151、图 7.152）。1955 年这里有 4400 名矿工，年生产煤 120 万吨；1981 年这里有 3254 名员工，年生产煤 1939502 吨；1983 年和关税同盟煤矿合并，共有 5812 名员工，年生产煤 3173297 吨；1988 年与另一煤矿继续合并，由于生产效率的提高，员工降到

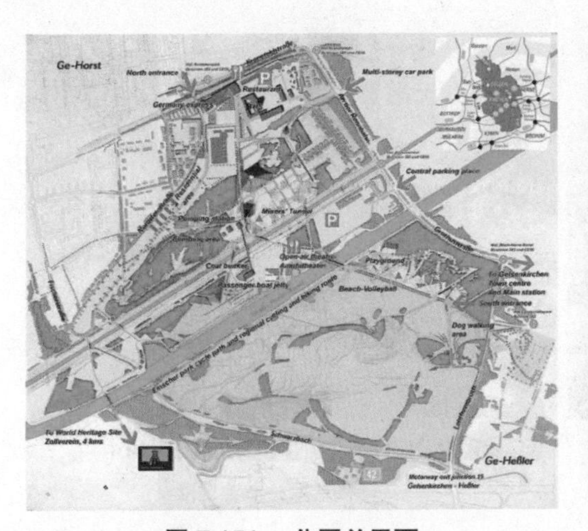

图 7.151 公园总平面

资料来源：http://www.nordsternpark.de

图 7.152 公园鸟瞰

资料来源：http://www.nordsternpark.de

5638 名，年生产煤上升到 3430923 吨。1993 年工厂被关闭，1997 年，该地址被选作“联邦花园展”的比赛地点。煤矿成为四季花卉簇拥、充满动人活力的现代化服务中心，并且成为适合居住和休闲的场所。

2．设计特色（图 7.153~ 图 7.158）

（1）保护将要消失的开放空间的生态价值；

（2）邻近城市创造绿地和功能区；

（3）重建不同功能的具有历史纪念价值的煤矿建筑；

图 7.153 矿井提升设备与包豪斯风格的工业建筑

资料来源：作者自摄

图 7.154 地面停车场与标志性建筑

资料来源：作者自摄

图 7.155 工业建筑改造成办公室
资料来源：作者自摄

图 7.156 两栋建筑之间加建的中庭
资料来源：作者自摄

图 7.157 为办公配套的开敞式停车楼
资料来源：作者自摄

图 7.158 大型厂房改造成办公功能
资料来源：作者自摄

（4）将有关煤矿的历史转换到商业居住区里；

（5）功能延伸和提高国民素质作为联系不同区域的线索；

（6）保护工业历史元素；

（7）保护工业文化、现存的人和建筑的体系。

3. 功能服务

（1）为游客服务

自从 1997 年举办了联邦花园展，北极星公园就成了旅游胜地，每年络绎不绝的游客从四面八方赶来参观游览，所以这里有健全的游乐设施、文化设施、服务设施为游客服务。来自远方的游客总能在这里找到自己感兴趣的活动，这里有所谓的“儿童乐园”，可以开展丛林探险活动和沙滩排球运动。老矿工可以带游客下到63米长的地下采矿展廊，让游客领略过去的煤矿开采和矿工的工作。游客还可以在这里通过水路到达亨利兴堡船闸、奥伯豪森的煤气柜和欧洲最大的商场。

（2）为附近居民服务

公园里设置了相应的休闲娱乐功能，周围的居民可以随时进入公园享用这些设施，休闲或者在公园里欣赏美景。

（3）为公园周边公司的上班族服务（图7.159~图7.164）

图7.159 双曲线拉索桥
资料来源：作者自摄

图7.160 办公楼保留的老设备
资料来源：作者自摄

图7.161 办公楼保留的老结构
资料来源：作者自摄

图7.162 矿井与包豪斯厂房改造的办公楼
资料来源：作者自摄

图7.163 办公楼内部结构图
资料来源：作者自摄

图7.164 保留墙体与钢框架
资料来源：作者自摄

这个公园是将以前的建筑保留下来，经过精心的设计和改建，使之成为功能齐全设施先进的办公场所，容纳了很多公司，德国住宅工业最大的公司之一在这个公园里设立了他们新的总部，从2003年9月起有350名职员在这里工作。公园的文化设施能够为这些上班族提供比较合适的氛围来激发他们的工作热情。

水边的露天剧院被安排给最顶级的演出，无论是音乐会、戏剧或表演，这个坐落在莱茵—海尔纳运河边上的现代的阶梯剧院可以容纳6100名观众，以前这个地方泊满了运煤船。最动人的是它的舞台和白色的张拉膜顶棚，置于水面之上，看起来就像是在水面上滑行的帆船，一条静静的没有目的地的大船。

4. 生态处理

（1）煤矸山的处理

在园区中部有一座十多米高的煤矸山，管理机构决定进行生态修复。首先在煤矸石山上培养表土层，种植草种，保护表层土壤不流失；当煤矸石山表层逐渐形成腐殖质土后，再种上树。经过人工处理的煤矸石山逐渐变成了绿地、树林，成为可供人们游玩的设施。

（2）雨水收集与河道净化

公园重新组织污水管道在清水河的下部流过，使河道的水不被污染，利用收集的雨水灌溉和清洁河流，并形成一段一段的人工湿地。

7.4.2.12 马克西米利安公园（Maximilian Park）

马克西米利安公园位于鲁尔东北边缘的哈姆（Hamm）市，是一个儿童的天堂，童话的王国。在一个大规模的公园中既有表现勇气与智慧的游戏场所，又有寓教于乐的科普教育设施，巨大的洗煤车间变身为玻璃大象（图7.165、图7.166）。

1. 基本概况

马克西米利安公园原是一座煤矿，1902年开始开采；“不幸”好像总是伴随着马克西米利安煤矿，投产不久，这里发生了严重的透水事故，大量的水涌进矿坑，直接将整个矿坑淹没，工人们称之为“水缸”。矿主花费了10年的时间尝试恢复开采，可矿工们重新回到井下工作不久，1914年矿井再次透水，这一次矿主放弃了再次修复，1943年煤矿终于关闭。

长期的土地的撂荒无意间成了动植物的乐园，20世纪80年代初州政府决定举办“联邦花园展”，1983年开始兴建公园，1984年第一

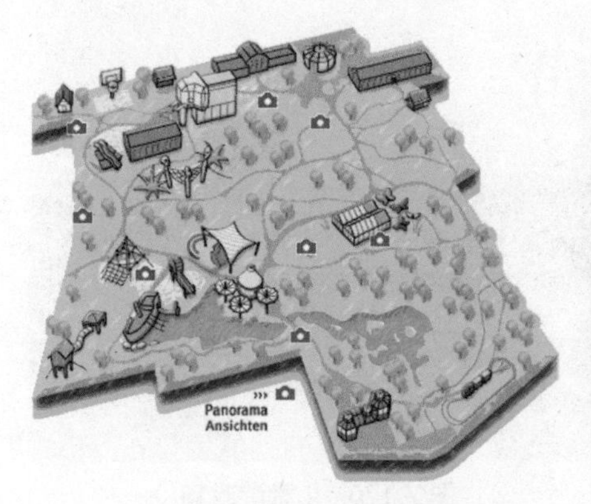

图 7.165 深得孩子们喜爱的卡通平面图

资料来源：作者摄于宣传资料

图 7.166 洗煤车间变成的大象

资料来源：作者自摄

届花园展开幕，次年正式命名为马克西米利安公园。公园占地面积 20 公顷，由艺术家豪斯特 · 瑞莱克（Horst Rellecke）设计。这里有草地和丛林，弥漫着石楠花和大丽花的芳香，环绕着马克西米利安湖的漫步道沿线，散布着雕塑和艺术品，每年有 35 万人到这里参观游览。

2. 设计特色（图 7.167~ 图 7.175）

这个公园有极强的艺术感染力，相信即使是成年人也会喜爱这个公园的，这里的每一个角落都能看到精心设计的艺术品，即使是给孩子们教授知识的木质栏板也很有美感和趣味。这是一个可以让孩子和大人互动的公园，孩子们一边听着大人们讲述这里的历史和设备的用途，一边享受着这里的花草、游戏和温室中的蝴蝶。在这

图 7.167 趣味蝴蝶馆

资料来源：作者自摄

图 7.168 厂房改造的酒吧和多功能厅

资料来源：作者自摄

图 7.169 红色塑胶微地形游戏场
资料来源：作者自摄

图 7.170 儿童游戏场
资料来源：作者自摄

图 7.171 童话古堡
资料来源：作者自摄

图 7.172 料石座椅与帆布凉亭
资料来源：作者自摄

图 7.173 大象、厂房与游戏场
资料来源：作者自摄

图 7.174 树桩雕塑
资料来源：作者自摄

图 7.175 可以钻进去的钢网鱼
资料来源：作者自摄

种环境下成年人也成了孩子。

这里的自然完全是孩子们眼里的自然，机械爬虫、钢网鱼色彩鲜艳造型夸张，在孩子们的眼里既形象又卡通；跷跷板、吊车等矿山工具在这里完全变成了孩子们的玩具，好像他们在开采矿山。这里的商业设施也比较完善，旅游服务、餐饮、有组织的集体的娱乐活动等都能在这里实现。马克西米利安可以说是儿童的天堂，在这个废弃的煤矿上，神奇地诞生了一个童话。

这个公园最吸引人的地标性建筑是洗煤车间改造成的玻璃大象，沿着大象鼻子里的楼梯，盘旋而上到达35米高的观景平台，透过玻璃可以俯瞰公园内的大片花园、森林和各种儿童游乐场景，甚至可以远眺哈姆的景色。红砖砌筑的中央发电厂、车间、矿口建筑等反映了矿山发展历史，这些建筑被改造成展览、办公、酒店、表演等用途。另一个著名的景观是蝴蝶馆，每年的四月到十月这里都会有数不清的蝴蝶在繁茂的花丛中飞舞，是这个地区最好的热带蝴蝶花园了，可以与蝴蝶翩翩起舞。

孩子们在水池里与鲸戏耍，甚至把自己当成一个驾着海盗船的海盗，要卖力地拉着绳索渡船才可以到达彼岸，这对孩子们来说真是一个挑战！十几个孩子齐心协力一起抵达对岸，可以培养他们的团结合作精神。起伏的坡地上还有童话中“妖怪”的古堡，孩子们要通过一定的努力才能登上古堡，古堡下有砂地和设有机关的溪流。

公园给大人们印象最深的是寓教于乐的设计。公园东部树林里的一块空场地上面，有装着当地出产矿物料石的九个木盒子，每个盒子的右下角都标注了说明文字；在旁边的树林里还有路边的木质知识栏，初看上去是一段段的原木，没有什么稀奇，但令人惊奇的是这些原木可以像书一样翻开，里面原来是关于当地的植物方面的小知识。公园还保留了一段铁轨和站台，以及当时煤矿所需的一些工业原料，整齐有序地堆积在场地上，还原了当时生产劳动的场景。公园里还能不时看到当时工人的锈钢板剪影、雕塑、火车和生产的场景雕塑，使我们置身生产当中（图7.176~图7.182）。

7.4.2.13　威斯特法伦州哈根露天博物馆（Westphlian Open-air Museum, Hagen）

哈根的露天博物馆让参观者感受到18~19世纪的早期工业对手

图 7.176　料石标本
资料来源：作者自摄

图 7.177　木质知识栏
资料来源：作者自摄

图 7.178　艺术化再现生产场景
资料来源：作者自摄

图 7.179　钢板人像剪影
资料来源：作者自摄

图 7.180　窄轨货车
资料来源：作者自摄

图 7.181　湿地公园
资料来源：作者自摄

图 7.182　木质曲线浮桥与雕塑
资料来源：作者自摄

工艺的影响，以及传统的商业景象，延绵2.5公里长，占地42公顷范围内，游客可以游览约60个作坊和商铺内的永久性博物馆，其中有20家作坊还在生产。实际上这些作坊原先分散在各个不同的地方，为了集中展现，有的作坊是后来迁到这里，在这里按照1∶1的比例重新建设的。露天博物馆坐落在Mäckinger溪谷中，因为这里可以提供作坊需要的丰沛的水资源。

在作坊里面游客可以看到早先的生产工艺，包括锻造、烤面包、印刷和酿造，参观者可以亲眼看着钉子、套索、纸张、雪茄、啤酒、面包和咖啡被生产出来。博物馆还提供丰富多彩的演出项目、传统表演和展览，依靠当地的管理机构来运营（The landschaftverband Westlalen-Lippe，LWL）。

金属锻造加工是这里的主要行业，首先被关注到的就是有色金属，比如黄金、铜和黄铜，自从中世纪开始这里就被看作有色金属加工的中心，但是现在这样的加工已经完全被高效率的全自动化机械加工所替代。在露天博物馆内的老作坊里，镰刀等工具的手工锻造是最有吸引力的观光项目之一，其他的项目还有：用向日葵作原料根据秘方制造药物、炼金区的一系列博物馆、马蹄铁锻造和马车制造，还有制造铜质配件、铁钉等表演。锻造镰刀、斧头的噪音高达105分贝（仅比喷气式发动机产生的噪音低15分贝），因此耳聋成了当地最常见的职业病。直至今天锻造金属工具发出的叮叮当当的敲击声在山谷中仍然不绝于耳，在山谷中传得很远。

除了食物以外，避寒的衣服也是人类最基本的需求，植物纤维和动物毛皮都是基本原料，但是也有一些织物是通过加工得到的，并促进了一些古老的手工业的发展，比如制革和裘皮服装。皮革加工发展到19世纪，时尚风潮已经使得皮革和皮草不再只是满足单纯的保暖需要，裘皮帽子和皮草手套已经是被广泛使用的时尚配饰，因此毛皮与制革行业成为了当时最赚钱的行业。制革博物馆所利用的房子是1974年建造的，现在为沃尔夫家族的皮革制造公司——哈特曼与索恩（Hartmann & Sohn）公司所拥有。

蓝靛在16世纪被引入欧洲，是重要的进口染料，一直传用了几个世纪。在博物馆的手工作坊里，工作人员正在展示蓝靛染料通过印刷的方式将白色织物变成印花布料。

图 7.183 现状照片

资料来源：http://www.industriedenkmal.de

制纸、纺织和切割用具也是这个地区最主要的工艺，哈根地区很多家刀具铸造厂仍在生产，具有传统的小型金属贸易使这个地区先于周边地区进入工业化，而鲁尔地区直到1850年才进入工业化。参观者可以触摸这些设备，可以看也可以参与其中，并享受成功的喜悦。这里有100年前传统的面包烤箱出售，售卖甜香卷、面包和点心以及自家制作的香肠、鲜酿啤酒。这种将范围广泛的手工艺集中展示的想法是20世纪30年代提出的，于1973年正式对外公开（图7.183）。

7.4.2.14 哈姆城(Hamm)[①]

哈姆城拥有19万居民，坐落在鲁尔区的东北部，与高速公路网相联系。拉德孛（Radbod）煤矿始于1904年，大规模建设于1906年，1912年炼焦厂成立，对煤的大量需求使煤矿迅速发展。1914年工人达到3500人，年产煤70万吨。两次世界大战煤矿生产都没有间断，直到1945年被空袭严重破坏。经过修复，

① http://www.industriedenkmal.de

1955~1960年生产达到高峰，拥有4200名工人，年产120万吨煤。但之后的30年，逐渐走向衰败，1990年停产。1992~1995年，改善拉德孛厂区卫生条件的计划开始进入深入和调查阶段，包括对历史的调查。1997~1998年改善卫生条件的准备工作进入实施阶段，土地利用的提案也被采纳，开始着手恢复由于开采导致的地坪下陷问题。生产使土壤充满了低浓度的碳氢化合物，在厂区的北部还被其他污染严重困扰。基础设施和其他建设首先要等到污染物处理后才能进行，2000年在厂址生态修复完成后，土地的市场化运作才正式开始。

六幢原来的工业建筑作为工业历史的见证得到保留，在工业遗产保护中起到重要作用。两幢塔式建筑和蒸汽机房作为历史保护建筑得到修复，老的门房和车辆编组大厅的再利用被整合进更新计划之中。温克豪斯（Winkhaus）塔仍作为通风设备继续使用着，有助于保持厂区传统的外观。

拉德孛厂区三面是开敞的绿化空间一面与老城区和国家公路网相连，哈姆城火车站提供了高速的火车联系，厂区内部以公共交通为主。厂区占地21公顷，15公顷得到再利用，8.5公顷作为商业用途，6.5公顷作为工业用途。更新的概念给予多样化和灵活的设计，更重要的是对历史建筑、现状绿化空间以及街道的多样化设计的整合，包括软、硬景观广场。预先留有充足的弹性来满足建设者的想法和意愿。运用“模数规划”（Module Plan）保证土地划分的灵活性，目的就是创造一个和谐的城市效果。

更新计划的执行采取公共与私人合作的形式，Radbod发展公司包括STEAG AG和MGG两个地产商，他们都是RAG的分支机构，“哈姆之城”（City of Hamm）是主要的控制者。更新计划对当地居民进行了预先的就业培训，生态化的绿化设计被整合进整体的设计之中（图7.184、图7.185）。

图7.184　保留的矿井和机房

资料来源：http://www.industriedenkmal.de

7.4.3　德国IBA组织

7.4.3.1　成立

1988年，北莱茵——威斯特法伦

州政府为了挽救鲁尔区的生态与产业危机，并迎接新世纪的挑战，特别提供3500万马克的营运资金，成立了一个私人企业性质的“国际建筑博览会股份有限公司”（IBA-GmbH）作为实施整个改造的机构，开始了为期长达10年有17个城市参与的IBA计划（1988~1999）。

图 7.185　规划效果图

资料来源：http://www.industriedenkmal.de

7.4.3.2　组织

IBA由监察会议监督（主席由德国联邦政府城市发展部秘书长出任），由董事会（主席由州政府的州长担任）进行运作。由州政府代表、每个参加的城市、参与的企业团体与工会以及各种环境保护和专业团体，共同组成一个指导委员会，协助各个城市提出的改造方案，并加以评审挑选。IBA展览会主席卡尔 · 根舍教授（Prof Karl Ganser）带领了一个18人组成的专家咨询团以及50位工作人员，10年来成功地推动鲁尔工业区的更新，特别强调生态质量和文化质量，创造了一个工业城市转型的国际典范。

7.4.3.3　作用

计划经费来自各级政府的各项投资计划，属于地方政府的计划案则由各地方政府循正常制度编列预算支应，私人部门则在“公私伙伴关系”的架构下合作投资各单项计划案。当一个计划案的基本取向及内容符合IBA的精神，并被指导委员会挑选命名为IBA的计划案时，它们便在各级预算的编列与支应上享有最高优先的权利。成立十年间，总共投入一百亿马克支持IBA的计划案，其中三分之二的资金来自公共部门，三分之一则来自私人企业的投资。

7.4.3.4　角色

是个信誉的商标，只要是被IBA所甄选认可的计划案等于是质量保证，不仅保证全程国际参与的规划程序的合理性，更确保了建筑施工质量、新设工作机会、建筑材料生态化，及民众参与的民主化过程。IBA在计划进行规划和实践过程中，协助组织工作团队、协助沟通及解决冲突、协助排除法令制度的阻碍，以及协助不同的计划建立适宜的组织运作形式和人才培训等等。

在经营层面上，IBA 提供各种顾问和咨询的中介服务，并促成各种计划通过设计竞赛、研讨、组织协助等方式来实现。IBA 本身也协助地方行动团体或个人，以现代化的经营管理理念将他们的计划构想加以包装成为具有生产力的产品，以申请成为政府的正式计划。IBA 更以其专业和统合的能力，以扩大计划案影响效应面的方式，协助各计划案取得各级政府或各有关单位如邦政府、联邦政府、欧洲共同体或世界银行等奖励措施的补助。

7.4.3.5　效果

除了提出前瞻性、永续性、未来性的新视野与新价值外，IBA 以私人公司的形态经营，也使得它具有高度的弹性和对事情的反应能力。它一方面指挥着各个性质不同，形式各异的计划，朝着过程中大家所共同建立起来的共识和目标前进，也以各种灵活弹性的方法和手段，刺激及协助每一个计划扩大其影响面，使得每一个社会资源的投入均能得到最大的社会产出。

7.4.3.6　展览

1. 1901~1904 年：达姆施塔特/玛蒂尔德高地（Darmstadt/Mathildenhoehe），展览主题为：青年风格；

2. 1927 年：斯图加特威森霍夫（Stuttgart Weissenhof），展览主题为：白色山庄（建筑现代主义）。由德国手工业联盟组织举办，瓦森豪夫居住区云集了当时大师级人物如汉斯・夏龙、密斯・凡德・罗（Mies Van der Rohe）、勒・柯布西耶等留下了最早、最具影响力的国际风格的作品；

3. 1951 年：汉诺威（Hannover Coustrucra），展览主题为：最小而最有效的住宅平面（法兰克福厨房——人类生活最低需求）。二战后的建筑展主题转向战后重建、旧城改造方向，特别是 1957 年柏林建筑展。这次建筑展吸引了众多的大师级人物：汉斯・思威皮尔特、沃尔特・格罗皮乌斯、马克斯・托特、汉斯・夏龙和勒・柯布西耶等，展览的范围从早期的单体建筑体量和风格，小型居住区延伸至对大城市某个区的整体性结构调整和改造；

4. 1958 年：柏林汉萨区国际建筑展（Hansaviertel Interbau），展览主题为：明日城市。成为西欧战后旧城改造具有里程碑式的工程之一；

5. 1984~1987 年：柏林，展览主题为：城市更新。配合 1987 年的柏林建市 750 周年市庆，进行“新建”和旧建筑物的“整治”，完成住宅单元和住宅区的规划设计，恢复柏林街道 Blockrandbebauung 的效果，建筑物沿街外围道路兴建，空出街区中央作为绿地和开放空间；

6. 1989~1999 年：埃姆歇园（Emscher Park），展览主题为：生态景观整治与区域复兴。埃姆歇园国际建筑展 (Emscher Park，IBA）是针对鲁尔工业区的衰败采取的区域更新措施。埃姆歇河是一条鲁尔工业区的排污河，是在整个地区没有规划的工业时代发展起来的。当采煤业及其相关产业向其他地区转移时，这里变成了问题严重的地区。埃姆歇河畔没有真正的大城市，而是在煤炭工业基础上发展起来的城镇群，缺乏完善的基础设施。由于这些地区产业单一，没有其他工业和服务业，产业结构调整使这些城市陷入困境。组织者有意通过国际建筑展的形式，通过样板项目重振衰败的工业地区。这个 10 年计划是从局部开始的，然后扩展到整个地区。在欧盟组织和德国政府的财政补贴下，随着修复地区的增多，工业遗产旅游终于形成。IBA 计划已经演变成鲁尔地区的综合整治规划，包括社会、经济、文化、生态、环境等多重整治与区域复兴目标。

埃姆歇园国际建筑展是一个大胆创举，用一个国际设计竞赛解决极其复杂的社会问题，在政治、经济、文化、社会、生态等方面作为示范的典型实例，这是一项系统工程，突破了传统规划设计的观念和手段。特别是以工业遗产保护为基础，开发工业旅游、生态恢复、创造新型城市生活，最终实现经济发展，社会复兴，是非常成功的。埃姆歇园国际建筑展在更新策略上有多学科、多领域的研究课题作支撑，并在规划理念、实施方法、目标评价等方面有相关的评价标准。政治家参与制定规划，提出社会发展目标，在政治上进行了推动；

7. 2000~2010 年：劳西茨（Lausitz)， 展览主题为：躁动的大地——律动的大地（Bewegtes Land）

劳西茨位于德国东北部，在布兰登堡州内，柏林与德勒斯登之间,是德国最穷困的地区。当地曾有这样的名言: 上帝创造了劳西茨，魔鬼却将煤矿埋在它的脚下。德国不产石油，却有丰富的煤矿。劳西茨曾经是著名的露天开采的煤矿之乡，却因为大面积的开采造成地貌与景观的不可逆破坏。新的重建没有在这个穷困的地方投资基础，而是从观光旅游方面着手。设计将寸草不生的荒原——伤痕累累“躁动的大地”化为“律动的大地”，目前已经成为欧洲最大的景观营造工程。展览主题 See（德文的 See 是湖泊的意思，有英文 See 观看之意，也有想像远景之意。）

展览九大区：IBA 中心区、工业文化景观区、地景艺术景观区、转变中景观区、水世界景观区、前工业文化和后工业自然景观区、湖之城景观区、普克勒侯爵园文化景观区、欧洲之岛景观区。

小 结

本章介绍了世界文化遗产名录当中的工业遗产名录，以及欧洲工业遗产之路的主要内容，并对德国工业遗产的保护和再利用情况作了详细介绍。通过对国外不同层次工业遗产保护和再利用的了解，可以发现工业遗产已经受到越来越高的关注，并形成了不同主题和区域的游览线路，成为独立于传统旅游项目的新兴旅游产品。工业遗产之路也成为与“丝绸之路”相并列的文化路线，从中了解和学习到国家（英国、德国、法国、比利时等）和地区（欧洲）工业发展的历史脉络，纪念工业在人类发展进步当中取得的伟大成就。对比下来，我国地域广阔，产业门类丰富，企业数量众多， 但保留下来的工业遗迹少之又少。虽然我国没有处在工业革命的前列，但工业发展走出了我们国家特有的一条道路。保护好这些工业遗产，有助于让我们的后代了解我们工业发展走过的崎岖道路，理解“只有发展才是硬道理”这句话的含义，牢记我们曾经受到的耻辱，纪念我们取得的成就。这些工业遗产已经成为工业进步和国家发展的实物纪录和精神财富，成为推动民族和人类共同进步的动力。

德国的工业遗产保护开展较早，尤其以大型煤炭、钢铁工业为主，辅助一些纺织、化工、传统手工业等。随着产业转型的不断深化，工业资源逐步得到妥善利用。可以看得出来，德国工业遗产保护进展得并不是一帆风顺，也经历过坎坷，走过弯路，工业建筑和设施设备也拆除了不少。最终这些工业遗产能够保护下来主要是两方面的力量在起作用，一是当地居民，尤其是工厂的工人，他们对工业怀有深厚的感情，认为那些钢铁庞然大物是他们曾经的骄傲，是工业历史的纪念碑。二是艺术家和创意工作者，他们对工业建筑和工业设施的再利用别出心裁，极富创意，从整体效果上让人们看到了这些工业资源是可以得到充分利用的，而且利用的方式与艺术和创意很好地结合在一起，能够创造新的空间、氛围、景观和感受，这本身就是一次大的艺术创作。尤其是 IBA 的参与，成为德国工业遗产保护的关键。还有就是欧盟和联邦政府的资金与政策支持，整个运作强调生态、社会、文化、物质形态的全面更新，强调区域的全面复兴。

德国工业遗产保护从世界文化遗产，到欧洲文化遗产，再到工业旅游的深入开展，操作层次分明，宣传到位，形成不同主题的游览线路，并以工业资源为基础，申请 2010 年欧洲文化城市，从多方面进行促进。从本章案例中也可以看出，德国工业遗产的保护并不是一蹴而就，而是采取循序渐进的方式。采取统一规划、分步实施，没有想好就先不动，先保留下来，待机会成熟后再启动。厂房的再利用也是有重点的，并不是全面开花，而且特别注重建筑外观形象的完整性。所有这些都对我国工业遗产保护和工业资源再利用提供了特别宝贵的经验。

第 8 章　工业遗产保护的实施机制

8.1　工业遗产保护的主要内容

8.1.1　工业遗产保护的意义

1. 政治意义

落实和实践科学发展观，建设生态友好型、资源节约型“两型社会”，走可持续发展的道路，是我国当前重要的政治任务。工业遗产的保护是科学发展观的最好的体现，工业资源保留和再利用，减少了大量建筑垃圾的产生，节省了建设的大量投资，同时能够产生巨大的生态效益与经济效益。

2. 社会意义

工业遗产是人类发展历史的记录和见证。工业设施和工业建筑所构成的工业企业以及在这些企业当中辛勤劳作的“工人”，曾经为经济的发展、社会的进步、生活的改善、国力的增强作出过巨大的贡献。工业遗产还记录了国家经济和制度的演变，作为社会的单位和细胞，解决了企业职工的工作和生活，为职工就业和社会安定作出了巨大贡献。保护这些工业遗产，就是保护我们曾经取得的工业建设、城市建设和经济建设的伟大成绩和丰硕成果，是对曾经取得的成就的最好纪念。

3. 文化意义

工业遗产是历史文化遗产的重要组成部分，将对城市、地区乃至国家具有较重要意义的工业遗迹作为“遗产”（指地球与人类在漫长的演进与发展过程中，所有包含具有遗产价值的载体）进行保护，是“历史文化遗产”概念的开放性发展，也反映了当前人们对于工业景观理性的审美态度。这个认识的转变是工业遗产资源转化为城市文化资源的基础，实现了从令人厌恶的“废弃物”到促进城市经济发展的驱动力资源。作为逆工业化过程的结果，它们变得日益稀少；

从世界范围看，工业遗产作为“历史文化遗产”的价值正在飙升。

4. 经济意义

工业建筑大都结构坚固，往往具有大跨度、大空间、高层高的特点，其建筑内部空间具有使用的灵活性；对工业建筑进行改造再利用比新建可省去主体结构及部分可利用的基础设施所花的资金，而且建设周期较短。因此，工业遗产建筑的再利用具有十分突出的经济意义。

5. 精神意义

人们逐渐认识到，工业遗产——工厂、厂矿、运输设备和基础设施等，曾是社会组成的一个重要经济因素。保留下来的工业遗产资源并非一定与现代城市生活要求相悖，它们的存在反而为城市增加了场所感和历史感。对广大曾经在企业当中工作的职工来说，凝聚着生活中的“酸甜苦辣”、“欢乐与痛苦”，这就是他们的“精神家园”，工业遗产对他们来说有一种“归属感”。同时，作为物质地标，工业遗产塑造了一种特殊的城市风貌，标志着社会发展的进程；如果没有这样的进程，就没有今天人类社会的物质和精神财富。

8.1.2　工业遗产保护的阶段划分

1. 发现：以研究为基础，调查为手段，及时发现工业遗产。

2. 保留：克服一切困难，使工业遗产的主要内容得以保留。通过城市规划等有法律效力的技术手段，通过人大、政协代表的提案和建议、通过新闻媒体和广大公众的呼吁和监督（特别是广大的原工业企业职工的强烈要求）、通过专家学者建立在国际视野之上、具有预见性的设想和方案，利用一切可以利用的社会力量，最大限度地保留工业遗产资源。这是工业遗产保护的关键，重中之重。

3. 研究：工业遗产的价值判定，是保护工业遗产的前提，通过历史、文化、社会、经济、技术等方面的研究，确定工业遗产的价值，为具有不同价值的工业遗产建立不同的保护和再利用原则和方法。

4. 规划：参照《城市紫线管理办法》，编制工业遗产的保护规划，纳入城市规划的管理体系当中，实现有效的保护管理。

5. 再利用：强调创新，创造性地再利用工业遗产资源，摈弃文物的“福尔马林”式的保护方式。在工程技术人员主导建筑设计，保障再利用使用安全的基础上，通过艺术家和经营者的广泛参与，使工业建筑和设施设备得到有效和安全的再利用。

8.2　工业遗产保护的实施策略

8.2.1　健全法规

1. 英国

英国1968年以前，对单体建筑保护是依据《建筑保护令》（Building Preservation Order），1968年《城乡规划法》采用建筑保护许可制。1990年《规划（登录建筑和保护区）法》，明确了登录建筑的标准。在英格兰，登录实务包括建筑的特别指定、保护价值审查、保护指定的相关建议、登录管理等，均由英国遗产进行。截至2005年英格兰有37万多登录建筑。英国的登录建筑分为登录地点、保护区、主题名录以及战后登录建筑。

1997年以前，全英有两个负责遗产保护的中央政府部门：国家遗产部和环境部。1997年后，全英遗产保护统一由文化、媒体和体育部（Department for Culture、Media and Sport）主持，负责注册古迹和登录建筑制定遗产保护相关的国家政策。在英格兰，英国遗产（English Heritage）即英格兰历史建筑和古迹管理委员会是根据1983年《国家遗产法》组建的公共团体。负责为政府普查和代管历史建筑，资助和提供保护基金，以及提供宣传和咨询服务。英国遗产的运营资金由政府资助，并优先得到国家彩票基金的资助，同时也有英国遗产会员和支持者的捐赠。

2. 德国

德国"二战"后出台了一系列城市建设法规，从1960年的《联邦建设法》到1971年的《城市建设促进法》和《州文物保护法》，1975年欧洲议会通过了《建筑遗产的欧洲宪章》，明确了历史保护的意义和责任，为振兴衰退中的欧洲历史城市和保护文物古迹，发起了"欧洲建筑遗产年"的活动[①]。各州都相继出台了文物保护法，采取历史建筑的登录制度。文物的概念也从先前的单体向建筑群、历史街区、城市景观等更为宽泛的概念转化，历史建筑也扩展到了工业建筑。

8.2.2　政府支持

旅游业在推动地区经济发展、扩大就业、增加收入方面的乘数

① 左琰．德国柏林工业建筑遗产的保护与再生．南京：东南大学出版社，2007.1：10~13

效应已成人们的共识，各级政府也常利用发展旅游业的举措来推动整个区域经济的发展。英国20世纪80年代初开始有许多老工业城镇出现严重的经济衰退现象，其赖以生存的传统制造业大批倒闭关门，失业人口大量增多，地方经济发展出现停滞乃至倒退现象，社会问题越来越严重，英国政府为振兴地方经济，改善经济状况，减轻越来越严重的社会问题，便将众多的工业区纳入旅游发展网络中去，采取一系列措施资助旅游景点开发。

从1984年起投资数千万英镑分别在利物浦(1984年)、斯托克(1986年)、格拉斯哥(1988年)、盖茨黑德(1990年)、艾伯威尔(1992年)举办了五次园艺节，努力使衰退的工业区添加到游览图中；国家和地方政府支持进行了城市滨水地区的开发，使老工业城镇焕发出发展生机，诸如利物浦的艾伯特港滨水区开发后年可接待上百万游客，为城市经济发展复兴起到了积极的促进作用。国家支持的各级各类博物馆逐步向老工业城镇转移或建分馆，或直接建立新的国家级博物馆来拉动旅游业发展，进而推动地方经济发展。上述措施的开展大多是依赖地方工业旅游资源的开发利用实现的，如威根码头文化遗址开发就是在原有传统酿酒工厂基础上开发形成的。

8.2.3 市场运作

由于旅游市场竞争日趋激烈，越来越多的景点组建其营销集团。目的是帮其成员更好地使用有限的资金。景点集团的组成或是景点之间合作的产物，或是由地方当局、地区旅游委员会创办。景点集团通常有两种类型：

（1）由类型相似的景点组成；

（2）由某一地理区域内的景点组成。

“六遗址集团”是20世纪80年代后期出现的一个景点集团，由英格兰西北部的六座工业遗址博物馆组成：

（1）曼彻斯特（Manchester）威根码头（Wigan Pier）

（2）柴郡（Cheshire）埃尔斯米尔港（Ellesmere Port）船舶博物馆

（3）柴郡斯达尔工厂（Cheshire Starr Plant）

（4）兰开夏郡赫米尔斯纺织博物馆（Lancashire Helmshore Textile museum）

（5）曼彻斯特郡科学与工业博物馆（(Museum of Science and

Industry）

（6）默西塞德海洋博物馆（Merseyside Maritime Museum）

该集团由西北旅游委员会组建，并从行政管理上给予支持。同时该集团还联合印制宣传册和促销，共同集资搞广告促销和联合新闻稿，以此提升集团及各成员的声望。

8.2.4　规范标准

英国工业遗产标准的制定、管理和保护依赖于"英国遗产"（English Heritage），"历史的苏格兰"（Historic Scotland）和"威尔士 CADW"（CADW in Wales）三个组织，这三个组织都有自己的识别和认定工业遗产的办法，至少到今天为止，他们采取的法规都是相似的。一部是《古迹法》（Ancient Monuments），另一部是《历史建筑法》（Historic Buildings），它们都可以应用到历史工业建筑当中。古迹通常但不绝对，是指那些不再使用的厂址和建构筑物；而历史建筑是指那些还在使用，或者有条件进行再利用的建构筑物。工业遗产比如动力机房遗址和高炉可以作为"古迹"，而火车站、纺织厂和工厂可以登录作为"历史建筑"。之后，根据遗产的特征和保护状况，对遗产的认定分为 Grade I 和 Grade II。Grade I 一般为古迹，通常是针对具有国家级别的建构筑物而言的，古迹的拆除需要中央政府或管理机构的同意；Grade II 则主要是指历史建筑，其拆除需要地方政府的许可；但工业遗产很有可能会跨越古迹和历史建筑两个级别。

1992 年英国遗产（English Heritage）将古迹保护程序的内容进行了扩展，使它更加适合对工业遗迹的评价，这就是由咨询专家完成的步骤报告（Step Reports）。

（1）第一步（Step 1）：针对特殊工业遗迹进行的评价，专家和工业管理部门提出的保护名单；

（2）第二步（Step 2）：公众对工业遗迹进行的评价，公众提出的工业以及保护名单；

（3）第三步（Step 3）：现场调查，填写调查表，绘制现状图，描绘历史工业建筑和场址的风貌特点和工艺特征；

（4）第四步（Step 4）：为遗产管理部门提出建议，建立一个遗址价值评价的框架，并为了保护的目的而进行的记录。

上述步骤也适用于遗址的考古，比如有色金属矿的遗址、早期工业比如土法炼焦的遗址考古。在操作过程中可以针对产业门类进行适当调整，如纺织业或机械工业，评价起来标准是有差别的。重要的是对有价值的工业遗产需要进行快速的、粗线条的评价，对工业企业在国家、地区工业发展中的作用进行评价，根据这个评价制定保护战略。这个评价包括两方面：一是对遗产资源深入了解和进行量化，二是参照现行设计规范提出对这些资源进行管理和适宜性保护的战略。

8.2.5　资金筹措

1. 英国

对工业遗址进行可持续的管理需要资金的支撑，英国国家机构一直为争取工业建筑保护的支持奋斗了很多年，效果是惊人的，特别是遗产彩票基金（Heritage Lottery Fund）被用于工业遗产保护。过去的10年中，遗产彩票基金为700多个工业遗产保护项目提供了6.3亿欧元的资金。基金投入到工业遗产保护项目当中的资金也有多有少，包括投入3500万欧元完成了肯尼特－埃文运河（Kennet & Avon Canal）的整个保护工作，也包括投入最少的7万欧元制定工业遗产的保护目录。遗产彩票基金不支持私人项目，政府通过“英国合伙”（English Partnerships）和“地区发展机构”（Regional Development Agencies）对这些私人项目给予帮助。对于大型工业区的复兴，这些机构的参与是至关重要和必不可少的。城市复兴案例包括利物浦阿尔伯特码头（Albert Docks in Liverpool）、索尔泰尔萨尔茨纺织厂（Saltaire Salts Mill）和斯文顿火车站（Swindon Railway Works），鼓励更多的基金参与到公众与私人开发商的合作当中。其他投资工业遗产保护的基金组织还有：

（1）国家信托（the National Trust）

国家信托是英国最大的遗产保护慈善组织，目前拥有340万会员；是议会授权的惟一私人机构，独立于政府外，具有特殊的法律责任从事建筑与环境的保护工作。它通过遗产、捐赠、会员费、税收和经营取得资金，并优先得到彩票基金的支持。由于许多贵族迫于遗产税将财产捐赠给国家信托，获得财产的使用权，因此国家信托的财富迅速扩大，成为国家最大的不动产所有者之一。

（2）国家遗产纪念基金与遗产彩票基金（the National Heritage Memorial Fund，NHMF & Heritage Lottery Fund，HLF）

国家遗产纪念基金1980年根据《国家遗产法》创立，文化、媒体和体育部直接资助国家遗产基金，拯救全英优秀的濒危遗产，包括土地、建筑、文物等。遗产彩票基金占英国彩票基金总量的18%，人们每买1英镑彩票就有4.66便士投入遗产保护项目，公众成为遗产保护的直接参与者和监督者，彩票基金的使用情况受到公众的普遍关注。超过500万英镑的项目属于重要遗产保护项目，如泰特当代美术馆等。

（3）王子遗产更新基金（The Prince's Regeneration Trust）

2005年由查尔斯王子创办，整合了原凤凰基金会(the Phoenix Trust)和遗产更新基金会(Regeneration Through Heritage)，工业建筑是这家非营利机构运营项目的主体。主旨是促进人们对工业建筑价值的认识，为社区内工业遗产的开发利用提供技术支持，曾成功地进行了米斯特利（Mistley）麦芽作坊，斯坦利（Stanley）磨坊厂等工业项目的保护和更新。

2. 德国

作为官方机构的“德国文物保护基金会”（Deutshe Stiftung Denkmalschutz），1985年由联邦政府总理倡导成立，开始致力于保护西德范围内受到威胁的文物建筑。1990年德国统一后，转而面向全国范围内处于衰败的文化景观。该基金会已为2300个文物的修缮提供了资金，其中1991~2002年，为柏林83座历史建筑投资835万欧元。每年9月，在全国范围内开展“文物开放日”活动，向观众展示和宣传历史建筑保护的理念和做法。由于东柏林是东德重要的工业生产基地，德国统一后，柏林城市功能进行了必要的调整，使大量的工业建筑和设施设备被空置出来。德国政府对这些工业资源没有等闲视之，将那些有价值的工业遗产作为特殊的文物进行保护，转化为城市文化的重要资源，为推动城市的综合发展起到了不可忽视的作用。

8.2.6　教育宣传

1. 教育

英国的大学也加入工业遗产的研究内容，本科生作为社会实践课程，经过专业培训后的学生可以参与到工业遗产的调查活动当中；工业考古和工业遗产保护还被作为研究生的学习课程与研究课题。20世纪80年代伯明翰大学与铁桥委员会合作对铁桥的研究，后来就成为各行业专家对铁桥研究的开始。

我国的高等学校建筑专业的教育，也开展了结合教学的调查工作，如开始于20世纪80年代的中国各城市近代建筑的调查活动，

2006~2007年北京优秀近现代建筑的调查活动，在上海和天津开展的工业遗产调查活动等。但我国对工业遗产资源的调查和研究从规模上还比较小，范围还没有完全在各个地区、各个城市铺开。还流于对工业遗产的个案研究阶段，对整个城市工业遗产资源的整体缺乏梳理。虽然有一些研究生从工业建筑再利用、工业景观等方面作为研究课题，但高校建筑教育还缺乏以工业遗产为主题的课程，高校和科研院所在保护和再利用技术上还缺乏深入研究，工业建筑遗产的再利用实践还多流于艺术家的试验。

2. 宣传

1994年斯塔福德郡德波特里斯地区。该地区的特伦特河畔斯托克市，推出以"陶都经历"为主题的促销活动，宣传册主要介绍了陶器博物馆、游客中心、制陶车间、工厂参观以及"陶都游览线"——用小型公共汽车将各景点连接起来。

为推动工业旅游的发展英国政府将1993年定为工业旅游年，他们打出了"英国的缔造"、"工业遗产游"的宣传口号来大张旗鼓地宣传促销工业旅游景点，推进工业旅游的发展。

2006年北京首届文博会期间，北京工业促进局组织了以工业遗产保护与工业资源再利用的重点推介活动；2008年第2届文博会期间，北京工业促进局又组织了工业旅游的参与活动，使游客体验和感受到北京工业建设的成就和发展历程。上海更是利用2010年世博会和文化创意产业发展的契机，大力开展工业遗产保护与再利用的宣传和实践，使之成为上海新时代新生活的代表和风向标。

8.3　工业遗产保护与再利用

8.3.1　开展工业遗产旅游

英国是世界上开展工业遗产旅游最早的国家，但是从工业考古到工业遗产的保护，再发展到工业遗产旅游，经历了相当漫长的时间。工业考古始于20世纪50年代，20世纪60~70年代开始工业遗产的保护，80年代才开始组织工业遗产旅游，1986年11月铁桥峡谷（Ironbridge Gorge）被联合国教科文组织正式列入世界自然与文化遗产名录，成为世界上第一个因工业而闻名的世界遗产。

随着社会经济发展，传统制造业逐渐消失，人们的生活方式改变，怀旧情感普遍增长，人们想更好地了解和追忆历史，了解一两个世纪前人们的生产生活方式。正是在这种形势驱动下，工业旅游点成为20世纪90年代英国最受欢迎的三类景点之一(另外两类是主题公园和农场景点)。1979~1989年间工业旅游景点与主题公园、园林构成了英国增长最快的三类旅游景点，大多数英国露天博物馆建在传统工业正在衰退或已消失的老工业区中。90年代英国工业旅游发展态势良好，工业旅游景点已成为英国当时增长最快，发展最时髦的景点类型。历经80年代的兴起阶段，90年代的发展阶段后英国的工业旅游已逐步形成了成熟稳定的发展格局。

欧盟成立后，欧盟国家更是将各国工业遗产资源整合起来，打造遍及欧盟各国的工业遗产旅游线路，并形成以产业门类进行划分的10个主题线路。

8.3.2　打造新型产业空间

工业遗产资源往往占地和建筑面积较大，可以植入新型产业，改造为新型的文化创意产业区或高新技术产业园。

1. 文化创意产业

文化创意产业是未来经济发展的重要方向，而艺术创意与工业资源之间又存在着某种关联；利用工业资源作为发展文化创意产业的基地，已经成为国内外大城市工业资源利用的一种趋势。从客观上来说，工业建筑巨大的空间给了现代艺术家很宽松的创作环境。从主观上来说，对载有“历史痕迹”建筑的钟情，是艺术家精神上的需要。工业厂房以其优越的地理位置，高大的内部空间和独具特色的建筑个性，为文化创意产业提供了个性化的载体。因此，利用工业资源进行改造再利用是发展文化创意产业的最佳途径（图8.1~图8.6)。台湾台北建国啤酒厂和台北酒厂也利用工业资源形成了文化创意产业园区。

北京清华安地建筑设计顾问有限责任公司利用原红光电子管厂职工食堂红光楼，打造成沙河沿岸的文化创意产业聚集地，包括设计师聚落、艺术沙龙、国际交流与展示中心、滨水特色休闲带；项目占地9.8亩，建筑面积1.26万平方米。功能合理布局，赋予老建筑新生、最大限度利用原有结构、延续厚重工业氛围；注重与沙河八景之一“麻石烟云”景区以及东郊工业文明博物馆之间的相互关系（图8.7)。

图 8.1 上海 M50 文化创意园区
——艺术家画廊
资料来源：作者自摄

图 8.2 上海 M50 文化创意园区
——动漫工作室
资料来源：作者自摄

图 8.3 上海田子坊文化创意园区
——公共交流大厅
资料来源：作者自摄

图 8.4 上海田子坊文化创意园区
——陈逸飞工作室
资料来源：作者自摄

图 8.5　北京 751 文化创意园区——设备展示

资料来源：作者自摄

图 8.6　北京 751 文化创意园区——设备展示

资料来源：作者自摄

图 8.7　成都红光电子管厂职工食堂红光楼设计效果图

资料来源：北京清华安地建筑设计顾问有限责任公司提供

2. 新型都市工业空间

随着城市产业的升级，城市原有的部分第二产业根据其生产要素特点、市场销售特点，逐步转变成与城市服务业紧密联系的都市型工业。纽约中心城区就是典型的例子。纽约本身就是一个报纸读物、服装、首饰等工业产品的巨大消费市场。同时，纽约市政府出台一系列扶持政策，位于金融城内的都市型工业不会由于这一地区持续攀高的地价而面临搬迁。在纽约曼哈顿等城市核心区内，与现代服务业相关的印刷业、服装制造业、艺术品制造、手工艺制造业一直有较好的发展。在法国巴黎城市东区改造中，也注重保留传统手工艺作坊，既保护物质的建筑，也保护在建筑当中的人和生活场景。

3．高新技术产业园区

城市中心区工业企业区域位置优越，具有人才优势，利用原有工业资源发展高新技术产业园区，实现产业的调整和升级，将带来可观的财政收入，同时也提供了大量的就业岗位。纽约城市中心区，利用工业资源建立高科技研究园，吸引高层次科技人员；同时保留部分工业空间解决低层次人群的就业问题。北京清华安地建筑设计顾问有限责任公司规划设计的北京牡丹电视机厂，发挥工业企业的区位优势和人才优势，利用部分有价值的工业资源，成为中关村数字电视产业园，实现了从传统电视生产向数字电视的产业转型的升级（图 8.8、图 8.9）。德国鲁尔工业区也实现了从传统煤和钢铁产业向生态技术的转变和升级。

8.3.3 工业遗产的再利用

工业遗产的再利用不是孤立的，而是与工业用地的更新方式紧密相关，是在工业用地更新整体目标、方式的指导下进行的。工业遗产的再利用目的在于节约资源，变废为宝，将废弃不用的工业资源变为城市文化资源、建筑资源，减少因建筑拆除产生的垃圾堆造成的对自然环境的破坏。

1．功能置换

大城市往往具有丰富的历史文化遗产，特别是一些有着较好工业基础的城市，在长期的发展中，工业为城市留下大量具有工业技

图 8.8 北京牡丹电视机厂规划

图 8.9 保留和利用工业建筑方案设计

图 8.8~ 图 8.9 资料来源：北京清华安地建筑设计顾问有限责任公司提供

术价值、文化价值的工业建、构筑物。在对城市的工业用地的调整中要充分考虑这些工业建筑对城市经济、文化、生态等多方面的意义，通过制定合理的保护、修复以及利用措施，使之重新为城市服务，实现工业遗产的再生。在工业遗存的外部环境条件彻底改变，需要引入新功能的条件下，以工业活动遗留的实体资源为改造对象，根据需要彻底改变工业建构筑物的使用功能和外观面貌。工业建构筑物和设施设备的再利用，首先在于功能置换的创意，如果有好的创意，项目就成功了一半。将原来的工业生产功能转变为：博物馆、美术馆、办公、商场、酒店、娱乐、住宅、学校、展厅、会堂等多种功能。日本丰田公司将纺织厂改造利用为企业纪念馆；意大利里卡多·波菲（Ricardo Bofill）建筑事务所将废弃的水泥厂改造为办公室（图 8.10、图 8.11）。

奥地利维也纳煤气厂储气罐的改造，四个硕大的储气罐分别被改造为豪华套房、高级写字楼、超大卖场和娱乐中心。工业设施被赋予全新的功能，成为当地著名的游览地（图 8.12、图 8.13）。北京焦化

图 8.10　日本名古屋的丰田产业技术纪念馆

资料来源：www.japan-i.jp

图 8.11　意大利里卡多·波菲建筑事务所

资料来源：www.ricardobofill.com

图 8.12　维也纳煤气罐改造鸟瞰

资料来源：www.architecturescotland.co.uk

图 8.13　维也纳煤气罐改造

资料来源：www.ccthere.com

厂保留建、构筑物的再利用应与适当的功能相结合，充分发挥其自身的潜力。例如：大型的厂房建筑可与会展、博物馆、商业中心、文化娱乐中心、体育馆等公共设施相结合；而一些特殊的建构筑物（冷却塔、高炉、储气罐等）则可与工业旅游相结合，改造为攀岩、潜水、工业冒险、特殊空间体验等项目，或作为主题公园中重要的景观元素和观景设施。

2．空间利用

工业建构筑物往往设计超前，如北京 798 厂为东德援建，20 世纪 50 年代设计建造，抗震设防烈度按八度考虑，采用了 500# 机砖。北京首钢高炉和炼钢车间为较早使用钢管混凝土结构的案例，在建筑的设计和施工技术上都处于领先水平。工业建筑具有空间高大的特点，许多工业建筑还没有达到设计使用年限，可以继续发挥作用。工业建构筑物的再利用可以将空间重新划分，经过建筑结构安全鉴定和再利用的经济评价，首先进行必要的拆除；然后利用原有建构筑物的结构，通过夹层、加层、加建、加固等设计，实现工业建构筑物的适宜性再利用。

我国上海八号桥（原上海汽车制动器厂）、1933（原上海工部屠宰场）的工业厂房改造项目（图 8.14~ 图 8.17），都是成功的案例，这种更新不仅表现在经济方面，不是单纯以实现经济利益为目标。更重要的是它们在很好地保留了原有工业建筑的基础上，保留了工业特征的城市风貌；通过创造性的再利用，实现了城市形象的再造和升华。不仅成为城市的形象地标，还成为城市的时尚地标和文化标志。

3．设施利用

高炉、焦炉、冷却塔、水塔、煤气柜、污水池、可移动设备各类

图 8.14 上海 1933 柱廊
资料来源：作者自摄

图 8.15 上海 1933 内部
资料来源：作者自摄

图 8.16　上海 1933 街景

资料来源：作者自摄

图 8.17　上海 1933 入口立面

资料来源：作者自摄

图 8.18　德国诺因基兴市保留水塔（作为电影院）和大型工业设施

资料来源：作者自摄

图 8.19　德国奥伯豪森市保留水塔作为“水”博物馆

资料来源：作者自摄

机械设备、生产设施、交通设施等工业构筑物可以作为以展示作用为主，体现工业文明成果和工业生产风貌的陈列品、标志物和纪念碑，也可以运用与工业建构筑物相类似的改造手法，改造成为博物馆、电影院、餐厅等文化娱乐设施，并成为城市特色风貌的重要标志点（图 8.18、图 8.19）。

杭州运河边小河直街北侧，中石化石油仓库里有 27 个大大小小

图 8.20 杭州运河油库改造

资料来源：www.cnasc.org.cn

图 8.21 杭州运河油库改造油罐内部

资料来源：www.zjnews.zjol.com.cn

的废弃油罐，规划设计将油罐按照体积可以分成大中小三类，具有不同的使用功能（图 8.20、图 8.21）。

• 大型废油罐——酒吧，共 7 个，每个直径 76 米，高 10 多米。内部隔成 3 层，每层中间挖空，用钢管贯通，桌椅围着钢管摆放。这样舞者表演或客人即兴跳舞时，所有客人都能看到。

• 中型废油罐——整体打造，共 10 个，单个体积比较小。整体打造成演艺吧、KTV、迪吧、酒吧、咖啡吧、交友吧等；以及专门的游戏俱乐部，比如玩“杀人游戏”。油罐与油罐之间，设连廊、T 台，连成一个娱乐空间；每个油罐内部，可以做包厢、贵宾席等。

• 小型油罐——水立柱，共 10 个。内部或油罐顶部一圈注水，加压后，水沿着油罐外立面流下来，形成水幕，水幕上打字，就像水幕电影；

北京清华安地建筑设计顾问有限责任公司设计的北京 751 时尚创意产业园，利用原来的生产原料——重油的储罐，改造成为图书、酒吧、艺术活动、特殊空间体验、办公等功能集于一体的新型创意空间（图 8.22）。

4．景观利用

目前，文化趋同造成“千城一面”城市特色危机，城市传统工业区形成的特色风貌，是城市历史文化的重要组成部分，它所呈现的自然景观、工业景观和人文景观，三者可以共同形成城市的特色风貌。

图 8.22 北京 751 厂重油库改造方案

资料来源：北京清华安地建筑设计顾问有限责任公司提供

自然景观：工业企业在长期工业生产过程中，既注重生产，也注重环境建设。有些工业企业内部自身就有丰富的自然景观资源，如首钢的石景山；有些工业企业工业生产的大型设施也具有自然景观的特点，如首钢的凉水池。这些厂区的自然景观可以转化成为城市建设公共的、开放的自然景观。

工业景观：工业生产的建筑、构筑物、设施设备可以形成具有行业特征的工业景观。纺织厂的带有锯齿形天窗的大型厂房、炼铁厂的大型高炉、炼钢厂的大跨钢结构厂房、焦化厂的大型焦炉和煤化工设备等等，它们分别构成了具有行业特征的景观风貌。

人文景观：厂区内的雕塑、壁画、标语、口号等人文资源可以鲜明而生动地展现时代特色和企业文化，或者在特定环境中起烘托氛围的装饰作用，是工业景观资源中不可缺少的一部分，对待这类资源应采取积极保留的态度，使其成为主题公园或文化创意产业区内的亮点。

德国汉堡保留了仓库水街的城市肌理和城市风貌，保留了烟囱，进行了亮化，形成城市的独特标志。挪威奥斯陆码头区也保留了水街的格局和工业建筑的风貌特征，形成既传统又时尚的城市风貌。法国巴黎利用城市中心区的传统工业区建设了拉维莱特、贝尔西、雪铁龙公园。美国西雅图利用废弃的煤气厂建设了城市大型开放公园 (Gaswork Park)（图 8.23）。

图 8.23 美国西雅图煤气公园

资料来源：www.smugmug.com

8.3.4 工业遗址保护和展示

工业遗产作为国家、地区、城市以及行业发展和人民生活进步的重要见证，具有非常重要的历史价值和文化价值，对于价值特别突出、不具备再利用条件的工业资源，大多作为工业遗产进行保护和展示，作为城市的文化资源。如意大利贝格诺利(Bagnoli)钢铁厂(图8.24、图8.25)，台湾第一座水电站高雄县美浓镇的竹仔门电厂(图8.26、图8.27)，云南鸡街火车站等。

图 8.24 意大利贝格诺利钢铁厂

资料来源：www.flickr.com

图 8.25 意大利贝格诺利钢铁厂

资料来源：www.flickr.com

图 8.26　台湾高雄县美浓镇竹仔门电厂

资料来源：blog.roodo.com

图 8.27　台湾高雄县美浓镇竹仔门电厂

资料来源：lalabox.pixnet.net

小结

随着大量工业企业的搬迁，留下的工业建筑、构筑物、设施设备如何处理是一个必然面临的问题，简单地“推倒重来”，重蹈旧居住区更新的覆辙，显然已经不能适应当代城市发展、国家推行的可持续发展和科学发展的要求。与自然文化遗产相比，工业遗产的价值长期被忽视。由于大量的工业遗产没有纳入文物保护范围之内，全国范围内的工业遗产不断受到毁灭性的威胁。与西方国家从 20 世纪 60 年代起就开始重视工业遗产保护相比较，我国工业遗产保护已经滞后了 40 年。在我国现代工业每时每刻都面临着技术更新和更替、转产和现代化的大背景下，在城市化进程不断加快，城市规模不断扩张，对建设用地需求日益紧迫的条件下，工业遗产保护带有抢救性意义。如何保护具有价值的工业遗产，成为全社会共同关注的话题，越来越多的有识之士也开始关心工业遗产的保护。与各级重点文物保护不同，工业遗产保护具有自身的特点，不是采取“福尔马林”式的保护，而是注重工业建构筑物和设施设备的创造性的再利用。因此，在目前工业遗产保护的初始阶段，法律法规尚不明确，政府必须尽快制定工业遗产保护的战略和相关政策，使工业遗产在大规模的城市更新中能够切实得到保护，使工业资源得到充分的再利用。

第9章　结语

以城市复兴为目标的城市工业用地更新是一个复杂的系统工程，内容丰富，涉及城市物质环境、经济、文化、社会等各个领域。在宏观层面上，本书从城市更新、城市再开发、城市复兴、城市棕地更新和再开发的理论和实践发展出发，对城市工业用地的更新进行了系统研究。在中观层面上，本书对国外城市工业用地更新的实践进行了总结，归纳总结出以德国鲁尔为代表的区域整体实现复兴，以法国巴黎为代表的城市整体调整改造，以英国伦敦和挪威奥斯陆为代表的城市重点工业地段和滨水工业区的改造更新，三种主要的城市工业用地更新的类型。从城市物质环境、城市经济、城市文化、城市社会四方面对城市工业用地更新的基础理论，进行了重点论述。在微观层面上，本书论述了工业建筑保护与再利用、工业遗产、工业遗产旅游和工业旅游、工业企业搬迁后的拆除和生态修复等内容；提出了中国城市工业用地更新的实施机制。

1. 中国与国外城市工业用地更新的比较：

西方国家在经济发展过程中，城市工业用地由于产业退化、企业破产，造成土地和建筑被废弃、闲置，时间少则几年，多则十几年甚至几十年。城市工业用地的再开发是出于减少城市扩张，减少城市建设对“绿地”（包括农地）的侵占。由于西方国家的城市化已经稳定在较高的水平，城市发展比较平稳，对工业用地转化为城市其他建设用地的渴求不像中国这么强烈，因此他们的更新是一种理性的更新过程。城市工业用地更新是在废弃、闲置的土地上注入新型产业，通过工业建筑的再利用，以实现城市整体复兴为目标，进行综合再开发建设，带动周边区域的发展，不存在企业搬迁问题。

而在中国，由于城市化进程的不断加快，城市正在飞速发展，城市规模急剧扩张，城市形态和城市结构正在发生激烈的变化，城市建设用地非常紧张。在北京、上海等以国际化大都市为发展目标的城市以及成都、沈阳等省会城市，即使产业退化，也不会等到工业用地被废弃和闲置。相反在这些城市的中心区，由于城市建设高速发展和环境保护的要求，还会迫使工业企业从城市中心区搬迁到城市边缘地带，使土地价值释放、增值。这种情况并不一定都发生在那些以传统产业为主的企业或经营状况不好的企业身上，一些经营状况较好的企业也有可能发生。另一方面，我国工业发展受到全球经济一体化的影响，工业生产在全球进行分工。中国在成为“世界工厂”之后，又面临越南、印度尼西亚等国家更加廉价的土地和劳动力的竞争；面临着工业从劳动密集型向资本密集型和技术密集型方向发展，这种产业调整和升级的压力；工业企业搬迁是产业结构调整的一个重要实现方式。将还在经营生产的工业企业搬离城市中心区，到城市更远的区域，这正是中国城市工业用地更新不同于英、德、法、美等国家做法的特殊之处。

2. 中国城市工业用地更新在不同区域、不同城市、城市不同地区之间的比较：

中国的经济正在高速发展，总体上进入了工业社会的中、后期。但由于中国地域广大，区域之间、城市之间的经济发展水平极不平衡，遇到的问题千差万别。北京、上海等以国际化大都市为发展目标的城市，城市中心区第三产业的比重已经超过第二产业，开始步入后工业化时代；但这些城市的郊区、新城和周边地带，还处在以制造业为主的工业社会中后期；在远离城市中心的偏远山区和广大农村，甚至还处在农业社会阶段。在东部沿海城市工业迈向现代化的同时，西部的一些城市还处于工业化的初期阶段。东北老工业基地的工业城市和资源型城市，经济发展和城市建设的高潮时期已经过去，正在逐渐衰败。产业结构单一的工业城市、资源型城市，传统产业的衰退导致了城市的衰败，城市工业用地被荒废和闲置，这与西方国家一些城市中出现的现象比较接近。

城市复兴作为中国城市工业用地更新的主要策略和目标，针对不同的区域、城市和地段，采取的办法有层级的差别。对于北京、上海、成都、沈阳等城市，城市工业用地更新应该从区域战略的角度注重产业发展与城市建设的关系，通过工业企业搬迁实现产业结构和产业布局的调整、土地的集约利用，实现城市建设、经济建设、文化建设和社会建设的全面发展。在我国西部和东北老工业城市和资源型城市，城市工业用地更新首先应该注重经济更新，注重产业结构调整和实现产业升级，解决由于传统产业退化造成的大量失业等社会问题，由于资源开采和生产造成的环境恶化问题等等，与大城市在目标和策略上都是有差别的。

3. 中国城市工业用地更新与城市旧居住区更新的比较：

城市工业用地更新与城市旧居住区更新同属于城市更新的范畴，既有相同之处，也有不同特点。旧居住区一般位于城市中心，城市工业用地可能位于城市的中心，也可能位于城市的边缘。城市旧居住区更新，搬迁的对象是城市居民，是人；需要安置的是人的居住。城市工业用地更新，搬迁的对象是企业，需要安置的是人的工作；同时还涉及城市经济发展、产业布局，企业改制、职工安置等许多问题，涉及问题复杂程度高，实施周期长。

由于工业企业搬迁中相关政策不完善，同时又迫于城市建设的需要（解决环境污染、缓解生产对城市的影响、满足城市建设用地的需求），城市工业用地更新长期处于被动的局面；城市工业用地正在成为城市更新的重点区域，但其针对性研究与城市旧居住区更新相比又相对薄弱，迫切需要得到加强。目前城市工业用地更新多注重房地产开发，对城市复兴和城市全面发展的作用还没有得到充分体现。

4. 中国城市工业用地更新应该采取“循序渐进”的“有机更新”方式：

经济全球化与科学技术的进步使城市产业结构不断调整，导致城市产业布局不断变化。城市工业用地更新作为城市新陈代谢的一部分，将是一个长期的、持续的过程。中国正处在城市经济、文化、社会发展和转变的特殊时期，各种问题纠缠在一起，矛盾集中、尖锐，情况特别复杂。因此中国的城市工业用地更新在借鉴国外经验的同时，需要结合中国的国情和各城市的实际情况，制定切实可行、有针对性的政策和措施，不应一哄而起，按照统一的模式，采取统一的方法。同旧居住区更新一样，城市工业用地更新也将是一个循序渐进的有机更新过程，避免在行政命令下进行“急风骤雨”式的“更新运动”。

5. 中国城市工业用地更新要注重工业遗产的保护与再利用：

联合国教科文组织遗产委员会已经把工业遗产纳入文化遗产的范畴，我国对工业遗产的认识刚刚起步，在工业企业搬迁过程中以及随后的开发中，大量的工业建筑、构筑物、设施被拆除，采取的是“推倒重来”式的做法。各级重点文物保护单位和优秀近现代建筑名录中的工业遗产，保护状况也十分堪忧，甚至依然被拆除。在天津万科、北京嘉铭桐城等房地产开发中，开发商利用工业建筑和工业遗迹，做出了楼盘的特色，但这并不意味着工业遗产已经得到了充分的保护和再利用。迫切需要相关部门转变观念，充分重视，制定相关法律法规，提高全民工业遗产保护意识，加强再利用的技术措施，制定与工业遗产保护和再利用相配套的申报、管理、设计、审查、验收制度和标准，这些都是工业遗产保护不可或缺的必要条件。

6. 中国城市工业用地更新要注重环境污染治理和生态修复：

参照国外棕地改造法规、政策和技术措施，制定各类建设用地的环境质量标准，将污染责任、治理责任以及具体处理措施进一步明确和细化。这是我国城市工业用地更新、工业遗产保护在法规层面地基本建设，是实践的基础。没有这个法规建设，就会形成规范的真空，实践就会无法可依，就会让追逐经济利益的不法行为有机可乘，并且以伤害广大群众的安全和健康为代价。

在工业用地再开发之前妥善处理环境污染，避免对今后使用造成危害。是我国城市工业用地更新、工业遗产保护的前提，需要政府各部门的广泛关注，引导和约束实践的进行。

总之，城市工业用地更新与工业遗产保护相辅相成，前者是关系到城市功能布局的系统工程；需要采取综合的方法，全面地考虑问题、解决问题。而后者是工业用地更新的重要组成部分，是带动城市复兴的关键要素，是亮点，甚至能够成为工业用地更新的核心内容；需要我们采取灵活的方式进行保护，采取创造性的方式进行再利用。

参考文献

1. 参考文献：

[1] 祝慈寿．中国古代工业史．重庆：学林出版社，1988

[2] 祝慈寿．中国近代工业史．重庆：重庆出版社，1989

[3] 祝慈寿．中国现代工业史．重庆：重庆出版社，1990

[4] 刘国良．中国工业史 · 近代卷．江苏科学技术出版社，1992

[5] 彭泽益．中国近代手工业史料 1840 ~ 1949．（四卷本）．北京：三联书店，1957

[6] 孙毓棠、汪敬虞．中国近代工业史资料．北京：科学出版社，1957

[7] 陈真、姚洛．中国近代工业史资料（第 1、2、3、4 辑）．北京：三联书店，1957 ~ 1961

[8] 中国人民大学工业经济系编著．北京工业史料．1960 年 4 月

[9] 李志宁．大工业与中国——至 20 世纪 50 年代．江西: 江西人民出版社，1997 年 5 月

[10] 张复合．北京近代建筑史．北京：清华大学出版社，2004 年 4 月

[11] 王建国等著．后工业时代产业建筑遗产保护更新．北京：中国建筑工业出版社，2008 年 1 月

[12] 李东生．大城市老工业区工业用地的调整与更新．上海：同济大学出版社，2005 年 12 月

[13] 朱晓明编著．当代英国建筑遗产保护．上海：同济大学出版社，2007 年 1 月

[14] 刘会远，李蕾蕾．德国工业旅游与工业遗产保护．北京: 商务印书馆，2007 年 12 月

[15] 北京市规划委员会、北京城市规划设计研究院：《北京优秀近现代建筑保护名录（第一批）》，2007

[16] 常青．建筑遗产的生存策略——保护性利用设计实验．上海：同济

大学出版社，2003
[17] 城市规划资料集 . 北京：中国建筑工业出版社，2005.1
[18] [美] 丹尼尔 · 贝尔 (Daniel Bell) . 后工业社会的来临：对社会预测的一项探索 . 北京：商务印书馆，1984
[19] 阳建强，吴明伟 . 现代城市更新 . 南京：东南大学出版社，1999
[20] 方可 . 当代北京旧城更新 调查 · 研究 · 探索 . 北京：中国建筑工业出版社，2000
[21] 冯春萍 . 德国鲁尔矿区区域整治及其经济持续发展，矿业城市与可持续发展 . 北京： 石油工业出版社，1998
[22] 顾朝林等 . 经济全球化与中国城市发展 . 北京：商务印书馆，1999
[23] 肯尼斯 · 鲍威尔 . 旧建筑的改造性再利用 . 于鑫，杨智敏，司洋译. 大连：大连理工大学出版社，2000
[24] 林越英 . 资源型城市旅游业开发的初步探索 . 北京：中国水利水电出版社，2005.9
[25] 罗小未主编 . 李德华，郑正，周俭编著 . 昨天 今天 明天——保护、更新与发展规划研究 . 上海：同济大学出版社，2003
[26] 威廉 · 德格著 . 西德鲁尔区 . 冯为民译 . 太原：山西人民出版社，1982
[27] 王向荣，林箐 . 西方现代景观设计的理论与实践 . 北京：中国建筑工业出版，2002.7
[28] 吴良镛 . 北京旧城与菊儿胡同 . 北京：中国建筑工业出版社，1994
[29] 吴良镛 . 人居环境科学导论 . 北京：中国建筑工业出版社，2001.10
[30] 徐明前著 . 城市的文脉——上海中心城旧住区发展方式新论 . 学林出版社，2004.12
[31] 徐嵩龄，张晓明，章建刚主编 . 文化遗产的保护与经营——中国实践与理论进展 . 北京：社会科学出版社，2003
[32] 薛顺生，娄承浩编著 . 老上海工业旧址遗迹 . 上海：同济大学出版社，2004.3
[33] 姚为群著 . 全球城市的经济成因 . 上海：上海人民出版社，2003.10
[34] 张松 . 历史城市保护学导论——文化遗产和历史环境保护的一种整体性方法 . 上海：上海科学技术出版社，2003.3
[35] 周俭，张凯 . 在城市上建造城市——法国城市历史遗产保护实践 . 北京：中国建筑工业出版社，2003.3

[36] 周文建，宁丰主编．城市社区建设概论．北京：中国社会出版社，2001
[37] 张庭伟，冯晖，彭治权．城市滨水区设计与开发．上海：同济大学出版社，2002
[38] 北京市地方志编纂委员会办公室：《北京志 · 工业卷》，北京出版社，2001 ~ 2005
[39] 北京市经济委员会编:《北京工业志综合志》，北京燕山出版社出版，2003
[40] 北京市经济委员会、北京工业促进局编:《北京工业年鉴》，北京燕山出版社，1991 ~ 2006
[41] 北京市各区县地方志编纂委员会编纂:《北京各区县志》，北京出版社，2001 ~ 2005
[42] 来新夏．天津近代史．天津：南开大学出版社，1997 年 3 月
[43] 北京清河制呢厂厂史编写委员会:《北京清河制呢厂五十年》，北京出版社，1959
[44] 北京炼焦化学厂:《北焦 40 年厂史资料汇编》，1999
[45] 首钢总公司史志年鉴编委会:《首钢年鉴》(2004 ~ 2005)，华夏出版社，2006

2. 参考文章：

[1] 巴黎专集．北京：国外城市规划，2004.5
[2] 蔡晴，王昕，刘先觉．南京近现代工业建筑遗产的现状与保护策略探讨——以金陵机械制造局为例．南京：现代城市研究，2004.7：16~19
[3] 常青，魏枢，沈黎，董一平．"东外滩实验"——上海市杨浦区滨江地区保护与更新研究．北京：城市规划，2004.4：88~93
[4] 陈烨．苏黎世工业区的景观变化．北京：规划师，2004.5：79~81
[5] 陈烨，宋雁．哈尔滨传统工业城市的更新与复兴策略．北京：城市规划，2004.4：81~83
[6] 陈伯超，张艳锋．工业区改造过程中文化与经济的互动与关联——沈阳铁西工业区改造再利用的设计理念．沈阳：沈阳建筑工程学院学报：自然科学版，2004.1：39~42
[7] Dieter Hassenpflug. 德国在后工业时代的区域转型——IBA 埃姆瑟公园

和区域规划的新范式 . 刘崇译 . 北京：建筑学报，2005.12：6~8

[8] 董光器．大城市规划问题．北京：北京规划建设，2000.2：42~45；2000.3：26–28；2000.4 ：19~22

[9] Eugenie Ladner Birch. 城市中心区生活的复兴：更为深入的探索．张赛译 . 北京：国外城市规划，2003.4

[10] 范宇，姚士谋 . 知识经济与中国城市更新 . 河南：地域研究与开发，2003.1：40~43

[11] 顾承兵 . 上海近代产业遗产的价值研究 . 上海：上海城市规划，2004.1：5~8

[12] 郭凤典，朱鸣．德国鲁尔工业区整治经验及启示 . 湖北：理论月刊，2004.7：98~100

[13] 何山,李保峰．武汉沿江旧有工业区更新规划初探 . 武汉: 华中建筑，2001.1：92~94，103

[14] 韩宇 . 美国中西部城市的衰落及其对策——兼议“东北现象”. 长春：东北师大学报，1997.5

[15] 黄威义．试析国际大城市巴黎郊区的发展 . 北京：世界地理研究，1998.6：59~63

[16] 费麟 . 中国工业建筑面临新世纪挑战 . 新建筑，2004 年第 3 期

[17] Jim Claydon. 培养城市复兴的专业人才——建筑规划师 . 戴晓晖译 . 北京：国外城市规划，2003.3

[18] 焦华富，韩世君 . 德国鲁尔区工矿城市经济结构的转变 . 北京：经济地理，1997.2：104~107

[19] Kirsten Jane Robinson. 探索中的德国鲁尔区城市生态系统 ：实施战略 . 王洪辉译 . 北京：国外城市规划，2003.6：3~25

[20] 李冬生，陈秉钊 . 上海市杨浦老工业区工业用地更新对策——从“工业杨浦”到“知识杨浦”. 上海：城市规划学刊，2005.1：44~50

[21] 李林，魏卫 . 国内外工业遗产旅游研究述评 . 广州：华南理工大学学报（社会科学版），2005.4：44~47

[22] 李蕾蕾 . 逆工业化与工业遗产旅游开发：德国鲁尔区的实践过程与开发模式 . 北京：世界地理研究，2002.3：57~65

[23] 李小波，祁黄雄 . 古盐业遗址与三峡旅游——兼论工业遗产旅游的特点与开发 . 程度：四川师范大学学报（社会科学版），2003.6：104~108

[24] 刘雪梅，保继刚．国外城市滨水区在开发实践与研究的启示．南京：现代城市研究，2005.9：13~24

[25] 刘伯英、李匡．工业遗产的构成与价值评价方法．建筑创作，2006 年第 9 期

[26] 冯春萍．德国鲁尔工业区持续发展的成功经验．石油化工技术经济，2003.2：47~52

[27] 刘健．城市滨水区综合在开发的成功实例——加拿大格兰威尔岛更新改造．北京：国外城市规划，1999.1：36~38

[28] 陆邵明．是废墟，还是景观？城市码头工业区开发与设计研究．武汉：华中建筑，1999.2：102~105

[29] 陆邵明．探讨一种再生的开发设计方式——工业建筑的改造利用．武汉：新建筑，1999.1：25~27

[30] 牛慧恩．美国对棕地的改造与再开发．北京：国外城市规划，2001.2：30~33

[31] 阙维民．国际工业遗产的保护与管理．北京大学学报（自然科学版），2007 年第 4 期

[32] 阮仪三．密切关注上海的“苏荷”——上海文化产业区面临的机遇与困境．上海：上海城市发展，2004.3：23~26

[33] 阮仪三，张松．产业遗产保护推动都市文化产业发展——上海文化产业区面临的困境与机遇．上海：城市规划汇刊，2004.4：53~57

[34] 邵健健．超越传统历史层面的思考——关于上海苏州河沿岸产业类遗产“有机更新”的探讨．北京：工业建筑，2005.4：32~34

[35] 陶伟，岑倩华．国外遗产旅游研究 17 年．上海：城市规划汇刊，2004.1：66~72

[36] 谭维宁．对旧区重建中社会和经济问题的思辨：以深圳市八卦岭工业区改造为例．上海：城市规划汇刊，1999.4：30~34

[37] 邬江．北京市工业布局规划研究．北京：北京规划建设，2000.5：33~35；2000.6：54~57

[38] 吴炳怀．旧城工业区改造问题初探．上海：城市规划汇刊，1997.4：50~53，64

[39] 吴志强，侯丽．西方空间战略规划的理论及复兴．北京：国外城市规划，2004.2

[40] 吴相利．英国工业旅游发展的基本特征与经验启示．上海：世界地

理研究，2002.4：73~79

[41] 王进之．意大利西北工业区的改造与振兴．北京：现代企业导刊，1992.6：38~40

[42] 王建国，吕志鹏．世界城市滨水区开发建设的历史进程及其经验．北京：城市规划，2001.7：41~46

[43] 王建国，戎俊强．关于产业类历史建筑和地段的保护性再利用．上海：时代建筑，2001.4：10~13

[44] 周德群，龙如银．我国矿业城市可持续发展的问题与出路（基金项目：国家自然科学基金资助项目（79970091））．徐州：中国矿业大学学报（社会科学版），2001.3

[45] 徐逸．都市工业遗产的再利用．北京：建筑，2003.9：54~56

[46] 夏铸九．老烟囱下的新花园——台湾工业遗产保存的几点反思．上海：上海城市发展，2004.6：28~31

[47] 张启元．国外老工业区转型的基本做法和经验．沈阳：辽宁经济，2004.9：94~95

[48] 张启元．从国外老工业区的转型看辽宁老工业基地的振兴．沈阳：理论界，2004.4：25~27

[49] 张庭伟．滨水地区的规划和开发．北京：城市规划，1999.2：50~55，33

[50] 张艳锋．从废墟到乐园——德国鲁尔杜伊斯堡 A．G．Tyssen 钢铁厂改造项目的启示．北京：小城镇建设，2004.9：80~83

[51] 张艳锋，张明皓，陈伯超．老工业区改造过程中工业景观的更新与改造——沈阳铁西工业区改造新课题．南京：现代城市研究，2004.11：34~38

[52] 张艳锋，仝雷，陈伯超，徐帆，欧阳红玉，唐作剑．旧工业建筑的改造——沈阳市铁西工业区旧厂房改造．沈阳：沈阳建筑工程学院学报：自然科学版，2003.4：292~294，298

[53] 张险峰，张云峰．英国伯明翰布林德利地区——城市更新的范例．北京：国外城市规划，2003.3

[54] 张颀，于爽．城市滨水地区旧建筑改造和再利用研究．北京：建筑科学，2004.2：60~66

[55] 朱小龙，王洪辉．巴黎工业结构演变及特点．北京：国外城市规划，2004.5：50~52

3. 参考外文资料：

[1] Alfrey J, Putnam T. The Industrial Heritage Managing Resources and Uses. London: Routledge, 1992

[2] Aldous T. Britain's Industrial Heritage Seeks World Status. History Today, 1999.5: 3~13

[3] Bernard, Richard, and Bradley Rice, Sunbelt Cities: Politics and Growth since World War II, University of Texas Press, 1983

[4] Buchanan, A. 2005. Industrial Archaeology: Past, Present and Prospective. Industrial Archaeology Review, Vol. 27, No.1, pp.19~21

[5] Carl Abbott, The New Urban American: Growth and Politics in the Sunbelt Cities, The University of North Carolina Press, 1987

[6] Community-based regeneration initiatives: a working paper

[7] Doeble W. Land Readjustment. Heath and Co. Lexington. 1982

[8] Ellen J. Quinn. Energizing Utility Brownfields. Environmental Performance.

[9] Edwards J A, Llurdés i Coit J C. Mines and Quarries Industrial Heritage Tourism [J]. Annals of Tourism Research, 1996.2: 341~363

[10] Frank M Mackgraw, The Rise of the city, New York 1971

[11] Gert-Jan Hospers. Industrial Heritage Tourism and Regional Restructuring in the European Union. Routledge, part of the Taylor & Francis Group, 2002.4

[12] Housing and regeneration policy: a statement by the Deputy Prime Minister

[13] J. Arwel Edwards. Mines and Quarries: Industrial Heritage Tourism. Annals of Tourism Research. 1996.2:341~363

[14] James Marston Fitch, William Bobenhausen. American Buileding:The Environment Forces That Shape It. Oxford University Press, New York, 1999

[15] John Howkins, The Creative Economy: How People Make Money from Ideas. Penguin Global, June 2002

[16] Kenneth T. Jackso. Crabgrass Frontier: The Suburbanization of the United States. Oxford University Press, 1985

[17] Mellor, I. 2005. Space, Society, and the Textile Mill. Industrial Archaeology Review, Vol. 27, No.1, pp.49~56

[18] Nathaniel Lichfield. Economics in Urban Conservation. Cambridge

University Press, 2000

[19] Niall Kirkwood. Manufactured Sites: Rethinking the Post–Industrial Landscape. London: Spon Press, 2001

[20] Norman Tyler. Historic Preservation. W.W.Norton & Company, Now York, 2000

[21] Rossa Donovan, James Evans, John Bryson, Libby Porter and Dexter Hunt, Large–scale Urban Regeneration and Sustainability: Reflections on the 'Barriers' Typology. The University of Birmingham, 2005.1

[22] Role of Historic Buildings in Urban Regeneration. RIBA comments submitted to the Office of the Deputy Prime Minister's Housing, Planning, Local Government & the Regions Committee

[23] Richard Florada. The Flight of the Creative Class: The New Global Competition for Talent. HarperCollins Publishers Inc., New York, 2005

[24] Richard Florada. The Rise of the Creative Class, Basic Books, New York, 2004

[25] Rob Krier, Urban Space. Rizzoli International Publications, Inc., 1979

[26] Robert B. Fairbanks and Kathleen Underwood. Essays on Sunbelt Cities and Recent Urban America, Texas A & M University Press, 1990

[27] Sustainable regeneration

[28] Towards an urban renaissance: report of the Urban Task Force–executive summary

[29] Urban Exchange initiative

[30] Urban renaissance: sharing the vision–summary of responses (January 1999)

[31] Urban Task Force: prospectus (July 1998)

[32] Worth, D. 2000. Report on Attendance at: The Millenium Congress of International Committee for the Conservation of the Industrial Heritage, London, 30 Aug. – 2 Sep..

[33] Wiendu Nuryanti., Heritage and Postmodern Tourism. Annals of Tourism Research, 1996.2:249~260

[34] Zukin, Sharon. Landscapes of Power. University of California Press, Berkeley/Los Angeles/Oxford 1991

4. 参考网站:

[1] http://whc.unesco.org/
[2] http://www.sach.gov.cn
[3] http://www.industrial-archaeology.org.uk
[4] http://www.international.icomos.org
[5] http://www.lddc-history.org.uk
[6] http://www.brindleyplace.com
[7] http://www.uer.ca
[8] http://www.brownfieldassociation.org/
[9] http://www.brownfields.com/
[10] http://www.epa.gov/
[11] http://www.urbex.org/
[12] http://www.regen.net/pp/home/index.cfm
[13] http://www.route-industriekultur.de/
[14] http://www.industriedenkmal.de
[15] http://www.glias.org.uk
[16] http://www.iarecordings.org
[17] http://www.cix.co.uk
[18] http://www.Landscape.cn
[19] http://www.Landscape.cn
[20] http://www.erih.net/

后　记

2005年，随着四川成都东部工业区用地调整（简称“东调”）的深化，成都攀钢集团无缝钢管厂搬迁后，成都市规划局组织了城市工业用地更新和再开发的城市设计国际竞赛，我们在这次竞赛中获得了优胜，其中最主要的原因就是我们引入了城市复兴和工业遗产保护的概念。

2005年底我们参加了上海创意产业国际研讨会；2006年初，通过北京市工业促进局，我们给北京市政府提交了《北京利用工业资源 发展文化创意产业》的研究报告，得到刘淇书记和王岐山市长的批复；我们策划组织了北京正东电子动力集团有限公司(原751厂)文化创意产业的研讨会，组织了中国首届文化创意产业博览会“利用工业资源发展文化创意产业”的专题研讨会，闯入了北京文化创意产业的研究领域。在2006年底，对德国鲁尔地区工业用地更新和工业遗产保护作了专项考察和研究。

2006~2007年，我们先后承担了北京市规划委员会两项重要课题：首钢工业区现状资源调查及其保护利用的深化研究、北京焦化厂工业遗产资源调查及其保护利用研究。2007~2008年承担了北京市工业促进局“北京市重点工业资源调查及保护与再利用评价标准研究”课题，对北京市现状工业资源进行了普查；承担了北京市规划委员会“北京中心城（01–18片区）工业用地整体利用研究”的课题；承担了北京牡丹电视机厂、北京京棉二厂、北京房山鑫山矿产业调整升级和工业资源再利用的专题研究、规划研究和建筑方案设计。2008年，在北京焦化厂工业遗址保护与开发利用规划方案国际竞赛中获得一等奖。同年与中国文化遗产研究院和福州大学建筑学院共同组织了首届“中国工业建筑遗产国际研讨会”。

本书是在作者博士论文的基础上，结合近几年的实践，形成的最新研究成果。在上篇工业用地更新中，提出了城市工业用地更新的区域、城市、地段三个更新层次，通过城市规划、产业规划、文化规划和社会规划，实现城市物质环境更新、经济更新、文化更新和社会更新的综合更新，最终实现整体的城市复兴。在下篇工业遗产保护中，介绍了国际、欧洲、特别是英国和德国工业遗产保护和再利用的情况，提出了工业遗产的定义内涵、研究方法、田野考察、价值认定、保护管理等内容，对工业遗产保护进行了全面的阐述。

我们正处在一个时代变迁的关键时刻，城市化进程不断加快，经济全球一体化，城市工业用地更新是我们国家目前城市建设遇到的相当普遍的问题。因此，我们相信本书将对城市建设、文化发展、社会和谐、环境改善具有普遍的借鉴意义。由于对工业用地更新和工业遗产保护的认识是近 30 年来发生的事，这种认识和实践还在不断进步和发展。在整个研究过程中，我们也可以看出欧洲国家在认识和实践中的演变。

本书仅仅是阶段性的研究成果，我们相信，随着我国城市建设的不断加速，经济的不断发展，对文化价值、社会问题、环境质量的不断关注，对城市要求的不断提高，研究和实践更加注重综合性；会有更多的研究者参与到工业用地更新和工业遗产保护实践当中，不断积累经验，并取得新的进步。

最后，感谢北京市规划委员会、北京市规划设计研究院、北京市工业促进局的同志们，他们对现实的敏感，对研究方向的支持，促使我们不断深入研究。同时，也要感谢与我们共同承担研究和规划设计项目的同事们，包括李匡、林霄、胡建新、弓箭、杨福海等等，本书也凝聚着他们的智慧。

刘伯英　冯钟平

2009 年 8 月于清华园

尊敬的读者：

感谢您选购我社图书！建工版图书按图书销售分类在卖场上架，共设22个一级分类及43个二级分类，根据图书销售分类选购建筑类图书会节省您的大量时间。现将建工版图书销售分类及与我社联系方式介绍给您，欢迎随时与我们联系。

★建工版图书销售分类表（详见下表）。

★欢迎登陆中国建筑工业出版社网站www.cabp.com.cn，本网站为您提供建工版图书信息查询，网上留言、购书服务，并邀请您加入网上读者俱乐部。

★中国建筑工业出版社总编室　电　话：010—58934845

传　真：010—68321361

★中国建筑工业出版社发行部　电　话：010—58933865

传　真：010—68325420

E-mail：hbw@cabp.com.cn

建工版图书销售分类表

<table>
<tr><th>一级分类名称（代码）</th><th>二级分类名称（代码）</th><th>一级分类名称（代码）</th><th>二级分类名称（代码）</th></tr>
<tr><td rowspan="5">建筑学
（A）</td><td>建筑历史与理论（A10）</td><td rowspan="5">园林景观
（G）</td><td>园林史与园林景观理论（G10）</td></tr>
<tr><td>建筑设计（A20）</td><td>园林景观规划与设计（G20）</td></tr>
<tr><td>建筑技术（A30）</td><td>环境艺术设计（G30）</td></tr>
<tr><td>建筑表现・建筑制图（A40）</td><td>园林景观施工（G40）</td></tr>
<tr><td>建筑艺术（A50）</td><td>园林植物与应用（G50）</td></tr>
<tr><td rowspan="5">建筑设备・建筑材料
（F）</td><td>暖通空调（F10）</td><td rowspan="5">城乡建设・市政工程・
环境工程
（B）</td><td>城镇与乡（村）建设（B10）</td></tr>
<tr><td>建筑给水排水（F20）</td><td>道路桥梁工程（B20）</td></tr>
<tr><td>建筑电气与建筑智能化技术（F30）</td><td>市政给水排水工程（B30）</td></tr>
<tr><td>建筑节能・建筑防火（F40）</td><td>市政供热、供燃气工程（B40）</td></tr>
<tr><td>建筑材料（F50）</td><td>环境工程（B50）</td></tr>
<tr><td rowspan="2">城市规划・城市设计
（P）</td><td>城市史与城市规划理论（P10）</td><td rowspan="2">建筑结构与岩土工程
（S）</td><td>建筑结构（S10）</td></tr>
<tr><td>城市规划与城市设计（P20）</td><td>岩土工程（S20）</td></tr>
<tr><td rowspan="3">室内设计・装饰装修
（D）</td><td>室内设计与表现（D10）</td><td rowspan="3">建筑施工・设备安装技
术（C）</td><td>施工技术（C10）</td></tr>
<tr><td>家具与装饰（D20）</td><td>设备安装技术（C20）</td></tr>
<tr><td>装修材料与施工（D30）</td><td>工程质量与安全（C30）</td></tr>
<tr><td rowspan="4">建筑工程经济与管理
（M）</td><td>施工管理（M10）</td><td rowspan="2">房地产开发管理
（E）</td><td>房地产开发与经营（E10）</td></tr>
<tr><td>工程管理（M20）</td><td>物业管理（E20）</td></tr>
<tr><td>工程监理（M30）</td><td rowspan="2">辞典・连续出版物
（Z）</td><td>辞典（Z10）</td></tr>
<tr><td>工程经济与造价（M40）</td><td>连续出版物（Z20）</td></tr>
<tr><td rowspan="3">艺术・设计
（K）</td><td>艺术（K10）</td><td rowspan="2">旅游・其他
（Q）</td><td>旅游（Q10）</td></tr>
<tr><td>工业设计（K20）</td><td>其他（Q20）</td></tr>
<tr><td>平面设计（K30）</td><td colspan="2">土木建筑计算机应用系列（J）</td></tr>
<tr><td colspan="2">执业资格考试用书（R）</td><td colspan="2">法律法规与标准规范单行本（T）</td></tr>
<tr><td colspan="2">高校教材（V）</td><td colspan="2">法律法规与标准规范汇编/大全（U）</td></tr>
<tr><td colspan="2">高职高专教材（X）</td><td colspan="2">培训教材（Y）</td></tr>
<tr><td colspan="2">中职中专教材（W）</td><td colspan="2">电子出版物（H）</td></tr>
</table>

注：建工版图书销售分类已标注于图书封底。